21世纪高等院校教材·生物科学系列

遗传学综合实验

（第二版）

李雅轩　赵　昕 主编

科　学　出　版　社

北　京

内 容 简 介

本书是一本集综合性及实用性为一体的遗传学实验教材。全书包括植物遗传学系列、动物及医学遗传学系列、果蝇遗传学系列、微生物遗传学系列、群体与数量遗传学系列以及分子遗传学系列实验六大部分，共 42 个实验。同时在实验后附有考核题及答案、实验室一般溶液、常用培养基以及各种染色液的配制方法，以期为实验室工作人员提供较为全面的参考资料。

本书各章节包含相关背景知识的介绍，各实验中需加注意的特殊事项、实验课后的总结与分析，强调实验课程的整体性。同时，在第一版的基础上增加了想一想、试一试栏目，有针对性地添加了适于学生进行课外活动的探索性的开放式实验课题，在对学生加强基本技能训练、提高实验水平的同时，培养学生的自学能力和综合科研能力。在每个实验后面增加了相关领域的研究进展实例或参考文献介绍，以达到拓展学生的视野，促进学生思维的目的，使学生能够做到学有所用，学有所长。

本书参考多部国内外相关教材，适用于高等院校生物科学相关专业实验教学使用。

图书在版编目(CIP)数据

遗传学综合实验/李雅轩，赵昕主编. —2 版. —北京：科学出版社，2010.6
(21 世纪高等院校教材·生物科学系列)

ISBN 978-7-03-027754-1

Ⅰ.①遗⋯　Ⅱ.①李⋯②赵⋯　Ⅲ.①遗传学-实验-高等学校-教材
Ⅳ.①Q3-33

中国版本图书馆 CIP 数据核字(2010)第 096895 号

责任编辑：席　慧 / 责任校对：朱光光
责任印制：师艳茹 / 封面设计：耕者设计工作室

科 学 出 版 社 出版
北京东黄城根北街 16 号
邮政编码：100717
http://www.sciencep.com

北京市文林印务有限公司 印刷
科学出版社发行　各地新华书店经销

*

2006 年 5 月第 一 版　　开本：(720×1000) 1/16
2010 年 6 月第 二 版　　印张：16 1/4
2018 年 1 月第十二次印刷字数：325 000

定价：**39.00** 元
(如有印装质量问题，我社负责调换)

《遗传学综合实验》(第二版)编委会名单

主　编　李雅轩(首都师范大学)

　　　　赵　昕(首都师范大学)

副主编　胡英考(首都师范大学)

　　　　梁前进(北京师范大学)

编　委(按姓氏汉语拼音排序)

　　　　陈志玲(首都师范大学)

　　　　顾　蔚(陕西师范大学)

　　　　李京霞(北京联合大学师范学院)

　　　　李　静(首都师范大学)

　　　　刘　梅(山东枣庄学院)

　　　　任如意(牡丹江师范学院)

　　　　宋书娟(北京大学基础医学部)

　　　　杨志伟(首都师范大学)

　　　　张飞雄(首都师范大学)

　　　　周宜君(中央民族大学)

　　　　邹俊华(北京大学基础医学部)

第 一 版 序

　　遗传学是研究生物遗传与变异规律的一门学科。自孟德尔揭示的遗传定律于1900年被重新发现以来,遗传学经历了一个多世纪的发展,取得了近代自然科学史上空前辉煌的成果,并且正显示出强劲的发展势头。伴随着相关学科以及实验技术的发展,遗传学正迅速地从研究生物体形态、生理、行为特征的遗传与变异的学科,演变成为研究基因和基因组的结构及功能的学科。

　　遗传学是一门实验性的学科。它的每一步发展都是以实验作为基础的。在教学过程中,实验教学是非常重要组成部分。《遗传学综合实验》是一本非常注重实际应用的教材,其内容主要包括植物遗传学系列、动物与人类细胞遗传学系列、果蝇遗传学系列、微生物遗传学系列、群体与数量遗传学系列以及分子遗传学系列实验六大部分,共42个实验。该书的编写凝聚了编者及其工作团队的大量心血,成书过程参考了近10年来国内外众多版本相关实验教材及近年来大量科研成果的实验设计、论证和数据,集实验性、科学性和研究元素于一体。该书既强调遗传学基础实验方法的训练和基本规律的验证,同时也涉及了近年迅速发展的分子标记技术的基本实验;既重视对学生进行基本技能的训练,同时更注重学生实验设计能力和科学研究素质的培养,强调理论与实践相结合,培养和锻炼学生用所学知识解决实际问题的能力。

　　该书结构设计新颖,强调对每个实验中主要内容的预习,每个实验后有预习作业内容,以避免学生在实验中照方抓药,使学生真正理解实验的原理、方法以及针对可能发生的实验结果进行预测与思考。同时该书注重针对每个实验结果进行考核测试,以保证获得良好的实验效果。该书还特别针对每个实验中的注意事项等经验性的知识进行介绍,以使学生在学习中能够少走弯路,迅速提高实验技能。

　　为该书执笔的是从事多年实验教学的高校教师,对所论述的方法具有丰富的教学经验,书中介绍了许多编者的工作体会。相信《遗传学综合实验》能够成为遗传学及相关学科工作者在教学、实践和研究中不可或缺的伙伴。

郭平仲

2005 年 10 月 10 日

第二版前言

　　遗传学是当代生命科学的核心和前沿学科之一,其研究范围和研究对象广泛,从分子、细胞到群体,包括植物、动物和微生物的分析。由于遗传学是一门实验性学科,其发展的每一步都与实验密切相关,也正是由于实验技术的迅速发展,促进了遗传学的快速发展。基于对遗传学知识的认真研学,对国内外教材的了解,以及在实际教学过程中的反馈意见,作者对《遗传学综合实验》进行了修订。

　　新版《遗传学综合实验》的体系沿用了第一版的系统,但在内容和结构上做了必要的调整。从总体上,与当前遗传分析技术密切结合,增加了人类分子遗传学研究部分,对人类基因多态性进行分析,在微生物实验中增加了鼠伤寒沙门氏菌Mini-Tn10插入突变体库的建立,啤酒酵母的转化实验以及在荧光显微镜下观察带 GFP 标签的蛋白在减数分裂不同时期的定位,基于现在实验分析的实用性而删去了果蝇同功酶分析实验。在介绍每个实验的过程中,力求与生产和生活实际密切结合,增强本书的实用性,在每一个实验后增加了研究实例或重要的参考文献,力求开阔学生的视野,开拓思路。同时设立了"想一想、试一试"栏目,为学生进行开放性实验研究提供多种科研思路,这也将有助于教师在教学中组织学生进行开放性实验及科研立项进行选题。

　　在新版《遗传学综合实验》的编写过程中,广泛征求了使用第一版教材的师生的反馈意见,并针对相关学科特聘请了北京大学基础医学部的邹俊华和宋书娟老师撰写了医学遗传学的部分实验内容,同时与陕西师范大学顾蔚老师、中央民族大学周宜君老师、山东枣庄学院的刘梅老师、牡丹江师范学院的任如意老师、首都师范大学的杨志伟和李静老师等共同合作撰写、修订了实验内容。所有参编人员精诚合作,力求为高校的遗传学实验教学打造更好的实验教材,同时引用了许多作者的文献资料,使本书具有更强的实用性。在本书的编写及出版过程中得到了首都师范大学何奕骉教授的热心指导和大力帮助,科学出版社单冉东先生为本书的出版亦付出了辛苦的劳动,在此一并表示衷心的感谢!

　　为便于教师在实验教学中对学生进行考核,随教材配发了"系列实验考核试题与答案分析",如有需要可与作者联系,联系方法:lyx10060218@yahoo.cn。

　　由于作者的经验和水平有限,在本教材中还会存在不足之处,欢迎广大师生提出宝贵意见和建议。

李雅轩

2009 年 12 月于北京

第一版前言

遗传学是生命科学中发展非常迅速的一门学科,在生命科学领域中占有重要的位置,而遗传学的研究是以实验为基础的。对于学生的培养来讲,在实验课中培养学生分析问题,解决问题的能力以及科研素质具有重要意义。为此,我们结合自己长期的工作经验,编写了《遗传学综合实验》一书,以期对本学科及相关学科的学生和工作者在教学、实践和科研中提供帮助。

本书在编写过程中,得到了首都师范大学条件装备处及生命科学学院领导的大力支持。同时得到了郭平仲教授的支持与关心,本教研室的张飞雄教授、胡英考副教授和陈志玲副教授参与了部分编写工作,北京联合大学的李京霞和武仙山老师结合实际工作经验,参编了部分实验,且对附录部分加以整理,进一步提高了本书的实际应用性。本研究室的研究生徐宝华、肖英华、郝春燕、李蕊等同学参与了部分实验内容的改革、操作与文稿的校对工作,首都师范大学生命科学学院显微镜室的王彩华老师帮助完成了部分显微摄影工作,在此一并表示深深的谢意!

由于作者在经验与水平上的局限性,可能会存在一定的不足之处,真诚地希望使用本书的同行、学生给予批评指正,以利于我们的进一步修改。由于遗传学的飞速发展,新的研究方法必将不断涌现,在一定时间内补充修订将是必然的,我们将在再版时做得更好。

编　者

2005 年 10 月于北京

目 录

第一章　植物细胞遗传学系列实验

染色体是基因的载体,基因控制着生物的遗传和变异以及生物的发育途径。而染色体自身的结构和行为也受基因的调控。因此,研究染色体的数目、结构和行为的变异,探讨其发生和发展的机制和规律,进而达到人工控制和改造生物遗传变异的目的,是生命科学研究的核心内容。1921年,Belling 首创的醋酸洋红压片法为传统的细胞遗传学研究奠定了技术基础。低渗—空气干燥切片技术和细胞培养及秋水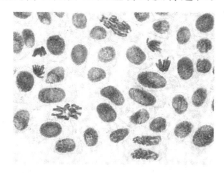仙素的应用,促进了哺乳动物和人类细胞遗传学的研究。尤其是 1969 年,Caspersson 等首创染色体荧光显带技术以及后来相继发展而来的各种显带技术和银染技术的广泛应用,极大地提高了鉴别染色体的精确度,增加了人们对染色体结构组成的认识。从此,染色体的研究进入了一个快速发展时期。

在这一部分安排下列相关实验内容,其过程可以表述如下:

植物种子→发芽→经过一系列不同处理、染色→

- 植物细胞周期观察
- 植物染色体的组型分析
- 细胞分裂的同步化诱导
- 植物多倍体细胞的诱导
- 微核测试

或:鳞茎→诱导不定根→经过不同处理后也可以进行上述实验

通过一次实验材料的培养过程,加以适当条件进行处理,可以从不同的角度来研究和分析遗传物质在传递过程中的规律性。而微核测试更是可以结合不同的因素进行处理,来研究在外界环境条件以及一些人为因素的影响下染色体的变化情况。此外,还可以根据学生的需求,进行开放性及探索性实验教学工作。

这一部分还设计了观察玉米减数分裂过程的实验。通过此实验,使学生进一步明确减数分裂的实质,以及染色体在配子形成过程中的行为特点,为充分理解遗传学三大规律的细胞学本质打下坚实的基础。

通过进行本系列实验的学习,可以有意识地培养学生利用所学实验技术和背景知识探求环境因素对遗传物质的影响作用。

实验一　植物细胞周期观察

一、实验目的

1. 学会植物细胞、组织的固定、离析和压片方法，了解并掌握制作临时玻片的方法。

2. 观察有丝分裂过程中染色体的形态特征和动态变化过程，着重了解分裂期的中、后期染色体变化的特征。

二、实验原理

根尖与茎尖是有丝分裂的高发部位。该部分细胞依一定的程序有规律地进行着有丝分裂过程。植物种类不同，细胞周期所需时间不同。每天都有分裂高峰时间，此时把根尖或茎尖固定，经过染色和压片，再放置在显微镜下进行观察，可以看到大量处于有丝分裂各时期的细胞和染色体(表 1.1)。

表 1.1　一些植物根尖细胞的分裂周期

植　物	总时数/h	G_1	S	G_2	M	温度/℃
洋葱	12.7	1.5	6.5	2.4	2.3	24
葱	18.8	2.5	10.3	6.0		23
蚕豆	16.5	3.5	8.3	2.8	1.9	20
黑麦	11.6	1.2	5.2	4.3	0.9	20
小麦	14.0	0.8	10.0	2.0	1.2	20
玉米	10.5	0.5	4.3	5.7		20

由于根尖取材方便，是观察植物细胞染色体最常用的材料。根尖染色体压片法，是观察植物染色体最常用的方法，也是研究染色体组型、染色体分带、染色体畸变和姊妹染色单体交换的基础。

如果植物种子难以发芽，或仅有植株而无种子，也可以用茎尖作为材料。实验结果显示：植物细胞分裂周期的长短不尽相同，通常在十到几十小时之间，细胞分裂周期的长度明显受到温度的影响，且不同植物有丝分裂高峰时间不同。关于取材时间，常有不同的看法。有人认为，在一昼夜中有一个至几个细胞分裂的高峰期，应在这个时期取样为宜；也有人认为可能存在细胞分裂高峰时期，但时间并不固定，尽管昼夜周期是固定的，而细胞分裂高峰时期却因各种条件(尤其温度)的改变而发生变动，况且一个分生组织的每个细胞均按其自身的周期运动，基本上不是同步的。所以，细胞分裂不存在一个按 24h 重复固定的分裂高峰时期，这也印证了实验的经验：什么时间取材对于不同植物各不相同，并且影响因素多而复杂，已获得的较好效果的材料多数是在早上 9～11 点取材得到的。

三、实验材料

大蒜、洋葱的鳞茎或蚕豆、黑麦等种子。

四、实验器具和药品

1. 用具:载玻片、盖玻片、指管、试剂瓶、镊子、解剖针、吸水纸等。
2. 药品:无水乙醇、冰醋酸、醋酸钠、苯酚、品红、山梨醇、纤维素酶、果胶酶等。
3. 仪器:显微镜。

五、实验过程

1. 材料培养

先剪去洋葱(以分蘖洋葱,俗称为毛葱为好)的老根,用刀片削去鳞茎根部干死部分,然后置于盛有水的烧杯上,待不定根长出 2cm 时,进行预处理;或将蚕豆等植物的种子经过吸胀处理 24h 后,平展于铺有吸水纸的白瓷盘中,加入适量的水(注意水不可过多,以保证种子的呼吸作用),于 25℃ 培养,待侧根长到 2cm 时进行预处理。

2. 预处理

预处理可以降低细胞质的黏度,使染色体缩短分散,防止纺锤体形成,使更多的细胞处于分裂中期,一般在分裂高峰前把根尖放到药剂中处理 3～4h。处理方法与条件见表 1.2。

表 1.2　部分实验材料的预处理方法与条件

植物名称	染色体数目($2n$)	处理因素	处理时间	处理温度
小麦	42	0.2%秋水仙素水溶液	9:00—11:00	25℃
小麦	42	对二氯苯饱和水溶液	10:00—14:00	室温
小麦	42	1～4℃冰箱	24～36h	1～4℃冰箱
小黑麦	56	对二氯苯饱和水溶液	10:00—14:00	室温
豌豆	14	对二氯苯饱和水溶液	10:00—11:30	室温
烟草	48	对二氯苯饱和水溶液	8:30—11:30	室温
蚕豆	12	0.05%～0.1%秋水仙素水溶液	20:00—23:00	室温
蚕豆	12	0.05%～0.1%秋水仙素水溶液	14:30—17:30	8℃
洋葱	16	0.05%～0.1%秋水仙素水溶液	7:30—11:30	15℃
茄子	24	0.002mol/L 8-羟基喹啉	9:00—13:00	15℃
大麦	14	0.05%～0.1%秋水仙素水溶液	8:00—11:00	25℃
韭菜	16(32)	对二氯苯饱和水溶液	10:00—12:00	4℃

3. 取材固定

将预处理后的根尖剪下,放入卡诺固定液中,固定 2～24h。然后依次放入 90％、80％和 70％乙醇溶液中洗脱,最后于 70％乙醇溶液中(4℃)保存,保存时间最好不超过 2 个月,如需要长期保存,可以定期更换乙醇溶液。

4. 制片

(1) 水洗:将从保存液中取出的根尖用水冲洗干净;

(2) 解离及制片:解离的目的是使分生组织细胞间的果胶质分解,细胞壁软化或部分分解,使细胞和染色体容易分散压平。解离方法有酸解法和酶解法。

酸解法方便简单,只需将水洗后的根尖放到 1mol/L HCl 中,60℃水浴中解离 8～10min 即可;或用浓盐酸和乙醇的混合溶液(比例为 1:1),室温下处理根尖 10min。根尖分生组织经过酸解和压片后,都呈单层细胞,但是大部分分裂细胞的染色体还包在细胞壁中间。

用蒸馏水漂洗酸解后的根尖,放在载玻片上。将伸长区及以上部位切去,保留分生组织细胞,并将生长点细胞切成细碎组织,根据分生组织的大小,一般每一根尖可制片 3～4 片,加上 1 滴改良的苯酚品红染色液,染色 10～15min。根尖着色后即可压片观察。

酶解法常用于染色体显带技术或姊妹染色单体交换等研究,通过解离和压片,使分生细胞的原生质体能够从细胞壁里压出,再经过精心的压片,使染色体周围不带有细胞质或仅有少量细胞质,易于进行观察。具体方法是将水中漂洗过的根尖用刀片切除延长区(根尖较粗的蚕豆,可以把根尖分生组织切成 2～3 片),把根尖分生组织放到醋酸钠配制的纤维素酶(2％)和果胶酶(0.5％)的混合液中,在 28℃温箱中解离 4～5h,此时组织已被酶液浸透而呈淡褐色,质地柔软而仍可用镊子夹起,用滴管将酶液吸掉,再滴上 0.1mol/L 醋酸钠,使组织中的酶液渐渐渗出,再换入 45％冰醋酸溶液。

酶解后的根尖,如做分带或姊妹染色单体交换研究,可用 45％冰醋酸压片,如做核型分析或染色体计数等常规压片,可放在改良的苯酚品红中染色,经过酶处理的组织染色速度快。

一个解离良好的材料,只要用镊子尖轻轻地敲打盖玻片,分生组织细胞就可铺展成薄薄的一层,再用毛边纸把多余的染色液吸干,经显微镜检查后,选择理想的分裂细胞,再在这个细胞附近轻轻敲打,使重叠的染色体渐渐分散,就能得到理想的分裂相。

5. 观察

选择细胞分散、分裂相较多以及染色体形态舒展的制片进行观察。注意观察细胞有丝分裂各时期的特点(图1.1)。

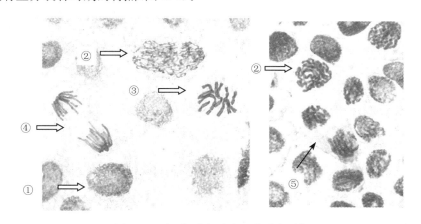

图1.1　蚕豆根尖细胞有丝分裂各时期
① 间期;② 前期;③ 中期;④ 后期;⑤ 末期

注意事项

1. 实验中所取压片材料要少,避免细胞紧贴在一起,致使细胞和染色体没有伸展的余地。

2. 解离时间不可过长,以免染色体结构受损。

3. 用镊子敲打盖玻片时,用力要均匀,若在压片时稍不留意,会使个别染色体丢失,而被迫放弃一个良好的分裂相的细胞。

4. 根尖培养:请记录根尖培养的温度、时间及各时间段根尖的变化情况。

　　培养根尖时做两组对照,一组用黑纸将小烧杯包住,另一组不做处理,看两组长根情况是否有显著差异。

想一想,试一试

1. 在显微镜下观察时,细胞分裂周期中哪一个时期的细胞所占比例最大,为什么?

2. 如何探求不同植物细胞的分裂高峰期? 实验结果会对细胞分裂的观察有何作用?

3. 根据资料信息设计对比实验,探求针对你所要研究的实验材料进行预处理的最佳方法。

实验报告

1. 如果你可以观察到以下有丝分裂的各时期,请用点线图画出它们的代表状态:分裂间期、分裂前期、分裂中期、分裂后期、分裂末期、子细胞。

2. 请总结哪些因素会影响制片效果。

3. 固定后的根尖为什么要依次经过不同浓度乙醇的处理作用?

研究实例

1. 芙蓉葵有丝分裂核型分析及减数分裂观察(刘坤等,2009,植物遗传资源学报)

　　芙蓉葵是棉属的近缘植物,具有棉花需要的早熟、强结实、耐寒、抗黄萎病等优良性状。

本文对芙蓉葵的细胞学特征进行了研究,为其优良性状在棉花遗传改良中的应用提供细胞遗传学资料和理论依据。利用压片法获得了分散良好、形态清晰的有丝分裂中期染色体,核型分析结果表明:芙蓉葵染色体的平均长度为 $5.96\pm0.83\mu m$,在 1 号染色体上发现随体;臂比>2的染色体占 10.5%,最长染色体与最短染色体的比值为 1.68,核型类型为 2A 型,核型公式为 $2n=2x=38=32m+6sm(2SAT)$。芙蓉葵花粉母细胞的减数分裂正常,中期 I 有 19 个二价体。

根尖细胞染色体制片和观察细胞学制片方法:将芙蓉葵种子浸泡至种皮开裂,$32\sim34℃$ 恒温箱催芽,待胚根长 0.7cm 左右时取材,用 0.002mmol/L 8-羟基喹啉于室温下预处理 2.5h,卡诺固定液固定 $2\sim24h$,将根冲洗 $5\sim7$ 次后转移到 75% 酒精中保存备用。取根尖分生组织 $1\sim2mm$,在 2% 纤维素酶和 2% 果胶酶(1:1)混合液中 $37℃$ 酶解 2.5h,用蒸馏水冲洗 $5\sim7$ 次,固定 $3\sim4h$,再充分冲洗,采用改良的卡宝品红染色,压片镜检,观察统计染色体数目,并摄影。

2. 流式细胞仪在海洋生物学研究中的应用(刘昕等,2007,海洋科学)

流式细胞仪是一项集激光技术、电子物理技术、光电测量技术、计算机技术以及细胞荧光技术等为一体的仪器。研究对象为单细胞和其他生物颗粒。流式细胞仪主要由流动室和液流系统、激光源和光学系统、检测系统和分析系统四大部分组成。

流式细胞仪的工作原理是将特异性荧光染料染色的颗粒在气压和鞘液的约束下形成成单细胞(颗粒)柱,后者与入射的激光束垂直相交,液柱中的细胞(颗粒)被一定波长的激光激发产生荧光,特征荧光的散射和吸收等信号被光学系统(透镜、光阑、滤片等)收集,并被检测系统和分析系统储存,从而进行分析判断。有的流式细胞仪还具备细胞分选功能,由喷嘴射出的液柱被分割成一连串的小水滴,根据选定的特定参数依靠逻辑电路判别细胞是否将被分选,而后由充电电路对选定的细胞液滴充电,带电液滴携带细胞通过静电场而发生偏转,从而完成细胞(颗粒)分选。

流式细胞术是一个分析染色体、细胞核和细胞等颗粒的有用手段,在人类基因组计划中发挥了重要作用,一些技术如流式核型分析,分拣纯化染色体,定位基因,构建文库等会成为海洋生物基因组研究的重要手段。此外,以 X 精子和 Y 精子的 DNA 含量差别为基础的流式细胞仪分离精子技术是有效的用于哺乳动物性别控制的方法,也将会应用到海洋生物生殖与遗传研究中。在海洋微型生物方面,传统的流式细胞技术和先进的成像技术结合诞生的图像流式细胞仪,其图像处理能力可与荧光显微镜相比,其发展和运用必然极大地推动海洋微生物亚细胞水平的研究、新的种类的发现等。

流式细胞仪自 20 世纪 70 年代初发明后,主要应用于免疫学、血液学、肿瘤学、细胞生物学、细胞遗传学、生物化学等方面的研究,极大地推动了实验生物学的发展。

附录:常用染液的配制

1. Giemsa 母液配制方法

Giemsa 粉剂　　　　　　　0.5g

甘油(A.R.)　　　　　　　33mL

无水甲醇(A.R.)　　　　　33mL

将 Giemsa 粉末先溶于少量甘油,在研钵内研磨(30min 以上)至看不见颗粒为止,再将剩余甘油全部倒入,于56℃温箱内保温2h,然后再加入甲醇,搅匀后保存于棕色瓶中。母液配制后放入冰箱可以长期保存,一般刚配制的母液染色效果欠佳,保存时间越长越好。

2. 醋酸洋红

先将100mL 45％冰醋酸水溶液放在较大的锥形瓶或短颈平底烧瓶(200mL)中煮沸,移去火源,然后缓缓加入1g洋红粉末,此时应注意防止溅沸。待全投入后再煮1～2min即可。这时可悬入一生锈的小铁钉于染液中,过1min取出,或加1％～2％铁明矾水溶液5～10滴,使染色液中略具铁质,色更暗红。静置12h后,过滤于一棕色试剂瓶中,贮存备用。

3. 石炭酸品红

配方Ⅰ:

原液A:称取3g碱性品红溶于100mL 70％酒精中(此液可以长期保存)。

原液B:取10mL原液A加入90mL 5％的石炭酸(酚)水溶液(2周内使用)。

染色液:55mL原液B加6mL冰醋酸和6mL 37％的甲醛。

配方Ⅱ(改良的石炭酸品红):

取配方Ⅰ中的染色液2～10mL加90～98mL 45％冰醋酸和1.8g山梨醇。此染色液配制后为淡品红色,立即使用则染色较淡,放置两周后,染色能力显著加强,放置时间越久,染色效果越好。此液在室温下存放,两年内染色液保持稳定,无沉淀,也不褪色。

实验二　植物染色体核型分析

一、实验目的

掌握染色体核型分析的原理和方法,并针对所研究的植物进行核型分析。

二、实验原理

各种生物的染色体数目是恒定的,大多数高等动植物是二倍体,也就是说,每一个体细胞含有两组同样的染色体,用 $2n$ 表示。其中与性别直接有关的染色体,即性染色体,在体细胞中可以不成对。每一个配子含有一组染色体,叫做单倍体细胞,用 n 表示。两性配子结合后,具有两组染色体,成为二倍体的体细胞。如蚕豆的体细胞 $2n=12$,配子 $n=6$;玉米的体细胞 $2n=20$,配子 $n=10$;水稻 $2n=24$,配子 $n=12$。有些高等植物是多倍体,即在体细胞中含有三个或三个以上的染色体组。

正常细胞中的染色体在复制以后,形成纵向并列的两个染色单体,通过着丝粒连在一起。着丝粒在染色体上的位置是固定的。由于着丝粒位置的不同,可以把染色体分成两臂,长臂与短臂之比称为臂率。依臂率的不同可以将染色体分为中部着丝粒染色体、亚中部着丝粒染色体、亚端部着丝粒染色体和端部着丝粒染色体等形态不同的染色体类型(表 2.1)。

表 2.1　染色体类型

染色体类型	臂率	表示方法
中部着丝粒染色体	1.0~1.7	M
亚中部着丝粒染色体	1.7~3.0	SM
亚端部着丝粒染色体	3.0~7.0	St
端部着丝粒染色体	>7.0	T

此外,有的染色体含有随体或次缢痕,所有这些染色体的特异性构成一个物种的染色体核型特征。染色体核型分析就是对各物种细胞内染色体数目及形态特征等进行综合分析,是细胞遗传学、现代分类学和进化理论的重要研究手段。

植物染色体核型分析方法分为两大类,一类是分析体细胞有丝分裂时期的染色体数目和形态;另一类是分析减数分裂时期的染色体数目和形态,这两种方法均能得到染色体核型。

以 SAT 代表具随体的染色体,计算染色体长度时,可以包括随体也可以不包括,但均要注明。

另外,高等植物属异源多倍体种类的较多,进行核型分析时,不完全根据染色体的大小进行排列,而事先要根据系统发育的来源进行分组,然后各组按大小进行编排。例如,人工培育的小黑麦。来自小麦的染色体组是 AABBDD,来自于黑麦的染色体组是 RR,核型分析时不仅应将 R 组分开,而且小麦本身是个天然的异源多倍体,又应分成 A、B、D 几组进行分析。经常见到的植物如棉花、烟草、马铃薯以及许多果树、花卉均具有多倍体品种,分析时应特别注意。

此外,电脑分析软件的应用为准确快速地进行核型分析提供了先进的实验技术手段。染色体核型分析系统拥有专业级数字图像处理能力,可以迅速滤除核型周边杂质,处理完成多达 20 余种不同类型的核型图像,呈现精确核型,同时可以运用背景综合处理技术,自动增强染色体带纹识别能力。

三、实验材料

1. 植物根尖、茎尖,或幼嫩花蕾。
2. 由实验室提供染色体装片或放大照片。

四、实验器具和药品

1. 用具:显微镜、测微尺、毫米尺、镊子、剪刀、载玻片、盖玻片等。
2. 药品:乙醇、冰醋酸、苯酚、品红、山梨醇等。

如无现成的染色体照片,则需经过制片进行显微摄影,所以需准备摄影显微镜以及有关摄影冲洗器材和相关药品,或用电脑核型分析软件进行分析。

五、实验过程

1. 根尖的培养及制片要求

选用黑麦或蚕豆种子作为实验材料,用酶解法进行解离效果为好,通过固定、染色、压片等进行核型分析。优质的染色体制片,是获得高质量显微照片的基础。可供显微摄影的优质染色体制片(图 2.1),应具有以下基本条件:

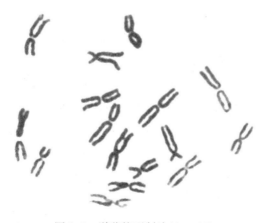

图 2.1　洋葱核型制片(2n=16)

（1）具有典型性：细胞完整，分散良好，缢痕清晰可辨，分带制片时带纹应清晰可数。

（2）染色体平整：在高度放大的条件下，焦深度很小，染色体铺展稍有不平，便会出现部分染色体清晰，部分染色体模糊的现象。而降低放大倍数，可加大焦深，但染色体一些细微结构会模糊不清。

（3）染色体清晰：染色体与背景对比分明，染色体着色适度。

2. 测量

进行显微摄影，冲洗或打印照片，供核型分析之用。

以染色体装片进行直接测量时，必须利用显微镜与测微尺，需事先用台微尺对目微尺的单位长度进行标定后再进行工作。此方法仅对染色体长度较大的标本适合。

一般标本先拍照放大，然后进行测量，这样可以得到较好的实验数据。先将各染色体进行编号，然后根据放大照片测量、记录染色体形态。测量数据如下：长臂、短臂，计算臂率、着丝粒指数、总染色体长度、绝对长度、相对长度等。同时注意记录染色体是否具有随体，填于学生实验报告中。

3. 配对

根据测量数据进行同源染色体的剪贴配对。

4. 染色体排列

染色体对从大到小排列，短臂向上、长臂向下，各染色体的着丝粒排在一条直线上。如果染色体长度相同，则以短臂长度为标准，从大到小排列。有特殊标记的染色体（如含有随体）以及性染色体等可单独排列。

5. 翻拍或绘图

完成上述步骤的染色体剪贴，可以通过翻拍摄影或描图成为染色体核型图。

注意事项

1. 实验材料选用黑麦等染色体数目较少、体积较大的材料为佳。

2. 手工进行分析时注意测量前应进行染色体编号，以免造成混乱，且编号时尽量按照染色体大小顺序排列。

3. 在实验中注意记录所获得的实验照片的各步骤的放大倍数，并在核型分析图中注明显微摄影及照片冲洗过程中的放大倍数，以供计算染色体绝对长度时使用。

想一想，试一试

1. 为何进行核型分析时，常以相对长度作为主要指标进行分析，而应用绝对长度进行分析会受到哪些限制?

2. 目前的研究成果显示,还有一些特有生物种未进行核型分析。通过查找资料,填补研究空白。

3. 通过近缘种的核型分析,探求其进化途径以及主要变异类型。

实验报告

1. 请填写染色体测量统计值,并计算核型分析相关数据,并总结配对结果。

总长度:

编号	绝对长度	相对长度	短臂	长臂	臂率	着丝粒指数	随体	类型
1								
2								
3								
4								
5								
⋮								

2. 将染色体配对并进行剪贴排列。

3. 翻拍或绘制染色体核型分析模式图。

研究实例

1. 珍珠菜属 3 种植物的核型分析(孙爱群等,2008,西北植物学报)

采用常规压片法,对珍珠菜属 3 种植物的核型进行了研究。结果表明,长蕊珍珠菜的核型为 $2n=2x=24=12m+10sm+2st$,显苞过路黄的核型为 $2n=2x=24=4m+6sm+6st+8t$,均属首次报道。过路黄的核型为 $2n=2x=24=2m+2sm+4st+16t$,与前人报道的有所不同。还对已报道的珍珠菜属的核型类型与不对称系数进行了比较。

2. 12 种中国葱属植物的核型分析(张宇澄等,2008,西北植物学报)

葱属是百合科葱族的重要类群,广布于北温带。该属在中国分布有 138 种,其中 50 种为特有种。目前,关于其属下系统及系统发育和进化问题存在不少分歧。本研究采用细胞压片法,对采自中国西部的 12 种葱属植物的根尖有丝分裂中期进行了观察,其中天蓝韭、梭沙韭、昌都韭、西川韭、野黄韭、野葱和真籽韭等 7 种植物的核型为首次报道。供试类群中,峨眉韭和多星韭的染色体基数分别为 11 和 7,其余类群的染色体基数均为 8。观察发现,随体杂合和多倍性现象在供试类群中很普遍。分析推测:①随体和倍性的变异在葱属某些类群的进化中可能起重要作用,随体的类型在葱属具有重要的分类意义;②多倍化和地下走茎的无性繁殖方式可能是天蓝韭的进化策略;③西川韭、野黄韭和野葱有密切的亲缘关系;④真籽韭与多籽组在核型上有密切的亲缘关系。

3. 华中五味子染色体制片优化及核型分析(顾蔚等,2008,西北植物学报)

本文比较不同预处理和解离方法对华中五味子染色体制片的影响,采用华中五味子的萌发芽、新枝茎尖、幼叶等不同部位进行染色体制片,观察 500 个细胞,比较不同部位中期细胞和适宜核型分析的中期细胞所占比例,结果显示,0.1%秋水仙素预处理 1h,1mol/L 盐酸常温解离 12min 制片所得染色体分散效果最佳。5~15mm 幼叶侧边组织制片最适宜华中五味子核型分析。核型公式为$2n=2x=28=26m+2sm$,核型不对称系数(As.k)为56.30％,属于1B类型,核型对称性程度高,表明华中五味子在进化中处于比较原始类型。

附:部分染色体大小与数目汇总

具大染色体(10～30μm)	具中等大小染色体(4～10μm)	具小染色体(1～4μm)
苏铁($2n=24$)	芍药($2n=10$)	棉属($2n=26,52$)
银杏($2n=24$)	牡丹($2n=10$)	水稻($2n=24$)
松科各属($2n=24$)	玉米($2n=20$)	高粱($2n=20$)
百合属和贝母属($2n=24$)	豌豆($2n=14$)	谷子($2n=20$)
葱属($2n=14、16、18$)	川豆($2n=10$)	花生($2n=40$)
延龄草属(*Trillium*,$2n=10$)	慈姑($2n=22$)	大豆($2n=40$)
重楼属(*Paris*,$2n=10$)	辣椒($2n=24$)	绿豆($2n=22$)
水仙属(*Narcissus*,$2n=14,20,30,……$)	翠菊($2n=18$)	红小豆($2n=22$)
大麦($2n=14$)	茄($2n=24$)	向日葵($2n=34$)
朱顶红($2n=44$)	野豌豆($2n=12,14$)	蓖麻($2n=20$)
芦荟($2n=14$)		黄瓜($2n=14$)
蚕豆($2n=12$)		萝卜($2n=18$)
小麦($2n=42$)		胡萝卜($2n=18$)
风信子属(*Hyacinthus*,$2n=16,18,32,……$)		白菜($2n=20$)
		西瓜($2n=22$)

实验三　植物减数分裂过程观察

一、实验目的

1. 学习并掌握植物减数分裂玻片标本的制作方法和技术。

2. 了解高等植物花粉形成过程中的减数分裂过程,观察染色体的动态变化过程。

二、实验原理

减数分裂(meiosis)是生物体在形成性细胞过程中的一种特殊的细胞分裂方式。在此过程中,二倍体($2n$)的性母细胞连续进行两次细胞分裂,而染色体仅复制一次,形成单倍性配子。经受精作用,雌、雄配子融合为合子,染色体数目恢复为 $2n$。这样,在物种延续的过程中,确保了染色体数目的恒定,从而使物种在遗传上具有相对的稳定性。另外,在减数分裂过程中,包含有同源染色体的配对、交换、分离和非同源染色体的自由组合,这些都为遗传学上的分离、自由组合和连锁互换规律提供了细胞学基础,并导致多种遗传重组的发生,表现为遗传组成上的多样性,同时也为生物的进化提供了物质基础。因此减数分裂在遗传上具有重要的意义。

减数分裂过程包括第一次减数分裂(M_I)和第二次减数分裂(M_{II})。传统的实验是以玉米作为实验材料,在玉米的两次分裂之间,有一短暂的间期(有些植物则没有间期Ⅱ)。随着城市化进程的深入,玉米材料日见难以获得,故采用大葱作为替代材料,同样可以获得良好的实验结果。

三、实验材料

玉米雄花序或大葱花序。

四、实验器具和药品

1. 用具:显微镜、解剖针、镊子、刀片、载玻片、盖玻片、吸水纸、小广口瓶、酒精灯等。

2. 药品:乙醇、冰醋酸、苯酚、品红、山梨醇等。

五、实验过程

1. 材料的采集和存放

在玉米雄花序先端露出以前 7~10d 时,称为喇叭口期。用手指挤摸穗尖的外部,觉得松软时(此时玉米植株一般有 7~9 个叶片展开),用刀片划开茎叶,取下幼穗分枝若干条,固定于新鲜卡诺固定液中。大葱则在花苞伸出叶之前将花苞取出,以卡诺固定液进行固定。24h 后,依次换入 90%、80%、70%乙醇溶液,最后在 70%乙醇溶液中存放于 4℃冰箱中保存待用。

2. 玉米雄穗上的分裂时期特点

在玉米雄花序上,除太老的分枝以外,每一个分枝中以中部偏上区域为比较早熟的部分,从此往尖端或基部,小穗逐渐幼嫩。通常在一个分枝上从幼嫩的部位向较为成熟的区域混合制片,可以在一个片子中看到小孢子形成过程中的各个时期。大葱也是一样,花苞和小花的大小、花药的长度都与其中细胞减数分裂进程有一定的相关性。

3. 制片的方法和步骤

先将少量花序分枝取出置于培养皿内,加进少许蒸馏水,以防干燥。然后用弯头解剖针从适当大小的小花内挑出花药 3~4 个,以蒸馏水冲洗干净,置于载玻片上。加一滴改良的苯酚品红染色液,用刀片切断花药,再用解剖针尖轻压,或用小镊子轻轻挤压,挤出花粉母细胞,尽量挤净,然后除去杂质,微微捣开成堆的花粉母细胞,染色 10min,盖上盖玻片,置于显微镜下进行观察。如果染色效果不理想,可以置于酒精灯火焰上烘烤加强染色效果。

4. 观察

在观察时,尤其应该注意前期Ⅰ染色体的复杂变化过程(图 3.1)。减数分裂各时期的特点主要如下:

(1) 间期Ⅰ:减数分裂中,间期细胞染色质松散,核内染色较为均匀,细胞为大的圆球形。

(2) 减数第一次分裂

1) 前期Ⅰ:整个前期持续时间长,染色体变化较为复杂,它可分为五个亚期。

① 细线期:染色体呈现细丝状,首尾不分地绕成一团。核仁明显。

② 偶线期:同源染色体开始配对联会。

③ 粗线期:染色体逐渐变粗变短。在良好的制片中,可以数出染色体的对数。由于每条染色体已经复制为二,而着丝粒还未分开,这样的染色体称二价体。

④ 双线期:染色体更为缩短。配对的染色体开始互相排斥而分开,此时可以看到染色体的交叉端化现象。

⑤ 浓缩期(终变期):交叉端化完成,染色体最为粗短,是染色体计数的最好时期。

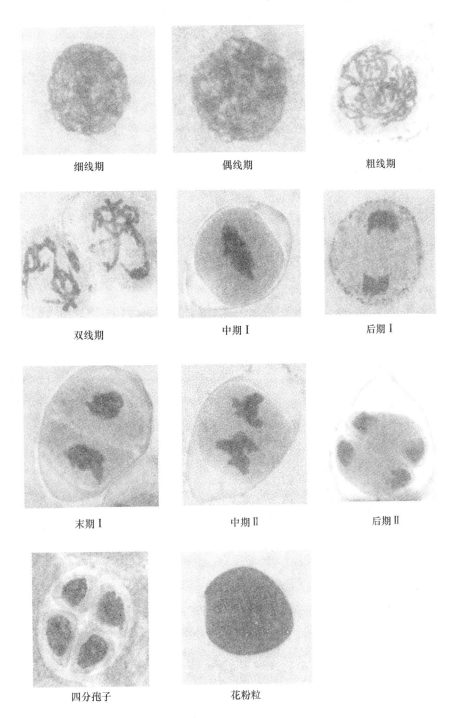

细线期	偶线期	粗线期
双线期	中期 I	后期 I
末期 I	中期 II	后期 II
四分孢子	花粉粒	

图 3.1　大葱花粉母细胞减数分裂过程

2) 中期Ⅰ:核仁、核膜消失,纺锤体(spindle)形成,染色体排列在细胞的赤道面上。但每对同源染色体的着丝粒分处在赤道面两侧。

3) 后期Ⅰ:同源染色体彼此分开,移向细胞两极。由于此时着丝粒未分开,所以细胞两极的染色体数是性母细胞的一半,但每条染色体中依然含有两条单体。

4) 末期Ⅰ:染色体到达细胞两极后逐渐解旋。核仁、核膜重新出现,在赤道面处形成新的细胞板,一个性母细胞分裂为两个子细胞,每个子细胞均为半月形。每个子细胞中含有单倍的染色体(n)。

(3) 减数第二次分裂

1) 前期Ⅱ:前期Ⅱ与有丝分裂的前期一样,每条染色体都具有两条单体,不同的是前期Ⅱ的细胞仅有半数的染色体(n)。

2) 中期Ⅱ:染色体浓缩变短,着丝粒排列在细胞赤道面上,纺锤体出现,每条染色体的姊妹染色单体呈分离状态,但着丝粒仍未分开。

3) 后期Ⅱ:着丝粒完成复制,彼此分开。每一条染色体纵裂为二,形成子染色体并开始移向细胞的两极。

4) 末期Ⅱ:移向细胞两极的染色体逐渐解旋,核仁、核膜出现。在细胞的赤道面出现细胞板,每个细胞分为两个子细胞。

经过减数分裂,一个性母细胞分裂形成四个子细胞,即四分孢子,四分孢子在花粉囊中进一步发育成为花粉粒。

注意事项

1. 取材时间的早晚是实验成功与否的关键步骤之一,必须适时取材。
2. 注意区分性母细胞及小孢子形成过程中各时期细胞的特点,并与花药壁细胞进行区分。

	花药壁细胞	进行减数分裂的各时期细胞
细胞形态	方形	圆形(减数分裂中一个性母细胞分裂形成的子细胞保持在一起)
细胞大小差异	较小	较大(差异十分显著)
染色程度	较深	较浅

想一想,试一试

1. 如何进行制片可以在一次实验中获得更多的分裂时期的细胞?
2. 胚囊的形成过程与花粉粒的形成过程有何差异,为何以雄蕊进行减数分裂观察?
3. 以不同长度的花药取材制片,研究花药长度与减数分裂各时期的相关性。
4. 研究不同外界条件(激素或化肥)对减数分裂的影响作用。

实验报告

1. 通过实验观察,注意区分植物花粉母细胞与花药壁细胞的区别,并说明各自的特点。

2. 说明在减数分裂过程中,哪些染色体行为在遗传上具有重要意义。

3. 在前期Ⅰ的双线期,可明显看见染色体的交叉现象,试问染色体的交叉位点与染色体发生交换的位置有何关系?

4. 镜检时,如何区分减数分裂的第一次分裂和第二次分裂?

5. 观察并记录所研究植物减数分裂各时期染色体的特点,并画图表示。

研究实例

1. 减数分裂的研究历史(杨大祥,2007,生物学教学)

减数分裂是一个重要的生物学过程。在19世纪末期,人们对动植物有丝分裂与减数分裂中染色体的行为进行了大量的研究。这与显微镜用薄片切片机的发明有很大关系。

1883年,在Caldwell与Threlfall设计并制造了第一台切片机。这种切片机能够切出足够薄的连续切片供显微观察。切片机的出现使得在显微镜下观察动植物染色体的效果大为改观。

现在我们多采用1926年Belling发明的压片法观察染色体。在减数分裂的研究史上,两个师兄妹Walter Sutton与Eleanor Carothers留下了浓重的一笔。他们俩都是性染色体发现者McClung的学生。我们现在说的X染色体即是沿袭他的说法。

100多年来,细胞遗传学家对减数分裂做了大量的、细致的研究分析。这些分析大多以植物为材料,研究染色体的行为。在遗传或育种实践中,人们通过观察减数分裂过程,研究染色体的数目与结构的变异。近年来,人们才开始用各种模式生物,如酵母菌、拟南芥等,进行减数分裂的分子生物学研究,以揭示在这种独特的分裂方式背后的分子生物学机制。

2. 萝卜雄性不育花粉母细胞减数分裂过程的研究(张荣风等,2007,辽宁农业科学)

以萝卜雄性不育株与可育株为试材,比较研究了不育与可育花粉母细胞的减数分裂过程。结果发现:不育花粉母细胞在第二次减数分裂后期,染色体行为出现异常,即在分向两极时,出现了不均等分裂现象。这是导致后期小孢子败育的一个潜在原因。

本试验利用石蜡切片法观察到了不育花粉母细胞减数分裂过程中的染色体不均等分裂现象。染色体的这种异常行为是否是引起小孢子败育的直接原因尚不清楚。因为减数分裂后仍能形成四分体。关于减数分裂异常行为与不育性发生有无关系,是一个有争论的问题。有的研究者认为,减数分裂异常行为偶有发生,不是不育性发生的主要原因。也有些研究者认为:花粉败育的关键在于减数分裂异常。在大多数情况下,减数分裂异常并不直接导致花粉母细胞的败育,但可能是小孢子停滞发育的潜在因素。故在许多研究中,观察到小孢子在四分体形成后败育,最后发育停留在单核期或双核期。

实验四　植物多倍体细胞的诱发
实验及多倍体细胞观察

一、实验目的

1. 了解人工诱导多倍体的原理,初步掌握用秋水仙素、温度等条件诱发多倍体的方法。

2. 了解植物多倍体细胞染色体加倍的特点。

二、实验原理

自然界各种生物的染色体数目是相对恒定的,这是物种的重要特征。遗传学上把二倍体生物一个配子中的全部染色体,称为一个染色体组(或称基因组),用 n 表示。一个染色体组内每个染色体的形态和功能各不相同,但又互相协调,共同控制生物的生长和发育、遗传和变异。

细胞内多于两套染色体组的生物体称为多倍体,这类生物细胞内染色体数目的变化是以染色体组为单位进行增减的,所以称作整倍体。多倍体普遍存在于植物界,目前已知被子植物中约有 1/3 或更多的物种是多倍体,除了自然发生的多倍体物种之外,还可采用高温、低温、X 射线照射、嫁接和切断等物理方法人工诱发多倍体植物。在诱发多倍体的方法中以应用化学药剂更为有效,如秋水仙素、异生长素、富民农等,其中以秋水仙素溶液效果最好,使用最为广泛。

秋水仙素溶液的主要作用是抑制细胞分裂时纺锤体的形成,使染色体向两极的移动被阻止,而停留在分裂中期,这样细胞不能继续分裂,从而产生染色体数目加倍的核。当去掉诱变因素时,染色体加倍的细胞继续分裂,就形成多倍性的组织。由多倍性组织分化产生的性细胞,可通过有性繁殖方法把多倍体繁殖下去,也可以通过营养繁殖的方式培养多倍体植株。如果将种子用秋水仙素浸渍,也可诱导多倍体植株产生。

温度激变也是诱导多倍体产生的一种可行性方法,利用低温(4℃)可以诱导多种生物产生多倍体细胞或未减数的配子,未减数的配子结合可以产生多倍性生物体。由于该方法在实验中不接触有毒的化学药品,所以更适于学生实验。

多倍体已成功地应用于植物育种。用人工方法诱导的多倍体,可以得到一般二倍体所没有的优良经济性状,如粒大、穗长、抗病性强等。三倍体西瓜、三倍体甜菜、八倍体小黑麦已在生产上得到广泛的应用。染色体加倍后必须进行鉴别,同源多倍体主要是根据形态特性来判断,如叶色、叶形及气孔和花粉粒的大小。最为可靠的方法,是待收获大粒种子后,再将这些大粒种子萌发,制备根尖压片,然后检查细胞内的染色体数目,只有染色体数目加倍了,才能证明植株已诱变成为多倍体。

三、实验材料

玉米、大麦、水稻的种子,或洋葱的鳞茎。

四、实验器具和药品

1. 用具:显微镜、载玻片、盖玻片、培养皿、镊子、刀片、滴管、吸水纸等。
2. 药品:秋水仙素、HCl、乙醇、苯酚、碱性品红、山梨醇等。

五、实验步骤

1. 剪去洋葱老根,置于盛满水的烧杯口上,待新生发的不定根长约 $1.5\sim 2cm$ 时,移到盛有 $0.01\%\sim 0.1\%$ 浓度的秋水仙素溶液中,直到根尖膨大为止。

也可以采用种子浸渍法。处理种子时,可先在一定浓度秋水仙素溶液中浸种 24h 左右,在铺有滤纸的器皿上浸渍种子。再注入 $0.1\%\sim 0.025\%$ 浓度的秋水仙素溶液,为避免蒸发宜加盖并置于暗处,放入 20℃ 培养箱中培养。干燥种子处理的天数应比浸种多 1d 左右。

一般发芽种子处理数小时至 3d 左右。对于种皮厚发芽慢的种子,应先催芽后再行处理。已发芽的种子用较低的浓度处理较短的时间,秋水仙素能阻碍根系的发育,因而最好能在发根以前处理完毕。处理后用清水冲洗,移栽于盆钵或田间。所诱导种子长成的植株为多倍体植株,进行制片观察染色体数目,以确定其多倍性。

蚕豆根尖端处理时,所用秋水仙素溶液浓度要比处理洋葱根尖时高,在 1% 以上。也可在植株的芽原基处进行处理,诱导芽变,形成多倍体枝条,再将其进行扦插以获得多倍体植株。

利用低温(4℃)处理洋葱根尖 $48\sim 72h$ 后,以卡诺固定液固定保存材料。

2. 取下已膨大的根尖或幼芽,水洗后进行常规制片(固定、保存、水洗、酸解、水洗、制片、染色、压片等过程,如实验一)。

3. 观察多倍体细胞染色体的形态并统计其染色体数目(图 4.1)。

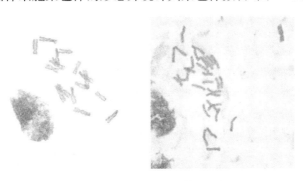

图 4.1 洋葱根尖细胞染色体的多倍化

左:二倍体细胞,$2n=16$;右:四倍体细胞,$4n=32$

注意事项

1. 秋水仙素为剧毒药品,实验中应注意不要将药品沾到皮肤上或眼睛中。如果沾到皮肤上,应用大量自来水冲洗。

2. 秋水仙素处理时间应根据供试材料的细胞周期而定,当处理时间介于供试材料细胞周期的一倍到两倍之间时,可观察到细胞由二倍体变为四倍体,当处理时间多于供试材料细胞周期的两倍以上时,供试材料的细胞可从四倍体变为八倍体,因此,在培养多倍体细胞时,应注意用秋水仙素的处理时间。此外,秋水仙素的浓度对处理效果也有影响,应注意掌握。

3. 一定注意低温诱导多倍体并不一定适用于所有生物,因为各种生物体对温度的敏感性不同。

想一想,试一试

1. 在观察时我们会发现多倍体细胞中染色体的形态有两种,一种为一条染色体含有一条单体,另一种为一条染色体含有两条单体,应注意观察,并思考其形成原因。

2. 一个二倍体植株的根尖细胞经过秋水仙素溶液诱变后会形成几倍体的细胞?三倍体植物是如何获得的?

3. 查阅资料,试设计实验研究不同浓度的秋水仙素溶液对不同植物诱变产生多倍体细胞的影响作用。

4. 研究不同低温条件(处理时间、处理温度)对不同植物诱导多倍体产生的效果如何?

实验报告

1. 简述秋水仙素诱导多倍体的原理?
2. 秋水仙素的处理时间与加倍效果的关系如何?
3. 设计实验以确定不同实验材料(蚕豆、洋葱等)的分裂高峰期时间特点。
4. 绘制多倍体细胞染色体特征图。

研究实例

1. 西瓜幼苗多倍体诱导方法研究(徐道娜等,2007,安徽农业科学)

　　西瓜是世界重要的经济作物,也是世界十大水果之一,它的产量在蔬菜品种中居第3位,在人们的日常生活中占有重要地位。该研究通过对三个二倍体西瓜种质进行秋水仙素滴苗、不同苗态摘心、低温等综合处理诱导多倍体,结果表明:通过对各个单因素进行试验,初步确定了正交试验的三个水平。秋水仙素浓度为0.2%～0.4%。处理低温分别为12、15、18℃,苗态处理为1叶,2叶,3叶1心摘心处理,处理时间为4～6d时,提高西瓜多倍体的诱变率效果较好。三种处理方法中,对西瓜幼苗进行摘心处理诱变可以显著提高多倍体的诱变率。

2. 秋水仙素对黑麦有丝分裂及多倍体诱导的影响(陈于和等,2006,核农学报)

　　本文研究了秋水仙素在不同浓度(0.01%、0.05%、0.10%、0.15%、0.20%)和不同处理时间(12、24、36、48、60 和 72h)对黑麦根尖细胞染色体、中期分裂指数、细胞加倍指数的影响。结果表明,秋水仙素处理使黑麦根尖细胞内染色体数目发生了变化,观察到的细胞内染色体数有14、28 及 56 条不等;0.15%的秋水仙素处理 24h,细胞的中期分裂指数最大,达到 0.202%,同浓度秋水仙素处理 36h,细胞加倍指数最高,达到 0.096%。

实验五 植物微核检测实验

一、实验目的

1. 学习并掌握微核测试的原理和蚕豆根尖的微核测试技术。
2. 了解毒理遗传学在实际生活与工作中的应用范围及意义。

二、实验原理

微核(MCN)是真核生物细胞中的一种异常结构,往往因细胞经辐射或化学药物的作用而产生。在细胞间期微核呈圆形或椭圆形,游离于主核之外,大小应在主核1/3以下。微核的折光率及细胞化学反应性质和主核一样。一般认为微核是由有丝分裂后期丧失着丝粒的断片产生的,但有些实验也证明整条的染色体或多条染色体也能形成微核。这些断片或染色体在细胞分裂末期被两个子细胞核所排斥便形成了第三个核块。已经证实微核率的大小与用药的剂量或辐射累积效应呈正相关,这一点和染色体畸变的情况一样。所以可用简易的间期微核计数来代替繁杂的中期畸变染色体计数。由于大量新的化合物的合成,原子能应用,各种各样工业废物的排出,使人们很需要有一套高度灵敏、技术简单的测试系统来监测环境的变化。只有真核的测试系统更能直接推测诱变物质对人类或其他高等生物的遗传危害,在这方面,微核测试是一种比较理想的方法。且有研究显示以植物进行微核测试与以动物进行的微核检测结果一致率可达 99% 以上。目前微核测试已经广泛应用于辐射损伤、辐射防护、化学诱变剂、新药试验、染色体遗传疾病及癌症前期诊断和环境监测等各方面。

三、实验材料

松滋青皮豆(蚕豆)种子($2n=12$)

四、实验器具和药品

1. 用具:显微镜、载玻片、盖玻片、培养皿、滤纸。
2. 药品:氯化钴或其他诱变因素,乙醇、乙酸、苯酚、碱性品红、盐酸。

五、实验过程

1. 实验材料的培育

蚕豆根尖细胞的染色体大,对诱变因子反应敏感。松滋青皮豆是从不同蚕豆品种中筛选出来的一种较为敏感的品种。本品种引入后在栽培繁殖时要注意不要同其他蚕豆品种种在一起,不喷洒农药,以保持该品种较低的本底微核值。也可用其他蚕豆品种,但是必须设置对照组。种子成熟后,晒干贮藏于干燥器内或－20℃

冰箱内备用。

2. 浸种催芽

将实验用蚕豆种子按需要量放入盛有蒸馏水的烧杯中,在25℃下浸泡24h,此间至少换水两次,所换水应25℃预温。种子吸胀后,用纱布松散包裹置白磁盘中,保持湿度,在25℃温箱中催芽12～24h,待初生根长出2～3mm时,再取发芽良好的种子,放入铺满滤纸的磁盘中,25℃继续催芽,约经36～48h,大部分初生根长至1～2cm左右,根毛发育良好,这时即可用来进行检测了。

3. 处理

用被检测液处理根尖,每一处理选取6～8粒初生根尖生长良好、根长一致的种子,放入盛有被检测液的培养皿中,以检测液浸泡根尖。同时,取另一培养皿以蒸馏水处理根尖,作为对照。

处理时间约为6h(此时间可根据实验要求和被检测液的浓度等情况而定)。

4. 根尖细胞恢复培养

将处理后的种子用蒸馏水浸洗三次,每次2～3min。将洗净的种子再放入铺好滤纸或脱脂棉的白磁盘内,25℃温箱中恢复培养22～24h。

5. 固定根尖细胞

将恢复培养后的种子从根尖顶端切下1cm长的幼根放入广口瓶中,以卡诺固定液固定2～24h后,进行常规保存。

6. 镜检及微核识别标准

常规制片后,将玻片标本放在显微镜的低倍镜下观察,找到分生组织区细胞分散良好、核膨大、分裂相多的部分,转到高倍镜下进行观察(图5.1)。

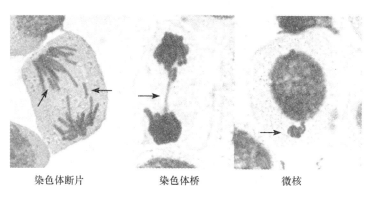

染色体断片　　　　　染色体桥　　　　　微核

图5.1　染色体畸变细胞

微核识别标准：

（1）在主核大小的 1/3 以下，并与主核分离的小核。

（2）小核着色与主核相当或稍浅。

（3）小核形态为圆形、椭圆形或不规则型。

每一处理观察三个根尖，每个根尖计数 1000 个细胞中的微核数并进行记录。

六、实验数据的统计处理和污染程度划分

将实验数据按以下步骤进行统计学分析处理。

1. 计算各测试样品（包括对照组）微核千分率（MCN‰）

$$MCN‰ = \frac{某测试样品（或对照）观察到的微核数}{某测试样品（或对照）观察到的细胞数} \times 1000‰$$

如果对照本底 MCN‰为 10‰以下，可采用如下标准进行分析以确定样品的污染程度。

MCN‰在 10‰以下，表示基本没有污染；

MCN‰在 10‰～18‰区间，则表示有轻度污染；

MCN‰在 18‰～30‰区间，则表示有中度污染；

MCN‰在 30‰以上，则表示有重度污染。

2. 污染指数

也可以采用"污染指数"判别：此方法可避免因实验条件等因素带来的 MCN‰本底的波动，方法如下。

$$污染指数（PI）= \frac{样品实测微核千分率平均值}{标准水（对照组）微核千分率平均值}$$

污染指数在 0～1.5 区间为基本没有污染；

污染指数在 1.5～2 区间为轻度污染；

污染指数在 2～3.5 区间为中度污染；

污染指数在 3.5 以上为重度污染。

如果对照本底 MCN‰为 10‰以上，可采用 t 检验（被测样品较少时）检测处理液致畸效果是否明显，或以 F 检验（被测样品较多时）检测各处理之间是否具有显著的差异。

注意事项

1. 凡数值在上下限时，定为上一级污染。

2. 对严重污染的水环境进行检测时，检测处理会造成根尖死亡，应稀释后再作测试。

3. 在没有空调恒温设备时，如室温超过 30℃，MCN 本底可能有升高现象，但可经污染指数法处

理数据,不会影响检测结果。

想一想,试一试

1. 如何设计对照可以降低本底微核数对检测结果的影响?
2. 在诱变处理后为什么要进行缓苗处理?
3. 有丝分裂指数会对微核率有何影响?
4. 进行某一环境因素(例如某一水域)的污染情况调查。
5. 进行某一种食品添加剂或化妆产品对遗传物质的影响作用研究。

实验报告

1. 将实验结果记录在蚕豆根尖微核检测记录表中

试验号　　　　　镜检日期　　　　　　　　　　镜检者

片　号	第一片		第二片		第三片	
各自观察的细胞数或微核数	细胞数	微核数	细胞数	微核数	细胞数	微核数
总计						
平均微核千分率						

2. 微核率与处理药物的浓度有何关系?
3. 微核产生的原因和物质基础是什么?
4. 用氯化钴处理后,在分裂期的细胞会出现什么现象?
5. 画出具有微核的细胞示意图。

研究实例

1. 应用微核技术对北京三海水域污染状况的研究(李雅轩等,2005,生态学杂志)

　　2003 和 2004 年于北京三海(西海、后海和前海)分别采集 21、22 个样品,利用蚕豆根尖微核技术对水体的污染状况进行了遗传毒性分析。结果表明,水体总体显示出不同程度的遗传毒性特征。2003、2004 两年中,微核相对率<1.5 的样本分别占 4.7619%、18.1818%,主要分布于前海和后海湖心区域;微核相对率为 1.5～2.0 的样本分别占 28.5714% 和 13.6364%;微核相对率为 2.0～3.5 的样本分别占 28.5714% 和 45.4545%;微核相对率>3.5 的样本分别占 38.0952% 和 22.7273%。其中,在民居密集的西海区域,两年重度污染率均达到 40%。结果表明,水体污染程度与人为因素具有显著相关。本文对试验方法亦进行了讨论。

2. Cd 对水稻根尖细胞的遗传损伤效应(何俊瑜等,2008,农业环境科学学报)

以水稻为材料,研究了不同浓度 Cd 对根尖细胞的遗传损伤作用。结果表明,随着 Cd 浓度增加和处理时间延长,水稻幼苗根尖细胞有丝分裂指数明显降低;4 个时期相比,Cd 对中期的影响最小。微核率随着 Cd 胁迫浓度的增加和时间的延长而增加,但浓度过高时,微核率反而有所降低;此外,Cd 能诱发根尖细胞染色体畸变,染色体畸变率随着 Cd 处理浓度的增加和处理时间的延长而升高,呈现明显的剂量—效应和时间—效应关系。以上结果表明,Cd 可引起水稻根尖细胞有丝分裂抑制和染色体损伤,具有明显的遗传毒性。

挑选饱满健康的种子用 5% NaClO 消毒 10min,去离子水反复冲洗干净,蒸馏水浸种 24h 后,选已萌发的水稻种子均匀播于铺有 2 层滤纸的培养皿中,每皿 50 粒种子,30℃恒温培养,每 12h 换 1 次水。待胚根长约 2cm 时,用于毒性试验。

选取根长一致的幼苗随机分组,分别转移到不同浓度的 Cd 溶液中,30℃暗培养。以蒸馏水作对照。

每隔 24h 从每一处理组随机切取 10 个根尖,用卡诺固定液(甲醇/冰乙酸＝3/1,V/V)室温下固定 24h,蒸馏水浸洗 3 次后,转入 70% 的乙醇中,4℃冰箱中保存备用。制片时,取固定根尖,用蒸馏水浸洗 3 次,1mol/L 盐酸解离,改良石炭酸品红染液染色后切取根尖分生区 1mm 左右,加 1 滴蒸馏水,常规压片后镜检。每个处理观察 10 个根尖,每个根尖约 5000 个细胞,统计有丝分裂指数、微核率、染色体畸变率。所有试验重复 3 次。

数据分析采用 SPSS10.0 数据处理系统进行方差分析。

实验六　植物细胞分裂的同步化诱导

一、实验目的

1. 了解细胞同步化的概念和原理,并掌握细胞同步化诱导的方法。
2. 观察细胞周期中不同时期染色体的形态特征和动态变化过程。

二、实验原理

植物细胞在生长发育过程中,不断地进行分裂,增加细胞的数目,其中最常见、最普遍的是有丝分裂过程。细胞从一次有丝分裂结束到下一次有丝分裂结束所经历的过程为一个细胞周期。完成一个细胞周期所需的时间在不同植物种类和不同组织的细胞间存在较大差异。绝大多数真核生物的细胞周期都包含 G_1、S、G_2、M四个时期,因此,通常把包含这四个时期的细胞周期称为标准的细胞周期。处于细胞周期不同阶段的细胞,其形态学和生化特点等有所不同,为了深入研究细胞周期各时期发生的形态变化及调控机理,用单个细胞进行工作,不仅细胞数量少而且技术难度大,几乎是不可能的,因而各种细胞同步化的研究方法应运而生,以便获得不同时期的细胞群体。

同步化方法就是将细胞群体阻滞在细胞周期某一时期的方法,主要包括自然同步法和人工同步法。

自然同步法:在自然界,有些生物本身存在部分或短时间的细胞分裂同步化现象。例如,海胆胚胎的分裂,其最初三次的分裂同步性很高。但是,自然同步化的细胞群体数量有限,限制性因素较多,若要获得大量细胞群体通常采用人工同步法。

人工同步法:采用此法的细胞多是体外培养的细胞,大致可分为选择同步化和诱导同步化。前者通常是根据细胞周期中某些时期的细胞固有的特征来选择。例如,单层培养于培养皿中的细胞处于对数生长期时,分裂活跃,有丝分裂细胞变圆隆起,与培养皿的附着性降低,此时轻加振荡,M 期细胞即脱离器壁悬浮于培养液中。此种方法多适用于贴瓶培养的动物细胞,操作简单,细胞未受药物伤害,同步化程度较高,但是若进行生化分析需要大量细胞时必须多次收集细胞。后者是通过药物诱导导致细胞分裂的同步化,主要有 DNA 合成阻断法、中期阻断法。DNA合成阻断法选用 DNA 合成抑制剂,可逆地抑制 DNA 合成而不影响其他各期细胞沿周期运转,最终可将细胞群体阻断在 S 期,蚜栖菌素(aphidicolin)、胸腺嘧啶核苷、羟基脲、阿糖胞苷、氨甲喋呤等为常用的 S 期阻断剂;中期阻断法是利用秋水仙素或秋水仙酰胺等药物抑制微管的聚合(微管是纺锤体的主要组成成分),进而阻止有丝分裂的正常进行,将细胞阻断于有丝分裂中期。

细胞分裂同步化的程度高低通常用有丝分裂指数来表示。

有丝分裂指数 = 分裂相细胞数目／细胞总数目

本实验采用 DNA 合成阻断法,以烟草悬浮细胞为实验材料,利用蚜栖菌素抑制 DNA 的合成,最终可将细胞阻断在 S 期。阻断剂释放后,同步化的 S 期细胞继续进行有丝分裂,从而可获得不同时期的细胞群体。

三、实验材料

烟草悬浮细胞。

四、实验器具和药品

1. 器具:超净工作台、高压灭菌锅、酒精灯、摇床、三角瓶、移液器、枪头、Eppendorf 管、载玻片、盖玻片、镊子、吸水纸、显微镜。

2. 药品:70％乙醇、2,4-D、MS 培养基中无机盐成分、甘氨酸、维生素 B_1、肌醇、蔗糖、无水乙醇、冰醋酸、磷酸缓冲液(400mL 蒸馏水中溶解 4g NaCl、0.1g KCl、0.72g Na_2HPO_4、0.12g KH_2PO_4,用 HCl 调 pH 至 7.0,加水定容至 500mL)。

DAPI(DAPI:粉末用双蒸水配制,母液浓度:1mg/mL。)

蚜栖菌素(粉末用 DMSO 配制,母液浓度:5mg/mL)

五、实验过程

1. 材料培养

烟草悬浮培养细胞继代培养在改良的 MS 培养基上,培养基的基本成分为:

MS 无机盐＋KH_2PO_4	200mg/L
甘氨酸	2mg/L
维生素 B_1	1mg/L
肌醇	100mg/L
2,4-D	0.2mg/L
蔗糖	30g/L

每周将 1mL 生长 7d 的细胞转至 50mL 新鲜培养基中,(25±2)℃黑暗条件下培养,摇床转速为 120r/min。

2. 同步化处理

取 5mL 生长 3～5d 的烟草悬浮细胞,转移至加入了 25μL(5mg/mL)蚜栖菌素的 20mL 液体培养基(蚜栖菌素工作浓度为 5μg/mL)中处理 24h,之后用新鲜液体培养基冲洗 5 次,最后重悬在新鲜液体培养基中继续培养。

3. 取材固定

于同步化处理完毕后 1.5h、6h、10h、13.5h 分别取样,可对应获得 S、G_2、M、

G_1 期的细胞。取样后放入卡诺固定液,固定 30min,在此过程中用枪头反复吹吸,将细胞打散混匀,固定完毕后用磷酸缓冲液冲洗 3 次。

4. 染色

向样品悬浮液中加入荧光染料 DAPI,使其工作浓度为 $0.5\mu g/mL$,避光染色 10min。

5. 制片

滴一滴悬液于干燥清洁的载玻片上,再滴一滴抗荧光漂白剂,盖上盖玻片,用吸水纸把多余液体吸干,盖片与载片交界处涂上指甲油。

6. 观察

用荧光显微镜进行镜检,DAPI 在紫外光激发下发蓝紫光。选择不同样品进行观察,注意观察细胞周期各时期的特点,计算有丝分裂指数(图 6.1)。

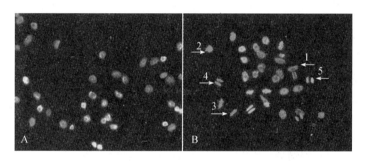

图 6.1 烟草悬浮细胞同步化前后的镜检图片

A. 同步化处理之前(多为间期细胞);B. 同步化处理后(有丝分裂指数 46%,箭头 1 指示间期细胞,2、3、4、5 指示 M 期细胞)

注意事项

1. 同步化处理过程中新鲜培养基冲洗一定要彻底,若有蚜栖菌素残留,细胞将继续阻断在 S 期,无法获得周期中其他时期的细胞。
2. 为避免荧光淬灭,未能及时观察的制片应在 4℃冰箱中保存。
3. 蚜栖菌素溶解在 DMSO 中,处理细胞时,DMSO 浓度不应超过 0.1%。

想一想,试一试

1. 氨甲喋呤的作用机制是什么?
2. 戊炔草胺可以阻断植物细胞分裂相微观列阵的组装,蚜栖菌素处理后再结合戊炔草胺处理细胞,同步化效果如何?
3. 试进行诱导剂浓度对同步化结果影响作用的研究。

4.试进行不同诱变剂对不同植物同步化诱导结果的研究。

实验报告

1. 请总结同步化过程中应注意的问题。
2. 计算同步化后的有丝分裂指数。
3. 记录细胞周期不同时期染色体的形态特征。

研究实例

1. 小麦根尖细胞同步化诱导和 DNA 纤维的制备(王晓娜等,2006,西北植物学报)

  为了简易快速地获得大量小麦中期染色体和 DNA 纤维,以普通小麦根尖为材料,采用羟基脲(hydroxyurea,简称 HU)、氟乐灵(trifluralin)结合的双阻断法进行了染色体中期同步化诱导。结果表明,染色体有丝分裂中期指数(metaphase index)可达 70%～80%;以同材料小麦黄化苗提取小麦细胞核,成功制备出小麦 DNA 纤维。这为研究细胞有丝分裂的调控、染色体形态结构、易位染色体检测和易位染色体片段的精确测量与定位等提供了新的技术支撑。

  实验方法:小麦种子经消毒后于 20℃水中浸种至胚露白,约 16h。其后将腹股沟向下,摆放于铺有浸湿滤纸的培养皿中,于 25℃避光培养 24h 至根尖长至 1cm 左右。接着改用含1.25mmol/L 羟基脲的 Hoagland 营养液于 25℃避光培养 16h。Hoagland 冲洗 3 次,并以其继续培养 2h。后转入含 1mol/L 氟乐灵的 Hoagland 营养液,于 25℃避光培养 4～5h。然后转入4℃水培 20h 左右,以得到聚缩程度较大的染色体。将同步化根尖切取分生区,用卡诺固定液固定 2h,混合酶液(2%纤维素酶:2%果胶酶＝2:1)25℃酶解 5h,镊子轻捣,得到均匀的细胞悬浮液,静置 20min,待细胞沉淀后,去除酶液加入蒸馏水低渗 10min,沉淀后除去水,固定液重悬。然后,可直接将此细胞悬浮液滴于载玻片上染色压片,或者采用火焰干燥法制片。最后用改良的品红染色并于显微镜下观察、统计并拍照。

2. 凤仙根尖细胞有丝分裂同步化诱导(孔红等,2009,江苏农业科学)

  为了简易快速地获得大量凤仙有丝分裂中期染色体,采用羟基脲和氟乐灵结合的双阻断法对凤仙根尖进行处理,诱导根尖细胞有丝分裂中期同步化。结果表明,以 1.25mmol/L 羟基脲处理 16h,1μmol/L 氟乐灵处理 4h,细胞有丝分裂中期指数可达 60%以上。有丝分裂正常,未见染色体畸变现象。

  具体方法如下:将凤仙种子萌发,待长出约 0.5cm 长的根后置于浸过 1.25mmol/L HU 的滤纸上培养 14～18h,蒸馏水冲洗 3 次,移到浸过蒸馏水的滤纸上培养 3～6h,然后再移到浸过1μmol/L 氟乐灵的滤纸上继续培养 3～6h(上述各处理均在 23℃恒温箱中避光进行)。经上述处理的材料用蒸馏水冲洗 3 次后放入冰水中,在 4℃条件下保存 20h。蒸馏水培养作对照。

  切取根尖,卡诺固定液固定 30min,蒸馏水冲洗 3 次,双蒸水低渗 5min,2%纤维素酶和 1%果胶酶 37℃酶解 30min,蒸馏水冲洗 3 次,再用双蒸水后低渗 5min,固定液再次固定。将材料放在载玻片上,用改良的苯酚品红染色后压片,显微镜下观察、统计并拍照。

第二章　动物与人类细胞遗传学系列实验

动物与人类细胞遗传学的研究对于探讨动物与人类的起源与进化、遗传与变异、亲源关系、远缘杂交不育和孤雌生殖的机理等问题具有重要的意义。

20 世纪 50 年代中期以来,关于动物染色体制片技术接连取得了一系列的突破,先后出现了一些新的操作技术:①体细胞培养和低渗技术。即把细胞制成悬浮液,使细胞体积膨胀,细胞核里面染色体得以充分展开(徐道觉,1953)。②秋水仙碱技术。经秋水仙碱处理后,染色体缩短,更好地保持其完整和独立。同时,形成纺锤体的微管也遭破坏,不能进行有丝分裂后期活动,因而增加了细胞分裂中期的数量(庄有兴等,1956;Ford 等,1956)。③空气干燥和火焰干燥技术。载有细胞的湿玻璃在空气中(Rothets 等,1958)或在火焰上(Scherz,1962)干燥,可使细胞平贴在玻片上面,染色体也排列在一个平面上,不至于相互重叠,相互掩盖。④植物血细胞凝集素(PHA)技术。在培养基里加入 PHA,可以刺激淋巴细胞从 G 期状态进入有丝分裂期,便于观察和进行染色体计数(Nowell,1960)。

随着实验技术的改进,细胞学和遗传学的结合日益紧密,人们开始从细胞学水平揭示出越来越深刻的生物繁衍中的奥秘与规律,细胞遗传学的研究已成为生命科学中最为重要的组成部分。动物遗传学的研究也纷纷在经典的研究方法中注入了现代遗传学研究的内容和手段。动物细胞染色体的显带技术、原位杂交技术、以及医学遗传学中实验方法的改进,使得人们对于遗传的本质有了进一步的认识。

1938 年,Darlington 和 LaCour 建立了染色体显带技术,自 20 世纪 70 年代以后在遗传学、系统学和进化研究中得到越来越为广泛地应用。该技术可以在更加微观的水平上鉴定染色体,获取遗传信息;获得居群水平上与物种形成有关和遗传变异的信息;确定与系统发育有关的种间关系,等等。20 世纪 90 年代以后,原位杂交技术等现代手段,使染色体显带方法又有进一步的改进和完善,该技术可在中期和间期细胞染色体上进行基因精

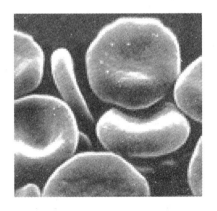

确定位,弥补了传统显带技术的一些缺点,在检测染色体畸变或确定畸变染色体的断裂点方面有重要价值,拓宽和加深了细胞遗传学研究的范围和深度,从而得到新的突破。

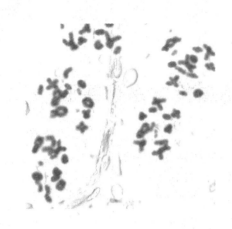

　　因此学习和掌握动物细胞染色体制片技术对于研究揭示动物生息繁衍的奥秘以及进行物种改良具有重大的意义。

　　本系列实验包括蝗虫减数分裂过程观察、蟾蜍骨髓细胞染色休观察、小鼠细胞姊妹染色单体色差分析、荧光原位杂交、人体细胞Barr小体观察、人类外周血培养与染色体标本制备与观察、人体细胞染色体显带分析等实验。

实验七　蝗虫减数分裂过程观察

一、实验目的

1. 学习并掌握制备蝗虫减数分裂玻片标本的方法。
2. 观察动物精子形成过程中的减数分裂过程,观察其染色体的动态变化特点。

二、实验原理

在高等生物的雌雄性细胞形成的过程中,有性组织中的某些细胞分化为孢母细胞(2n),以及精母与卵母细胞(2n)。进一步由这些细胞经过减数分裂,最终各自产生4个小孢子或精细胞,或是分别产生一个大孢子或卵细胞与三个退化的极体(1n)。在减数分裂过程中,可以辨认染色体形态和数量上的动态变化,从而为遗传学研究中远缘杂种的分析、染色体工程中的异系鉴别、常规的组型分析以及三个基本规律的论证,提出直接与间接的实验依据。

利用蝗虫精巢进行减数分裂过程观察,具有以下便利之处:蝗虫染色体数目较少(雄蝗虫$2n=23$,雌蝗虫$2n=24$),染色体较大,易于观察。在同一染色体玻片标本上可以同时观察到减数分裂的各个时期,还可以观察到精子的形成过程。

三、实验仪器和药品

1. 用具:显微镜、眼科剪、眼科镊子、载玻片、盖玻片。
2. 药品:乙醇、冰醋酸、碱性品红、山梨醇、苯酚、蒸馏水等。

四、实验材料的采集

北方在每年9月底到10月初于稻田中采集雄蝗虫,并用卡诺固定液进行固定,然后依次经90%、80%以及70%的乙醇溶液处理30min,最后保存于70%酒精溶液中,4℃储存。如果长期保存,可定时更换乙醇储存液。

五、实验过程

1. 取材:选择雄性蝗虫,剪掉其翅膀,从蝗虫腹部背面由上至下顺序剖开体长的一半,靠近胸节处有橘黄色团状结构,为精巢。材料经长期保存后,其颜色会发暗棕色。将精巢取出放于培养皿中,用蒸馏水反复冲洗,可见每条精细小管的一端连于输精管,另一端为分散的盲端。换水再次清洗。每次清洗用时2~3min。

2. 取一个或两个精细小管放于载玻片上,用刀片在精细小管上横切2~3次。此时,用吸水纸轻轻吸去多余的水分,以免影响染色效果。

3. 滴加改良的苯酚品红染液于实验材料上,染色10~15min。同时以小镊子轻轻挤压精细小管外壁,以使性母细胞或减数分裂中各时期的细胞流出精细小管管壁,以利于观察。压片后进行观察,可以见到减数分裂的各个时期。

4. 镜检(见图 7.1)

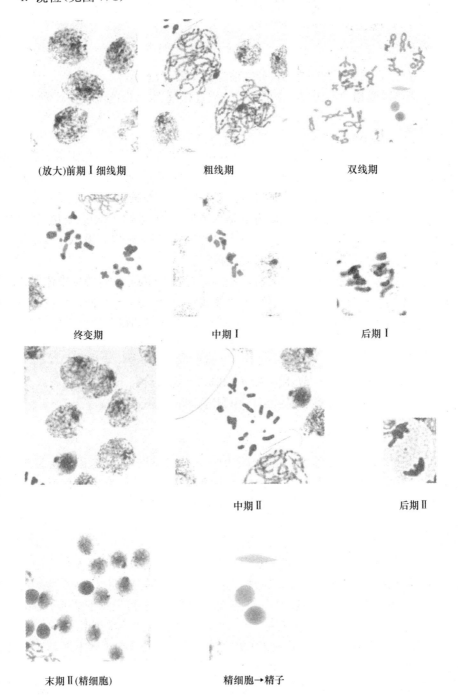

| (放大)前期Ⅰ细线期 | 粗线期 | 双线期 |

终变期　　　　　　中期Ⅰ　　　　　　后期Ⅰ

中期Ⅱ　　　　　　　　后期Ⅱ

末期Ⅱ(精细胞)　　　　精细胞→精子

图 7.1　蝗虫精母细胞减数分裂过程观察

（1）前期Ⅰ

细线期：细胞核较大，染色体细长，首尾难分，绕作一团，是染色较浅的细胞群。

偶线期：不易观察，染色较细线期深，染色体略粗。

粗线期：染色体缩短变粗，有时可以看到每条染色体有两条单体组成。

双线期：配对的两条染色体开始分离，由于交换而产生细胞学上可见的交叉，交叉逐渐端化，可以看到多种染色体构象。

终变期：交叉端化现象基本解除，每个二价体向赤道面移动。

（2）中期Ⅰ：染色体高度缩短变粗，二价体排列在赤道面。侧面观染色体排列成一条直线，极面观染色体排列成环状。

（3）后期Ⅰ：同源染色体彼此分离，各自移向细胞的一极，形成两组单倍体，但每条染色体仍含有两条单体。

（4）末期Ⅰ：染色体解旋，形成两个子核。此时细胞体积较前期Ⅰ明显减小。

（5）前期Ⅱ：染色体螺旋化，可见X型染色体分布于细胞核中。

（6）中期Ⅱ：染色体的着丝粒排列在赤道面上，每条染色体有两条单体。极面观染色体呈辐轮状分布。

（7）后期Ⅱ：着丝粒复制完成，每条染色体分裂成两条子染色体，各自移向细胞的两极。此时每条染色体只含有一条染色单体。

（8）末期Ⅱ：细胞质分裂完成，形成精细胞。细胞体积较前期Ⅱ减小一倍。

（9）精子变形期：可以看到由圆形的精细胞变为有棱型头部和长尾的精子。

注意事项

1. 注意实验材料采集的时间，在北京地区应该于每年9月底至10月初捕捉雄性蝗虫，其中以稻蝗为宜。

2. 制片时，取材要准确。新鲜精巢材料为橘黄色，材料经长期保存后颜色发暗。

3. 染色时不可以滴加过多的染色液，因为动物细胞之间联系很松散，如果染色液过多，在压片时会随着染色液流出盖玻片以外，造成材料的丢失。

想一想,试一试

1. 如何制片可以在一次实验中观察到更多的分裂时期？

2. 遗传重组发生在减数分裂的哪一个时期？交叉与交换有何区别与联系？

3. 在减数分裂中哪一个时期的染色体行为可以为遗传的三大规律提供实验依据？

实验报告

1. 观察减数分裂各时期染色体变化特点，并将以下各时期进行比较：

　　前期Ⅰ与前期Ⅱ，中期Ⅰ与中期Ⅱ，后期Ⅰ与后期Ⅱ。

2. 蝗虫的减数分裂与玉米的减数分裂有何区别？

3. 绘制减数分裂各时期染色体特征分布图。

研究实例

1. 一种简便制作大白鼠精母细胞减数分裂标本的方法(左开俊等,2009,生物学通报)

在大白鼠发情后2周时,麻醉处死后将大白鼠放在蜡盘上,腹面向上,将四肢固定,然后左手持镊子,夹起大白鼠腹部皮肤,右手持剪刀,打开腹腔,将精巢取出。剪开白膜,用解剖针和小弯镊挟出曲细精管(经验证明,当精巢里的大量精子排出后,观察减数分裂较合适,因为太多的精子对制片、观察有干扰)。

将曲细精管切成小片,立即放入固定液中,固定1d,再转入95%的酒精内固定2d,然后放入70%酒精中,置于冰箱内保存。

取1小片材料放在载玻片上,加1滴醋酸洋红染液,用刀柄轻轻敲打材料,把材料敲散,当材料染成暗红色后加盖玻片,低倍镜下镜检。若材料适用,则将载玻片在酒精灯上微微加热进行烤片。

将制作好的临时装片先用低倍镜镜检,找到精母细胞,观察染色的深浅是否适宜。若染色过深可用45%醋酸进行褪色(从盖玻片的一边滴1滴醋酸,另一边用滤纸吸去多余的液体);若染液过浅,可用同样的方法加1滴染液重染。转换成高倍镜,按前面所述观察减数分裂的几个主要时期。若制片效果很好,可制成永久装片。

永久装片的制作:在冰箱的冰盒中冰冻玻片标本,待片子充分结霜后,用刀片迅速将盖玻片掀开。将盖玻片和载玻片用电吹风吹干,或在37℃温箱中烘干,用二甲苯浸泡10~20min,即封片。或将盖片、载玻片脱水、透明,即依次用50%酒精、95%酒精、无水酒精处理数秒钟至数分钟。还可以再转入1/2无水酒精+1/2二甲苯溶液,再转入二甲苯,然后封片。

2. 性成熟前山羊卵母细胞减数分裂进程的研究(武建朝等,2008,江苏农业科学)

以卵丘卵母细胞复合体(COCs)为研究对象,研究比较了性成熟前山羊和成年山羊卵母细胞体外核成熟进程及其卵母细胞孤雌发育的能力。结果表明,成年山羊和性成熟前山羊卵母细胞体外成熟过程中,减数分裂各时相出现的时间不同。在整个体外成熟培养过程中,性成熟前山羊卵母细胞GV期存在时间较长(7.21h),大约占成熟时间的1/4,在成熟培养23.96h后才能进入MⅡ期。对成年羊而言,其卵母细胞GV期存在时间相对较短(2.94h),占成熟培养时间的1/9,大约在成熟培养20.64h后进入MⅡ期。成熟培养24h和27h,成年羊卵母细胞成熟率差异不显著,但是性成熟前山羊卵母细胞成熟率差异显著($P<0.05$)。与成年山羊相比,羔山羊卵母细胞孤雌发育能力较差,可能与其卵母细胞本身成熟缺陷有关。

实验八 蟾蜍骨髓细胞染色体观察

一、实验目的

1. 了解脊椎动物骨髓细胞染色体制片的一般方法。
2. 观察蟾蜍骨髓细胞染色体的数目和形态特征。

二、实验原理

染色体是基因的载体。真核细胞染色体的数目和结构是重要的遗传指标之一。制备染色体标本无疑是细胞遗传学最基本的技术,优良的染色体制片是进行染色体显带、组型分析、原位杂交等实验的先决条件。染色体玻片标本的制备在原则上可以从所有发生有丝分裂的组织和细胞悬浮液中得到。最常用的途径是从骨髓细胞、血淋巴细胞和组织培养的细胞中制备染色体玻片标本。

小型动物的染色体制片最好、最有效的材料就是骨髓组织。利用骨髓细胞的制片技术虽然需要离心以及细致的操作,但其基本程序是简便的。另外,在骨髓细胞中,有丝分裂指数相当高。

对大型动物通常采用对股骨或胸骨等穿刺术吸取红骨髓,小型动物多采用剥离术取股骨以获得骨髓细胞。通过骨髓得到的染色体是比较简便的,一般也无需无菌操作。在临床上多用于白血病的研究。这种染色体是机体内真实情况的反映,因此在药品检验、环境监测、食品检验等工作以及致畸、致癌、致突变等研究中,利用骨髓制片的方法易于观察毒性物质在体内对细胞和染色体的影响。

不过,在有些情况下,穿刺取骨髓较困难,例如,希望对同一个体材料进行连续的对比取材,以观察药物或环境因素对人类或动物的影响及染色体的动态变化时,采用外周血细胞直接制备染色体的技术就十分有利了。

本实验以蟾蜍为材料,直接取骨髓细胞经空气干燥法进行制片。为提高有丝分裂指数,在取材前经腹腔注射秋水仙素水溶液进行预处理已获得更多的分裂细胞。

三、实验材料

蟾蜍。

四、实验器具和药品

1. 用具:解剖器具(剪刀、镊子、解剖刀)、2mL 注射器、5 号针头、10mL 刻度离心管、吸管、试管、载玻片、盖玻片、离心机、显微镜、水浴锅。
2. 药品:秋水仙素(0.01%)、甲醇、冰醋酸、生理盐水,$0.075mol/L$ KCl 低渗

液,甲醇。

五、实验过程

1. 前处理

两栖类是变温动物,气温低时,代谢慢,分裂相较少。所以一般在气温较高的季节进行实验。如果气温较低时操作,可于实验前于 25℃ 预培养一周时间,以提高蟾蜍的细胞活动性,增多分裂细胞相。取骨髓细胞前 5~8h 向蟾蜍腹腔内注射秋水仙素溶液(每 10g 体重注入 50~80μg 秋水仙素溶液)。

2. 取材

以双毁髓方法处死蟾蜍剖出股骨,用纱布将股骨上的肌肉拧擦干净后,取骨髓细胞。具体方法是先剪去股骨两端,再用 2mL 注射器和 4 号针头吸取生理盐水溶液 1.5mL,将针头插入骨髓腔,以生理盐水将骨髓细胞冲入离心管中(注意冲出骨髓细胞的动作要快,冲击量大,细胞多,并要求预温药液至 25℃),后用小口吸管将细胞团吹打散开,最后加入预温至 25℃ 的 0.075mol/L 的 KCl 溶液 9mL,置 25℃ 条件下低渗 30min。

3. 制片

(1) 每 9mL 骨髓细胞低渗液中加入 1mL 固定液(现用现配),用吸管反复吹打,使细胞分散开。固定约 15min(25℃)。

(2) 离心:1000r/min 10min,去上清液,留 0.5mL 的细胞液于离心管底部。

(3) 再固定:在离心管中加入 5mL 固定液,将材料用吸管吹散,固定 20min。

(4) 再离心:800r/min 8min,去上清液,留 0.5mL 的细胞液于离心管底部。

(5) 制备细胞悬液:于上述离心管中加入 3~5 滴固定液(视细胞多少而定),用吸管吹打均匀,便制成了细胞悬液。

(6) 滴片:取经处理干净的冷载玻片,用吸管取细胞悬液,在距离冷载玻片 50cm 以上的高度进行滴片,每张载玻片上滴加 1~3 滴细胞悬液。

(7) 干燥:空气中自然干燥或用酒精灯外焰烘烤致干燥。注意细胞悬液不可沸腾。

(8) 染色:以改良苯酚品红染液染色 10~15min。

(9) 镜检:倾倒染色液,用蒸馏水轻轻冲去剩余的染色液,并用吸水纸轻轻拭干载玻片,在显微镜下进行观察,统计蟾蜍细胞的染色体数目。

注意事项

1. 秋水仙素水溶液为剧毒药品,操作时不要沾到皮肤上。

2. 取材时应该选取蟾蜍后肢最上端的股骨,不要误取胫腓骨;同时,在剪除股骨两端骨骺时,一定要适当,不可以过多或过少。

3. 低渗时间不可过短,以免影响染色体的分散。

4. 固定液要现用现配。

5. 离心前,离心管要配平,并放入离心机的对应位置。

6. 滴片时要迅速,不可拖延时间过长,滴片时应采用冰冻的冷载玻片,故实验前应首先进行载玻片的处理,放于冰箱中。同时注意滴管与载玻片的距离不可过短,应具有一定的高度。

7. 染色后冲片时,不可以直接冲洗滴液面,且随后要去除水渍,以免在观测时污染镜头。

想一想,试一试

1. 实验中哪些步骤有利于获得分散的细胞?

2. 在实验中 0.075mol/L KCl 的作用是什么?

3. 观察骨髓细胞有何作用?

4. 通过查阅文献资料,设计实验以证明某一种环境因素对骨髓细胞体外诱导分化的影响。

实验报告

1. 预习作业:请绘制出本实验的实验流程图,以明确实验过程。

2. 为什么滴片需要用冰冻的冷载玻片?

3. 秋水仙素的作用是什么?

4. 绘制蟾蜍骨髓细胞染色体图。

5. 总结影响制片效果的因素。

研究实例

1. 河南花背蟾蜍的核型、C-带和 Ag-NORs 研究(董自梅等,2004,动物学杂志)

利用骨髓细胞蒸汽固定法制备染色体标本,研究了分布于河南新乡的花背蟾蜍的核型、C-带和 Ag-NORs。结果表明:河南产花背蟾蜍体细胞染色体数为 22 条,核型公式为 $2n=22(20m+2sm)$,全部为中部或亚中部着丝点染色体,NF=44。Ag-NORs 具有多态现象。C-带核型显示 22 条染色体的着丝点均正染,No.1 染色体近着丝粒处有不恒定插入型 C-带,No.4 染色体具有恒定近端部插入型 C-带,随体部位被正染的仅占所观察细胞的 15%。实验结果为探讨我国蟾蜍科动物在种、属之间以及不同地理种群间的差异性,研究我国蟾蜍类动物的起源与演化提供了科学依据。

2. 紫杉醇对骨髓细胞体外诱导分化的巨噬细胞影响(李龙等,2008,细胞与分子免疫学杂志)

常规方法无菌制备 BALB/c 小鼠骨髓细胞,用含 M-CSF 的 RPMI 1640 培养液培养 7d,同时加入不同浓度紫杉醇,通过流式细胞术对骨髓单核细胞分化的巨噬细胞的表型分子、吞噬功能进行测定,采用迟发型过敏反应(DTH)方法检测巨噬细胞免疫原性。结果:紫杉醇明显降低骨髓单核细胞分化成巨噬细胞的数量;F4/80+巨噬细胞表面分子 CD80、CD14 表达升高,而 I-A^d 表达降低;紫杉醇提高分化的巨噬细胞吞噬鸡红细胞的能力;但使其免疫原性降低,提示紫杉醇可能具有调节巨噬细胞免疫功能的作用。

实验九　姊妹染色单体色差分析

一、实验目的

1. 了解姊妹染色单体差别染色技术的原理。
2. 通过实验全过程操作,制备骨髓细胞姐妹染色单体互换(SCE)标本。
3. 熟悉 SCE 计数方法并对实验结果进行显著性测验。

二、实验原理

在 DNA 复制过程中,核苷的类似物 5-溴脱氧尿嘧啶核苷(5-bromodeoxy-uri-dine,BrdUrd)或 5-碘尿嘧啶核苷(5-iodo-2'-deoxy uridine,IdUrd)可以代替核苷酸掺入新合成的 DNA 链,并占有胸腺嘧啶(thymidine,T)的位置。哺乳类细胞在含有适当浓度的 BrdUrd 的培养液中经历两个分裂周期之后,其中期染色体的两个单体的 DNA 双链在化学组成上就有了差别,即一条染色单体的两股 DNA 的 T 位完全由 BrdUrd 代替,而另一条染色单体的两股 DNA 中的一股含 BrdUrd,另一股则不含 BrdUrd。这样的细胞经过制片和苯并咪唑荧光染料(Hoechst-33258)染色后,在荧光显微镜下可观察到两条姊妹染色单体显示强弱不同的荧光。两股 DNA 链都含有 BrdUrd 的单体荧光较强,而只有一股有 BrdUrd 的单体荧光较弱,从而表现出色差。1974 年 Korenberg 和 Freedlender 改进了这一技术,单独用 Giemsa 染色即可获得姐妹染色单体差别染色(sister-chromatid differential staining,SCD)(图 9.1)。

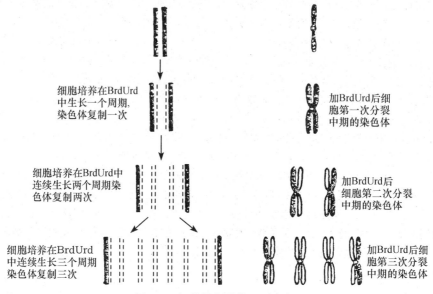

图 9.1　姐妹染色单体差别染色原理

来自一个染色体的两条单体之间同源片断的互换称为姐妹染色单体互换（sister-chromatid exchange，SCE）。这种互换是完全的，对称的。由于姐妹染色单体染色上的明显差异，如果姐妹染色单体间在某些部位发生互换，则在互换处可见有一界限明显、颜色深浅对称的互换片段，故 SCE 能够计数，即使在一定距离内发生多次互换，也可被检测出来。

研究发现，SCE 对许多理化因子具有高度的敏感性，各种因子对 SCE 的诱导能力与它们的致畸、致突、致癌能力明显相关，并表现出很好的剂量效应关系，所以，SCE 可以作为哺乳类动物突变形成的指标。同时，SCE 也是一种简便、迅速、敏感的研究方法，因此，SCE 方法可以用来筛选致突变、致癌等有害物质，目前已将此法列为检测诱变剂或致癌物的常规指标之一。

三、实验材料

6～8 周龄的纯系小鼠，体重为 20g 左右。

四、实验器具和药品

1. 用具：手术剪刀（12cm、16cm）、镊子（10cm、12cm）、灭菌注射器（1mL、2mL）、吸管、离心管、小烧杯、量筒、载玻片、紫外灯（15W）、恒温水浴锅、离心机、显微镜、纱布、4 号针头等。

2. 药品

10%酵母制剂：称取干酵母粉 2.5g，葡萄糖 5.5g，加入 25mL 40℃的温水。充分混匀，置 40℃温箱中保温 1.5～2h，待液体表面有少量气泡出现即可使用。

秋水仙素溶液：称 5mg 秋水仙素，用 5mL 生理盐水溶解。使用时按 4μg/g 注射。

0.85%生理盐水：0.85g NaCl，溶解在 100mL 双蒸水中。

0.075mol/L 氯化钾：称取 5.592g 氯化钾，溶于 1000mL 水中。

Giemsa 原液。

pH 6.8 的磷酸缓冲液。

固定液：甲醇：冰醋酸＝3∶1。

Hoechst-33258：浓度为 1μg/mL，以 0.01mol/L PBS（pH 7.0）配制。

2×SSC 溶液。

玉米油-BrdUrd 混合液：将 BrdUrd 粉末充分研磨后溶于玉米油中，终浓度为 40mg BrdUrd/mL 玉米油。BrdUrd 使用量为 0.5mg/g 体重。

阳性药物对照：可采用环磷酰胺（10～30μg/g 体重）、丝裂霉素 C（1μg/g 体重）、甲基磺酸甲酯（5～10μg/g 体重）。给药方法为腹腔内注射。

五、实验过程

1. 腹腔注射阳性药物及空白对照物。

2. 1h后,在小鼠背部皮下注射10％的酵母制剂(0.3mL/只),目的是刺激骨髓细胞的有丝分裂,增加有丝分裂的细胞数。

3. 24h后经腹股沟注入0.25mL内含10mg BrdUrd的BrdUrd-玉米油混合液,处理16h。

4. 秋水仙素处理:处死前3～4h经腹腔注入秋水仙素(0.1mL/只)。

5. 断颈处死小鼠。

6. 取股骨,按常规方法制备染色体标本。

(1)细胞悬液的制备:取股骨,剃去肌肉,剪掉股骨头,用针吸取0.85％生理盐水5mL,反复冲洗股骨腔至透明色。

(2)37℃低渗处理:将所获得的细胞悬浮液经1000r/min离心10min,弃上清,沉淀物为红细胞和白细胞,然后加入0.075mol/L KCl 5mL进行低渗处理,小心用吸管吹匀后,于37℃静止处理25min。

(3)固定:低渗处理后的细胞,立即经1000r/min离心10min,弃上清,沿管壁加0.5mL 3∶1甲醇-冰醋酸固定液,小心用吸管吹匀,然后再加入4.5mL固定液吹匀后,37℃静止固定30min。

(4)同样进行第二次固定。第三次固定时,用1∶1甲醇—冰醋酸固定20min,弃上清,留0.5mL的细胞悬液,混匀后,进行滴片。

(5)滴片:取已备好的冰载玻片进行滴片,滴片的高度在10～30cm,滴后用嘴吹有助于细胞的分散,待其自然干燥。

(6)制备好的染色体标本片需老化3～7d。

(7)老化后的片子可用三种方法进行分化染色。

1)BrdUrd碱性Giemsa法

配制碱性Giemsa液:以10％NaOH溶液调节pH 7.2至pH 11.0,加入适量的Giemsa原液配成1.8％的碱性Giemsa染液。

将老化好的制片,置于1.8％的碱性Giemsa染液中5～10min。

此法的优点是,可将姊妹染色单体的细微部分进行分染,又可避免高温处理后引起的细胞脱落或染色体膨胀变形的弊病。

2)热磷酸盐处理法

将老化的片子浸在83～90℃1mol/L的Na_2HPO_4(pH 8.0)中10～20min,蒸馏水冲洗2次,然后用1/10 Giemsa染色10～30min。

3)紫外光分化染色法(FPG法)

将老化好的制片以Hoechst-33258处理30min;

制片浸入2×SSC溶液中,放在45～48℃的恒温水浴中,在保温的条件下,用30W紫外灯距载片10cm处照射45min,然后用pH 6.8的PBS冲去载玻片上的2×SSC溶液,自然干燥后用1∶30的Giemsa染色5～10min,水洗,晾干后镜检。

7. SCE 的观察

选择细胞轮廓完整,染色体为 $2n=40$ 的色差清晰的中期分裂相计数。染色单体端部和着丝粒之间的互换记作一个 SCE,染色单体中间的互换记作两个 SCE。每一样品,一般选择 30 个细胞进行分析,最后求得一个平均数(表 9.1)。

表 9.1　小鼠骨髓细胞 SCE 数据

组　　别	供试小鼠数	观察小鼠数	姐妹染色单体互换(SCE)				
			总数	平均	范围	t 值	p 值
空白对照							
阳性对照							

注:t 代表检验参数;p 代表概率。

8. 统计学处理

分别算出各组的 SCE 平均值 $\bar{x}$ 和标准误 $S_{\bar{x}}$。

SCE 平均值:$\bar{x} = \dfrac{SCE\ 总数}{n}$($n$ 为细胞数)

标准差:$S = \sqrt{\dfrac{\sum(x-\bar{x})^2}{n-1}} = \sqrt{\dfrac{\sum x^2 - \dfrac{\sum x^2}{n}}{n-1}}$

标准误:$S_{\bar{x}} = \sqrt{\dfrac{S^2}{n}} = \sqrt{\dfrac{\sum(x-\bar{x})^2}{n(n-1)}} = \sqrt{\dfrac{\sum x^2 - \dfrac{\sum x^2}{n}}{n(n-1)}} = \dfrac{S}{\sqrt{n}}$

得出两组 SCE 平均数和标准误

对照组:$\bar{x}_A \pm S_{\bar{x}_A}$

阳性对照组:$\bar{x}_B \pm S_{\bar{x}_B}$

t 检验

$$t = \dfrac{\bar{x}_A - \bar{x}_B}{\sqrt{\dfrac{\sqrt{\dfrac{\sum(x_A-\bar{x}_A)^2}{n_A(n_A-1)}} + \sqrt{\dfrac{\sum(x_B-\bar{x}_B)^2}{n_B(n_B-1)}}}{}}} = \dfrac{\bar{x}_A - \bar{x}_B}{\sqrt{S_{\bar{x}_A}^2 + S_{\bar{x}_B}^2}}$$

$df = n_A + n_B - 2$,($n_A + n_B$ 为两组细胞总数)

查表求 p 值,如 $p > 0.05$ 表明差异不显著;$p < 0.05$ 表示差异显著。

注意事项

1. 若染色体分散不理想,固定液可改用 2:1 或 1:1 的浓度,第三次固定的时间可延长至过夜。固定液一定要现配现用。

2. 碱性 Giemsa 染色液一定要现配现用,放置时间不能超过 1h,否则会出现粗糙的色素颗粒沉淀。

3. BrdUrd 是否掺入关系到实验的成败。实践经验发现,如果小鼠在注射 BrdUrd 之后 2~3h 之内毛皮明显湿润,则表明 BrdUrd 已经掺入。否则,成功的可能性很小。

4. 由于荧光染料发出的荧光消失较快,所以应立刻在荧光显微镜下照相而不能长期保存。

想一想,试一试

1. SCD 与 SCE 有什么区别? 通过哪些步骤来体现?
2. 你认为本实验中哪些步骤对实验结果的影响较大? 为什么?
3. 利用小鼠或蟾蜍为实验材料,研究某种环境因素对 SCE 的影响作用。

实验报告

1. 在实验结果统计中如何对 SCE 进行记数? 为什么?
2. 试用 t 检验对你的实验结果进行检验,并说明是否达到预期结果。

研究实例

1. 姐妹染色单体交换在诱变检测中的应用(马志敏等,2007,现代预防医学)

　　姐妹染色单体交换(SCE)作为一种简便和敏感的遗传学指标,在诱变和肿瘤研究等领域中的应用十分广泛,亦可作为分子生物学检测的基础研究工作。在异常情况下,SCE率会明显增高,是否存在自发的 SCE 也还有争议,交换机理尚未完全阐明,其遗传学意义还不完全清楚,但它显然与 DNA 的损伤、修复和重组过程有关,SCE 率反映了染色体断裂的频率。SCE 形成机理与染色体畸变和微核不同,SCE 试验较染色体畸变和微核试验更为敏感。

　　SCE 能敏感地反映 DNA 的损伤情况,SCE 率是研究物质致畸的重要指标。正常人染色体的两条姐妹染色单体之间有一定的片段互换。在异常情况下,SCE 的频率会明显增高。该法是鉴定这些有害物质敏感度较高的方法,不但可用于检测动物毒理试验的研究,而且也可用于人类受公害的研究,尤其对妇幼保健、围产医学、肿瘤、计划生育及优生学等方面的研究均具有重要意义。故此 SCE 检测被用作快速检测环境中诱变,致癌因素的灵敏方法之一。

2. 被动吸烟对小鼠骨髓细胞姐妹染色单体交换率的影响(刘文静等,2008,实验动物与比较医学)

　　为了探讨被动吸烟对小鼠骨髓细胞姐妹染色单体交换率的影响规律,创造了被动吸烟的模型环境,设立对照组,对昆明小鼠分别染毒 9、18、27d 后观察,采集其骨髓细胞,制备小鼠骨髓细胞姐妹染色单体交换(SCE)标本并检测其 SCE 率。结果染毒 9d 的 SCE 值(6.894 ± 0.14)显著高于对照组的 SCE 值(5.871 ± 0.15)($P < 0.05$),18d 和 27d 的 SCE 值分别为(7.77 ± 0.28、8.29 ± 0.38)均极显著高于对照组($P < 0.01$),实验结果说明被动吸烟环境对小鼠的 SCE 率有一定影响。

实验十　荧光原位杂交(FISH)实验

一、实验目的

1. 了解原位杂交的关键步骤,掌握原位杂交的基本方法。
2. 了解原位杂交两个水平的区别。

二、实验原理

20世纪60年代末期,美国耶鲁大学Gall和Pardu利用原位杂交(FISH)技术将爪蟾核糖体基因定位于卵母细胞的核仁中,此后许多科学家对这一实验方法进行了改进,尤其是探针的选择,使该项技术的可操作性更高,灵敏度更为精确。

其基本原理是用特定标记的已知序列核酸作为探针与细胞或组织切片中的核酸进行杂交并对其实行检测。根据其所用探针及所要检测核酸的不同可分为DNA-DNA、RNA-DNA、RNA-RNA杂交。不论哪种都必须经过组织细胞的固定、预杂交、杂交、冲洗等一系列步骤及放射自显影或免疫酶法显色以显示杂交结果。

原位杂交能在成分复杂的组织中进行单一细胞的研究而不受同一组织中其他成分的影响,因此对于那些细胞数量少且散在于其他组织中的细胞内DNA或RNA研究更为方便;同时由于原位杂交不需要从组织中提取核酸,对于组织中含量极低的靶序列有极高的敏感性,并可完整地保持组织与细胞的形态,更能准确地反映出组织细胞的相互关系及功能状态。

三、实验材料

经过固定的动物细胞玻片标本。

四、实验器具和药品

1. 用具:三个水浴锅、镊子、小培养皿、干净滤纸、湿盒(饭盒里放吸水纸,加液体浸湿)。

2. 药品:碘化丙锭(PI)、异硫氰酸(FITC)标记的抗地高辛抗体、三乙醇胺(TEA)、乙酸酐、去离子甲酰胺(formamide)、二硫葡聚糖(dextran sulfate,DS)、牛血清白蛋白(BSA)、RNase H、抗荧光褪色剂。

五、实验过程

1. DNA水平上的原位杂交

(1) 杂交前的准备工作

1) 备好2个湿盒

湿盒A:将滤纸放入杂交盒内,倒入适量的50%甲酰胺∥2×SSC混合液,多余液体倒出,然后放入43℃水浴锅内预热("//"表明两试剂的混合液,下同)。

50%甲酰胺//2×SSC 混合液配方

甲酰胺	50mL
20×SSC	10mL
加水至总体积 100mL	

湿盒 B:用无菌水代替 50%甲酰胺//2×SSC 混合液,方法同上。

2) 配制 70%甲酰胺//2×SSC 混合液

去离子甲酰胺	35mL
20×SSC	5mL
无菌水	10mL
用盐酸调节 pH 7.0 总体积 50mL	

3) 配置杂交缓冲液

20×SSC	100μL
50%DS	200μL
50mg/mL BSA	200μL

振荡混匀,离心 2min。4℃储存。使用前需冰上预冷。

4) 杂交前探针处理(一片用量)

8mg/mL 鱼精 DNA	1μL
DNA 探针	3μL
10mg/mL tRNA	1μL
无菌水	96μL
3mol/L NaAc	10μL
无水乙醇	250μL

振荡混匀。−70℃沉淀 15min,12 000r/min 离心 5min,弃液体。用 70%乙醇漂洗,弃液体,打开管口挥发乙醇,放在冰上待用。

5) 调节准备好三个水浴锅,温度分别为:43℃、75℃、90℃。

6) 备用 6 个玻片染缸,标注 1♯、2♯、3♯、4♯、5♯、6♯。

(2) 杂交前的细胞处理

1) 从保存在 70%乙醇中的培养皿内取出两片盖玻片,放至 1♯玻片染缸内。1♯玻片染缸内盛有 4℃存放或冰上预冷的 100%无水乙醇。时间约 1min。

2) 取出玻片,放在干净的滤纸上风干。用记号笔在玻片的细胞面作上标记,以便区分细胞的附着面。

3) 转入 2♯玻片染缸,内有 1×PBS,静置 5min。同时,配制三乙醇胺(TEA)溶液。

4) 取出玻片,移至盛有 0.1mol/L 的 TEA 的 3♯玻片染缸内,室温静置 10min(同时,配制 0.25%乙酸酐溶液:125μL 乙酸酐＋50mL 无菌水)。

5）倒出 TEA 溶液，倒入 0.25％乙酸酐，室温静置 10min（同时，将 70％甲酰胺∥2×SSC 溶液 50mL 放至 90℃水浴锅内）。

6）转移盖玻片至 4♯玻片染缸，内盛有 2×SSC，室温 5min。

7）两玻片背靠背浸入 90℃预热好的 70％甲酰胺∥2×SSC 溶液中，热浴4min。

8）与此同时，用 20μL 甲酰胺重悬探针（两片用量），混匀，稍稍离心使探针沉底，然后投入 75℃水浴锅中热变性处理 10min，稍稍离心并放冰上。

（3）杂交

1）热浴好的盖玻片迅速取出，放入冰上预冷的 5♯染缸，内有 70％乙醇，静置 5min。注意细胞的附着面方向最好一致（同时，离心杂交缓冲液并置冰上预冷）。然后，转入冰上预冷的 6♯染缸内，内有 100％乙醇，静置 5min。

2）取出盖玻片，分别置于冰上预冷的载玻片上，注意细胞附着面朝上。静置风干。

3）在冰上混匀 20μL 杂交缓冲液和 20μL 加了甲酰胺的探针溶液。

4）取出 20μL 混合液迅速滴加在预冷的盖玻片中央，上面覆盖一层干净的塑料薄膜，以使混合液分散到盖玻片各处，并防止混合液挥发。

5）将盖玻片与载玻片一起放入 43℃预热的湿盒 A 内，过夜杂交。

（4）杂交后的染色

1）检测前的漂洗

① 37℃预热 50mL 甲酰胺∥2×SSC、2×SSC 溶液。

② 取出 43℃温育杂交后的盖玻片，转至新的染缸中。

③ 在 43℃水浴锅内用 50％甲酰胺∥2×SSC 漂洗 10min，重复 2 次。

④ 在 43℃水浴锅内用 2×SSC 漂洗 10min，重复 2 次。

⑤ 室温下用 1×SSC 漂洗 10min，重复 2 次。

⑥ RNase H 处理。将盖玻片取出，置于干净的载玻片上，每一盖玻片上滴加 40μL 的 RNase H 混合液，然后放至湿盒 B 内，37℃温育 45min。

RNase H 混合液的配置：3μL RNase H 母液（2U/μL）用缓冲液稀释至 100μL 体积。RNase H 可降解 DNA-RNA 杂交链。

缓冲液成分：20mmol/L HEPS-KOH、50μg/mL BSA、50mmol/L KCl、1mmol/L 二硫苏糖醇（DTT）、4mmol/L MgCl$_2$。

⑦ 在 43℃水浴锅内用 4×SSC 漂洗 10min。

2）荧光染色

① 抗体混合液的配制（两片用量）

20×SSC	20μL
无菌水	42μL

振荡，混匀，再加：

| BSA | $20\mu L$ |
| 0.4μg/mL 抗体稀释液 | $2\mu L$ |

振荡,离心,混匀。

② 移出盖玻片,放在载玻片上。注意细胞面朝上,玻片不能干燥。

③ 加 $40\mu L$ 抗体混合液,滴至盖玻片中央,自由扩散到玻片四周。

④ 将盖玻片连同载玻片一起放在湿盒 B 内,37℃,温育 30min。

3) 复染及封片

① 取出盖玻片,转移至小染缸内,依次进行漂洗。4×SSC 室温下振荡漂洗 10min。倒出,加入 4×SSC 和 0.1‰ Triton X-100 混合液,室温下振荡漂洗 10min。倒出,加入 4×SSC 室温下振荡漂洗 10min。倒出,加入 1×SSC 室温下振荡漂洗 10min。

② 取出盖玻片在滤纸上微控数秒,去除少许水分后,放至载玻片上。

③ 滴加 $40\mu L$ 0.2μg/mL 的碘化丙锭(PI)溶液。

④ 黑暗中,在湿盒 B 内室温静置 6min。

⑤ 取出盖玻片放至小染缸内,加入 1×SSC 溶液漂洗 1min。

⑥ 滴两滴抗荧光褪色剂至预备好的载玻片上。

⑦ 将盖玻片(注意:细胞面朝下)放至载玻片的中心。附上滤纸垂直压下,赶走气泡和多余的水分。

⑧ 用无色指甲油封片。

⑨ 观察并照相。

2. RNA 水平的原位杂交

与 DNA 水平的杂交相比,有 3 点主要区别:省略盖玻片 90℃变性那一步(即杂交前的细胞处理第 7 步);省略 RNase H 处理那一步(即杂交后染色中检测前的漂洗的第 6 步);所用的无菌水均由 DEPC 水代替。

(1) 杂交前的准备工作

1) 调节准备好两个水浴锅,温度分别为:43℃、75℃。

2) 备用 6 个玻片染缸,标注 1♯、2♯、3♯、4♯、5♯、6♯。

3) 配制 70%甲酰胺∥2×SSC 混合液(配制方法参见"DNA 水平上的原位杂交"部分)。

4) 配制杂交缓冲液(配制方法参见"DNA 水平上的原位杂交"部分)。

5) 准备杂交用探针(一片用量)。

DNA 探针	$3\mu L$
10mg/mL tRNA	$1\mu L$
DEPC 水	$96\mu L$
3mol/L NaAc	$10\mu L$

无水乙醇	250μL

振荡混匀。—70℃沉淀 15min,12 000r/min 离心 5min。然后,用 70％乙醇漂洗一次。离心沉淀,并开口放在冰上预冷待用。

6) 备好 2 个湿盒 A 和 B(方法同"DNA 水平上的原位杂交"部分)

（2）杂交前的细胞处理

1)~5) 同"DNA 水平上的原位杂交"中的"杂交前的细胞处理"部分。

6) 将盖玻片依次转移至 4♯、5♯、6♯小染缸内,其内分别盛有 75％、95％和 100％的乙醇,冰上各静置 5min。与此同时,准备好变性的探针和预冷的杂交缓冲液。

7) 取出玻片,放至预冷的载玻片上。风干残留的乙醇。直接进入杂交的环节。

杂交以及杂交后的漂洗,方法同"DNA 水平上的原位杂交"部分,但是省略了 RNase H 处理的环节。

杂交后的染色部分,即荧光染色、PI 复染和封片,方法同"DNA 水平上的原位杂交"部分。

8) 观察并照相记录

注意事项

1. 操作中要细心。例如,盖玻片与载玻片分开时放置的方式,以及复位时有材料的一面要相对放置。
2. 做荧光染色后需要及时进行观察并照相记录,以免荧光淬灭。

想一想,试一试

1. 原位杂交技术的应用范围如何?
2. 利用原位杂交实验技术测定某诱变因素对遗传物质的影响作用。

实验报告

1. 试述两个水平的原位杂交的区别。
2. 杂交的关键步骤是哪些?
3. 为何用 FITC(结合地高辛)染色时,要以 PI 复染?

研究实例

1. 荧光原位杂交技术的研究进展及其在染色体识别应用中的展望(卢军等,2008,安徽农业科学)

20 世纪 90 年代出现的 DNA Fiber-FISH,利用化学方法对染色体进行线性化,再以此线性化的染色体 DNA 纤维为载体进行 FISH,使 FISH 的分辨率显著提高,这就是最初的纤维 FISH。Fiber-FISH 技术在 1996 年被引入植物分子细胞遗传学研究,并在马铃薯上进行重复序列的定位。之后,在番茄 DNA 上进行了端粒重复序列的染色体定位和 DNA 分子排列,并已成功地进行了抗虫基因准确的染色体定位。2006 年,杨昆等利用 SCR 基因和 SRK 基因两种探针同时在甘蓝粗线期染色体和 DNA 纤维进行了原位杂交,首次鉴定了 S 基因座在其单倍体基因组中的单拷贝性。这种方法除了显著提高 FISH 的空间分辨率外,也使 FISH 灵敏度进一步提高(可达 200bp)。

2004 年,Valárik 等发展了一种超伸展的流式分拣植物染色体 FISH 技术。流式分拣的大基因组(包括大麦、小麦和黑麦)染色体经一定方法处理,可获得比中期染色体长 100 倍以上的伸展的染色体纤维,其原位杂交的分辨率和灵敏度分别可达 70kb 和 1~2kb。超伸展后的染色体之间不重叠,完整性好,伸展程度范围大,可用于研究染色体的超微结构,因此与 Fiber-FISH 技术相比具有一定的优势。

多彩色荧光原位杂交(M-FISH)是在 FISH 基础上发展起来的新技术,它利用不同颜色的荧光素标记不同的探针,同时对一张制片进行杂交,从而对不同的靶 DNA 同时进行定位和分析,并能对不同探针在染色体上的位置进行排序。Cremer 等用生物素和汞或氨基乙酰荧光素(AFA)标记探针建立了双色 FISH 技术,1990 年 Nederlof 等提出用 3 种荧光素探测 3 种以上的靶位 DNA 序列,创建了多色 FISH 方法,由于不同荧光素之间的光谱重叠,目前一般只限于同时用 3 种不同颜色进行标记。在多彩色 FISH 基础上发展起来了以下 5 种新技术:①染色体描绘;②反转染色体描绘;③多彩色原位启动标记;④比较基因组杂交;⑤光谱染色体自动核型分析;⑥交叉核素色带分析。

目前,原位杂交技术已广泛应用于植物染色体的核型分析研究中。原位杂交技术为植物染色体识别研究提供了一个强大的工具,这些技术的应用,使得我们能够研究染色体结构的细节,分析染色体的行为,解析基因组的结构及其与染色质的联系,促进基因组测序。这些技术在细胞遗传学研究方面有着不可估量的应用潜能。

2. 荧光原位杂交技术在胎儿染色体数目异常诊断中的应用(刘学军等,2008,山东医药)

为了探讨荧光原位杂交技术在未培养羊水细胞染色体数目异常诊断中的应用价值,选择 30 例孕 16~27 周、有产前诊断指征的孕妇,采用 21、13 染色体位点特异性探针和 18、X、Y 染色体着丝粒探针,用 FISH 技对孕妇未培养羊水间期细胞进行检测;同时对所有受检者的羊水标本进行细胞培养,然后行常规染色体核型分析。结果 30 例标本均获得诊断结果,发现染色体异常 1 例(为标准型 21 号染色体三体),且 FIS 检测结果与常规核型分析结果完全一致。结论说明 FISH 技术用于产前诊断胎儿染色体数目异常简便、快速、准确。

具体方法:① 羊水采集:B 超引导下,22G 穿刺针经腹穿刺抽取羊水 20mL,置无菌试管。

② 羊水细胞染色体制备及核型分析:羊水 15mL,经培养、染色体制备、G 显带后,进行核型分析。

③ 羊水间期细胞制备:羊水 5mL,离心去上清液,加胶原酶 B 37℃水浴 20min,加 5mL 的 KCl 低渗 20min,加 2mL 固定液预固定,离心去上清,加 5mL 固定液固定 10min,重复 1 次,制成细胞悬液,滴片备用。

④ FISH 检测:室温下过夜老化玻片,RNase A 消化 1h,SSC 溶液中漂洗 2 次,在 37℃胃蛋白酶溶液中浸泡 10min,室温下 SSC 溶液洗涤 2 次,依次置 70%、85%、100%乙醇中脱水各 3min,室温自然干燥。玻片置 73℃变性液中 5min,冰冻乙醇梯度脱水。加入已变性的探针,封片,42℃过夜杂交。拆片后在 46℃水浴箱中依次用 50%甲酰胺/2×SSC 溶液、2×SSC 溶液及 2×SSC/0.1%NP-40 溶液洗涤,自然干燥。每片加 DAPI 15μL,盖上盖玻片,暗处放置 10min 后荧光显微镜下观察。

实验十一　人体细胞巴氏小体观察

一、实验目的

1. 学习人类X染色体的检测方法。
2. 认识雌性哺乳动物X染色体失活假说和剂量补偿效应的机制。

二、实验原理

在哺乳动物中,雌性个体的细胞中有两条X染色体,雄性个体的细胞中仅有一条X染色体。由于两种个体在X染色体的数量上是不相等的,因而雌、雄个体X染色体上的基因产物也可能是不相等的。针对这一现象,Muller于1932年提出剂量补偿效应,说明可以使具有两份基因的个体和具有一份基因的个体表现出相同表型的一种遗传机制的观点。1949年,M. L. Barr等人发现,在雌猫体内,神经细胞核膜内缘有一染色很深的小体(后来定名为X小体或Barr氏小体),而雄性个体细胞中则没有。以后在人类女性口腔上皮细胞中,也发现了类似的结构。经研究认为这是失活的异固缩状态的X染色质,并发现它属于延迟复制的染色体。X小体的数目在正常女性中是性染色体数目减去一。经观察,X小体一般为1~1.5μm,呈三角形或卵圆形。

20世纪60年代以来,不少学者曾提出了一些假说来解释这一现象。其中比较著名的假说是由M. F. Lyon于1961年提出的Lyon假说(Lyonhypothesis)。

1. 正常雌性哺乳动物的体细胞中,两条X染色体中只有一条在遗传上有活性,另一条在遗传上无活性。

2. X染色体的失活是随机的。

3. 失活发生在胚胎发育早期,X染色体一经失活,其后代细胞中该染色体均处于失活状态。

4. 杂合体雌性在伴性基因的作用上是嵌合体。

不少人支持这一假说,一些实验证明它可能是正确的。但也有一些学者以另一些事实来反对Lyon假说。因为X染色体的失活是个比较复杂的生物学问题,目前对这一现象仍然存在着一些难以解释的疑点。例如,是否所有组织的全部细胞中,在任何时间都存在这种X小体,失活的X小体是如何进行复制的等。目前已有实验证据证明,成异固缩状态的X染色体上并非所有基因都不表达,这些可以表达的基因被称为逃避失活基因。

虽然对X小体存在着一些不同看法,但目前X染色质的检查,在医学遗传的研究中,以及临床和法医诊断上仍具有一定的意义。

三、实验材料

人体口腔上皮细胞或毛囊细胞。

四、实验器具和药品

1. 用具：显微镜、恒温水浴、载玻片、盖玻片、无菌牙签等。
2. 药品：NaCl、苯酚、碱性品红、山梨醇、盐酸、乙醇。

五、实验过程

1. 口腔黏膜细胞巴氏小体显示方法

（1）取材与固定

实验前用可食用水漱口，然后以无菌牙签刮取口腔颊部黏膜（第一次的刮取物弃去），将刮取物均匀涂于载玻片上，放在空气中干燥，或以酒精灯外焰烤干，注意材料不可过热。

（2）染色与观察

用改良的苯酚品红染液染色 10～15min，倾斜载玻片，倒掉染液。用吸水纸轻轻拭干载玻片上的染液。放于显微镜下观察。

在制作的玻片标本中，选择细胞轮廓清楚、染色清晰、核大、核质呈均匀细网状的细胞 100 个，统计巴氏小体的频率（可与男性细胞对照观察）。

2. 发根毛囊细胞巴氏小体显色方法

取带有发根的头发，长 2～3cm，围绕发根部的 1 圈长 2～3mm 的白色物体，即是毛囊细胞团，将其放置于载片上。在毛囊细胞处滴加一滴浓盐酸和 95％乙醇 1：1 的混合液。约 10min 以后，可使毛囊细胞得到充分软化。以清水冲洗 2～3 遍，将酸解液冲洗干净。拿起上述发根的梢部，将其上毛囊细胞轻轻蹭于另一干净载片上，即可达到转移的目的。若用刀片或镊子将毛囊细胞刮下，可造成细胞的堆积，同样会出现多层细胞的现象。另外，1 根发根的毛囊细胞可以转移到 3～4 张载片上，以达到充分利用实验材料的目的。观察时又可以看到清晰的单层涂布细胞，便于观察统计。此时，可滴加 1 滴改良的苯酚品红染液于待测细胞上，注意染液不可过多，以免细胞流失。约 10min 后，加盖玻片即可进行观察。

3. 观察

巴氏小体为女性细胞中所特有的染色体结构，是 1 条 X 染色体呈异固缩状态所形成的，各实验室所统计的观察率不尽相同，从 30％～50％不等，有些实验室在男性的细胞中发现 X 小体有 2％的出现率，但小体结构不规范、不典型。巴氏小体常位于核膜内侧,直径为 $1\mu m$ 左右,其形状有微凸形、三角形、卵形、短棒形和双球形等(图 11.1,图 11.2)。观察时需注意巴氏小体与细胞的比例。

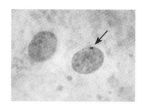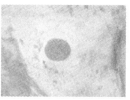

图 11.1　巴氏小体
A. 女性细胞中存在(箭头所示);B. 男性细胞中没有

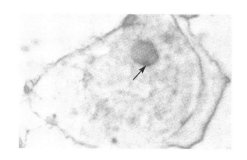

图 11.2　巴氏小体,吉姆萨染色(Giemsa dye)×400

正常女性细胞中仅可观察到 1 个巴氏小体,而正常男性细胞中无巴氏小体或仅在个别细胞中有不典型的巴氏小体存在。

注意事项

1. 刮口腔黏膜时,应取较深层细胞,因表层细胞已角质化,X 染色质出现率低。但同时应该注意安全。

2. 牙签应平放在生理盐水中沿一个方向滚动铺开,铺开的范围以玻片的 1/4～1/3 为宜,范围太小细胞堆积发生重叠现象,范围太大细胞很分散不便于观察。

3. 晾干时,最好自然风干,如需酒精灯加热,则玻片温度不能太高,否则细胞变形(以玻片不烫手背为宜)。

4. 如果用毛囊细胞进行实验,采样前应清洗头发,因为头发出油后拔取毛发时不易带出毛囊细胞。

5. 如果用口腔上皮细胞作为实验材料,取材前应该先行漱口,以免镜下视野杂乱,影响观测效果。染色时间应控制在 2～3min(具体时间根据室温高低确定)。如染色时间短,X 染色质着色不明显;如染色时间长,则其他染色质也着色较深,均不能看清 X 染色质。

想一想,试一试

1. 请根据所学知识及观察结果填写下表。

X 小体数目	性别表现	性染色体组成	体细胞中染色体总数
	正常男性		
	正常女性		
	有缺陷的男性	XXY	
0	有缺陷的女性		
2	有缺陷的男性		
	有缺陷的女性	XXX	
3	有缺陷的男性		
3	有缺陷的女性		

2. 为什么并不是所有的女性细胞中都可以见到巴氏小体？

3. 设计实验试比较不同实验方法所获得的巴氏小体的效果如何？

实验报告

1. 你统计的 X 小体的频率如何？为什么不是所有的细胞都可观察到 X 小体？

2. 在你的实验中,女性巴氏小体检出率是多少？

3. 绘制你所见到的巴氏小体在细胞中的位置与形态。

研究实例

1. 应用双色引物原位标记技术快速检测 X 和 Y 染色体(杨建滨和赵正言,2007,中华医学遗传学杂志)

为了发展快速检测染色体的技术,探索应用改良的双色引物原位标记技术快速检测未培养细胞间期核可能性,采用改良的双色技术,对 205 份羊水细胞中 X 和 Y 染色体进行分析检测。结果在未培养羊水细胞间期核和培养细胞的中期分裂相中,PRINS 技术均能特异性地检测 X 和 Y 染色体,PRINS 反应的成功率为 98%,1 个样本检出为 47,XXY。实验结果说明双色引物原位标记技术是一种快速、简便、经济的染色体检测方法,具有较强的特异性和敏感性,有助于快速诊断染色体畸变。

2. 哺乳动物 X 染色体失活逃逸研究进展(伊璐等,2008,畜牧与兽医)

雌性哺乳动物的失活 X 染色体上,大多数基因是转录沉默的。但是有些基因发生失活逃逸,在失活 X 染色体和正常 X 染色体上均表达。这些失活逃逸基因是引起性别二态性和雌性个体的表型变异性的潜在原因。

XCI 是哺乳动物雌性和雄性个体间维持基因剂量平衡的一种方式,XCI 的异常与许多性连锁疾病的发生有关。XCI 对基因的表达调控发生在染色体水平,而不是单个基因或基因簇。近年来研究发现很多基因能逃避 XCI,而在活性的和无活性的 X 染色体上都表达,并且这些失活逃逸基因具有呈簇状排列的特性,即相邻的基因同时发生失活逃逸,另外这些逃逸基因大多在 Y 染色体上具有同源基因,与性别二态性有关。针对失活逃逸基因的进化分析、表达分析和功能的分析将有助于我们进一步了解失活逃逸这种复杂、独特的基因表达调控方式。

发生逃逸的分子机制与多种因素有关,包括胚胎分化、DNA 甲基化、顺式调控元件和 DNA 重复序列元件等。进一步分析 X 连锁的基因是否发生失活逃逸以及失活逃逸的程度,不但有助于阐明 XCI 发生的染色体机制,而且为研究性连锁疾病的临床表型提供线索。

实验十二　人体外周血淋巴细胞培养与染色体标本制备

一、实验目的

1. 了解并初步掌握人体外周血淋巴细胞培养的基本方法。
2. 初步掌握人体外周血淋巴细胞染色体标本制备的技术方法。
3. 初步掌握人体非显带染色体计数及形态观察方法。

二、实验原理

人体外周血淋巴细胞培养是制备染色体标本最常用的方法(人体末梢血或微量全血)。此方法取材方便、用血量少、操作简便、易于掌握,现已广泛应用于基础医学、临床医学及遗传咨询、优生优育等领域。

人体外周血中的淋巴细胞大多为小淋巴细胞,它们常常处于细胞周期的 G_0 期,几乎不具有分裂增殖能力。因此,在细胞培养液中需要加入一种能够刺激细胞分裂的提取物——植物血球凝集素(phytohemagglutinin,PHA),它可以刺激 G_0 期的小淋巴细胞转化为淋巴母细胞。由于淋巴母细胞具有分裂增殖能力,从而重新进入有丝分裂细胞周期。在 PHA 的作用下,经过体外数小时培养,细胞分裂相增多。但为了获取大量可供分析的中期染色体(中期染色体形态最典型、清晰,最易辨认,是研究染色体的最好阶段),需在终止细胞培养前2h加入适量的有丝分裂阻断剂——秋水仙素(或其衍生物秋水仙胺)。秋水仙素可以特异地破坏纺锤丝的形成,使细胞分裂停滞于中期,以此获得大量的分裂中期的细胞。

在培养结束后,经细胞收集、离心、低渗、固定、滴片,可以得到足量而满意的染色体标本。

三、实验材料

人静脉血(多用肘静脉)。

四、实验器具和药品

1. 用具:超净工作台、光学显微镜(附照相设备)、隔水式恒温培养箱、离心机、冰箱、分析天平(感量 1/10mg)、架盘天平、链霉素培养瓶及瓶塞、肝素取血管、10mL 吸管、直头小吸管、5mL 刻度离心管、2mL 或 5mL 一次性注射器、量筒、搪瓷盆、搪瓷盘、试管架、片盘、片盒、止血带、棉签、大吸球、小吸头、废液缸、记号笔、4℃预冷的载玻片、酒精灯、火柴、染色缸或染色玻璃板、擦镜纸等。

2. 药品

1）培养基

RPMI-1640营养液	4mL
小牛血清	1mL
双抗（青霉素、链霉素均为10000U/mL）	0.05mL
PHA（盐水提取）	0.2mL

用3.8%NaHCO₃将以上溶液调至pH 7.2。

2）肝素：用无菌生理盐水配成520单位/mL。

3）秋水仙素：用无菌生理盐水配成40μg/mL，在以上培养基中加入2滴即可。

4）0.075mol/L KCl低渗液。

5）甲醇∶冰醋酸＝3∶1。

6）Giemsa原液∶水＝1∶10。

7）2%碘酒，75%酒精（皮肤消毒用）。

8）香柏油（显微镜高倍镜用）。

五、实验过程

1. 取血

取血前，常规消毒肘部皮肤及抗凝肝素小瓶瓶盖，用2mL注射器抽取静脉血1mL左右，直接接种于肝素小瓶中，轻轻摇匀，待接种培养用。

2. 接种培养

将事先配制、分装、冻存好的5mL培养液的链霉素小瓶从冰箱中取出，置室温融化，碘酒、酒精消毒瓶盖，用2mL注射器将肝素小瓶中的静脉血取出接种到培养瓶中，每瓶约0.3～0.5mL，轻轻摇匀，置37℃培养箱培养72h。

3. 积累分裂中期细胞

当血培养至70h（即收获细胞前2h），每支培养瓶内加入浓度为40μg/mL秋水仙素2滴，终浓度为0.1～0.15μg/mL，摇匀，置37℃温箱继续培养2h后收集细胞，准备制片。

4. 染色体标本制备

1）收集细胞

从培养箱中取出培养瓶，用直头小吸管将培养物吹打均匀，移入5mL刻度离心管内，以1500r/min离心10min，弃上清液，保留底物。

2）低渗

每管加入 37℃ 预温的 0.075mol/L KCl 溶液 5mL，用吸管轻轻吹打均匀，置 37℃ 温箱低渗 25～30min，以达到红细胞破裂、淋巴细胞膨胀、染色体分散的目的。

3）预固定

低渗处理后，每管加入 0.3～0.5mL 预先配好的固定液（甲醇∶冰醋酸＝3∶1），将细胞轻轻吹打均匀，1500r/min 离心 10min。

4）固定（一）

弃上清液，加固定液 5mL，吹打均匀，1500r/min 离心 10min。

5）固定（二）

弃上清液，再加入 5mL 固定液，吹打均匀，1500r/min 离心 10min。

6）滴片

弃上清液，留底物，每管加入少许（0.3～0.5mL）固定液（加入量视底物量多少而定），将底物吹打均匀，制成细胞悬液，用吸管吸出少许混匀的细胞悬液，约以 20～30cm 或更高的距离滴至预冷的载玻片上，每片约滴 2～3 滴，随即将玻片在酒精灯火焰上微烤（一过性微烤数次），以帮助染色体分散并均匀平铺于玻片上。将染色体制片放入片盘内，空气干燥后，收集于片盒中以待染色用。

5. 染色和观察

将充分干燥后的制片，放入 1∶10Giemsa 染液缸中染色 12～15min，或架在染色用玻璃板上扣染 15min（扣染：是指染色时，将制片的细胞面朝下，架在玻璃板上，将染液滴入玻璃板和细胞面之间），用自来水轻轻冲洗，晾干后光镜下观察。先用低倍镜观察，选择分散好的染色体换成油镜观察。当计数一个细胞的染色体时，可根据染色体的分散情况，划分区域，分别计数最后相加，既快又准确（图 12.1，图 12.2）。

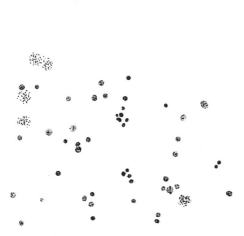

图 12.1　10 倍物镜下染色体图

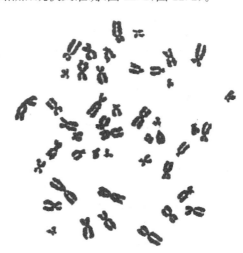

图 12.2　非显带染色体图（40 倍物镜）

注意事项

1. 外周血淋巴细胞培养的全过程需要注意无菌操作。

2. PHA 质量是人体外周血淋巴细胞培养成败的关键。不同来源或同一厂家不同批号的产品，PHA 的效价都会有较大的差异，它可直接影响细胞分裂数量乃至制片质量，故每批 PHA 正式使用前需进行预实验，对它的效价及用量作出正确评估。

3. 接种的血样标本愈新鲜愈好，抗凝剂用量不宜过多。

4. 秋水仙素用量和作用时间要适当。该药有强烈的毒性作用，用量过大、作用时间过长，可使染色体缩短和发生异常分裂现象，甚至染色体断裂。

5. 低渗是制片的重要环节，低渗时间的长短直接影响染色体制片的质量。如染色体分散差、有胞浆背景、染色体丢失等都与低渗时间有关系（要注意低渗液使用前需在 37℃温箱中预温）。

6. 固定液需在使用时配制，现配现用。

7. 滴片也是染色体制片关键的一步。载玻片上如有油污或预冷不够，滴片时底物悬液过浓或液滴重叠，都直接影响染色体的分散。底物悬液过稀可造成供分析的染色体很少，甚至一张玻片上找不到染色体。

想一想，试一试

外周血培养及染色体制备的全过程即简单又复杂。所谓简单，指操作容易；所谓复杂，是因为每一个操作步骤和手法与你的制片质量紧密结合。因此，每一个操作环节需同学多动脑子，勤思考。

1）血培养过程中，不注意无菌操作会产生什么结果？

2）低渗时间过长、离心速度过快会出现什么问题？反之，低渗液的浓度配制得偏高，出现高渗，细胞及染色体又会是什么形态？同学可以试做一个小实验，看看结果与自己的分析是否相同。

3）在最后滴片的环节中，我们需先滴 2～3 张玻片，在显微镜下观察后，再滴完剩余的底物。为什么？

4）观察预先的滴片，发现染色体过于分散并有丢失，你如何调整剩余底物的滴片？反之，染色体聚集，分散较差，你又如何调整后面的操作？

5）在染色体制片过程中，哪些环节影响染色体的分散？物理因素有哪些？

6）如何对非显带染色体核型作出快速性别诊断？计数哪组形态的染色体？为什么？

实验报告

1. 血培养中无菌操作不严格将会造成什么后果？

2. 血培养中 PHA 的作用是什么？秋水仙素的作用是什么？

3. 简述血培养和外周血淋巴细胞染色体标本制备的全过程。

4. 制备良好的染色体标本应注意哪些问题？

5. 试临摹一个显微镜下观察到的染色体分裂相，并作出性别诊断。

研究实例

1. 取代苯酚对人体外周血淋巴细胞的遗传毒性及定量结构关系（肖乾芬等，2007，环境科学）

应用人体外周血淋巴细胞微核试验测定了 29 种取代苯酚类化合物的遗传毒性,并对此类化合物的遗传毒性大小进行了分析比较,同时构建了遗传毒性与分子结构参数之间的 QSAR 模型。结果表明,29 种取代苯酚类化合物都显著地导致了微核的产生,具有明显的遗传毒性;遗传毒性大小与取代官能团及官能团位置存在一定的规律;遗传毒性的大小与分子结构参数溶剂连接性指数(X_2SOL)、自由基信息参数(ICR)、零阶平均分子连接性指数(X_0A)及修正指数(LOP)之间存在良好的结构—活性相关关系,所建模型的相关系数 $r^2 = 0.816$,可以用于定量评估其他取代苯酚类化合物的遗传毒性。

2. 苯接触工人外周血细胞染色体畸变及 DNA 损伤(纪之莹等,2004,卫生毒理学杂志)

以个体采样器测定苯浓度,以非分带染色的方法分析外周血淋巴细胞染色体畸变,以 Trevigen™ 彗星分析试剂盒测定外周血白细胞 DNA 损伤。结果显示苯接触组的数目畸变细胞率 [13.00%(2.50%～21.00%)]显著高于对照组[10.50%(3.50%～18.00%),$P < 0.05$],畸变细胞率[不包括裂隙,14.50%(5.00%～23.50%)]显著高于对照组[11.75(3.50%～18.00%),$P < 0.05$],Olive 尾矩[7.42(2.79%～26.36%)]也显著高于对照组[3.30(1.49%～10.37%),$P < 0.001$],超二倍体细胞率、数目畸变细胞率、畸变细胞率(不包括裂隙)及 Olive 尾矩均与苯接触呈剂量—效应关系。研究结果显示苯接触导致外周血细胞染色体畸变及 DNA 损伤增加,且呈剂量—效应关系。

附录

1. RPMI-1640 培养基

取 RPMT-1640 粉一袋(10.4g),溶于 1000mL 三蒸水中,搅匀,充分溶解后,用无菌正压滤器过滤,分装在 500mL 葡萄糖瓶中,4℃冰箱保存备用(培养液呈玫瑰红色)。

培养基配制比例如下:

RPMI-1640	8mL
小牛血清	2mL
PHA	0.2mL
双抗	0.1mL

pH 7.2

平均分装于 2 个链霉素小瓶中,每瓶 5mL。

2. 3.8%NaHCO₃ 溶液

称重 3.8g NaHCO₃ 粉剂,溶于 100mL 双蒸水中,混匀后置高压锅内 0.6kg/cm² 10min 灭菌消毒。冷却后置 4℃冰箱中保存备用。

3. 双抗(青、链霉素)

取 80 万单位青霉素一支,用 4mL 无菌生理盐水溶解,溶解后吸出 1mL 注入另一支 80 万单位青霉素中(该支青霉素已含 100 万单位)。取 100 万单位链霉素一支,用注射器注入 4mL 生理盐水,将以上 1mL 100 万单位青霉素与 4mL 100 万单位链霉素混合后,注入 95mL 生理盐水中,混匀后,即配成每毫升含青、链霉素各 1 万单位的双抗溶液。此液保存在 0℃ 以下冰箱中,可用 3 个月。不宜反复冻融,以免药效降低。

4. 肝素溶液

取肝素一支(2mL,12 500 单位),加入生理盐水 22mL,即配成每毫升含有 520 单位的肝素使用液。肝素具有抑制细胞分裂的作用,故用量要准确。

5. 秋水仙碱(秋水仙素)

称取 4mg 秋水仙碱粉剂,溶于 100mL 无菌生理盐水中,摇匀溶解,即配成 40μg/mL 浓度的秋水仙碱使用液。当外周血培养到 70h 时,每瓶血中加入 2 滴。

6. 植物血球凝集素(phytohemagglutinin,PHA)提取法

称取菜豆 20g,用水冲洗干净,蒸馏水洗三遍,去豆皮,置 40℃ 温箱烤干。待干后磨成粉状,加入 0.85% 生理盐水(无菌)500mL,充分摇匀后置 4℃ 冰箱 48h,并经常摇动。将菜豆浸液以 3000r/min 离心 20min,取上清液置正压滤器过滤除菌,分装小瓶,0℃ 以下冰箱保存。不宜反复冻融,以免降低效价,分装冻存后,一次性化冻使用。每 5mL 培养基中加 PHA 0.2mL,即可获得较多的分裂相标本。

7. Giemsa 原液和使用液

量取

Giemsa 粉	3.8g
甲醇(中性)	375mL
甘油	125mL

将 Giemsa 粉溶于少许甲醇中,用研钵充分研磨至无颗粒为止,加入全部甲醇混匀后,加甘油 125mL,混匀后放入棕色瓶中,置 37℃ 温箱保存,一般需保存一个月以上才能使用。注意在一个月内经常摇动,使其充分混匀,即配成 Giemsa 原液。使用前,吸取 10mL 自来水或 pH 6.8 的磷酸缓冲液(PBS),加入 Giemsa 原液 20 滴或 0.8mL,混匀,即配成 Giemsa 使用液。

8. 0.075mol/L KCl 低渗液

称取 2.79g KCl 溶于 500mL 蒸馏水中,待溶后置 37℃ 温箱保存备用。

9. 甲醇:冰乙酸(3:1)固定液(染色体制片用)

取 3 份甲醇加入 1 份冰乙酸溶液,充分混合即可(现配现用)。

实验十三　人体细胞染色体显带技术分析

（一）C 带 技 术

一、实验目的

1. 初步掌握染色体 C 显带制备方法，了解 C 显带原理。

2. 学会观察并分析染色体 C 带核型，熟悉 1 号、9 号、16 号和 Y 染色体 C 带的带型特征。

3. 复习常染色质与异染色质的理论概念。

4. 了解 C 带检查的临床意义。

二、实验原理

染色体 C 显带是染色体局部着色的一项技术，染色体经碱、酸、盐处理后，再经 Giemsa 染色，呈现出特有的着丝粒区、次缢痕区及 Y 染色体长臂远侧段的结构异染色质区深染，而构成 C 带。它是显带技术中最简单的一种带型，易于辨认。

C 带区的 DNA 多为高度重复序列，并与组蛋白紧密结合，从而保护了 C 带区异染色质免受外界（酸、碱、盐）的破坏，易被 Giemsa 深染。该区域的 DNA 一旦发生变性，在改变变性条件后，即可快速复性，这是高度重复序列 DNA 所具有的特性。而其他部位的 DNA 变性后，则很难复性或复性很慢，也不易被 Giemsa 着色。根据这一特点，染色体两臂的常染色质部位仅被浅染，只显示出淡淡的染色体轮廓。人类染色体成功的 C 带标本可使染色体结构异染色质区深染，即染色体着丝粒区、第 1、9、16 号染色体的次缢痕区和 Y 染色体长臂的远侧段明显着色深。因此，C 带可应用于准确识别特定的染色体、确定着丝粒位置和数目，还可配合其他显带技术对染色体某些结构异常、Y 染色体异常及性别作出准确诊断。不同个体、种族，C 带的大小和染色的深浅不同，呈现出多态性，故 C 显带技术在多态性研究和鉴别染色体来源等方面具有一定的意义。

三、实验材料

人类外周血中期染色体制片。

四、实验器具和药品

1. 用具：显微镜、恒温水浴箱、温度计、小吸管、立式染缸、镊子、扣染用玻璃板、100mL 量筒、擦镜纸等。

2. 药品：饱和的 $Ba(OH)_2$ 溶液、0.1mol/L HCl、蒸馏水、70%、80%、95%、100%酒精、2×SSC 溶液、Giemsa 染液、香柏油等。

五、实验过程

1. 将已老化的染色体制片(室温干燥一周左右)放入58℃饱和Ba(OH)$_2$溶液中处理5min。

2. 取出标本置0.1mol/L HCl中漂洗。

3. 蒸馏水漂洗数次。

4. 酒精脱水:70%酒精→80%酒精→95%酒精→纯酒精(每个浓度中置5min),空气干燥。

5. 置65℃ 2×SSC溶液中温育1.5～2h。

6. Giemsa染色15min,自来水冲洗,空气干燥。

7. 显微镜下观察:先用低倍镜找到染色体分裂相,再换用高倍镜观察(图13.1)。

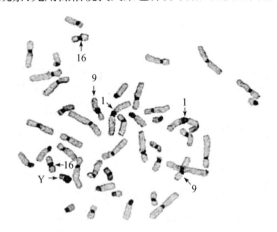

图13.1　C显带染色体图(男性)

注意事项

1. 染色体制片不宜过度干燥,否则影响C带质量。

2. 染色体制片干燥不够时,玻片上的细胞和染色体易在高温溶液中过早脱片。

3. 染色体制片从饱和钡中取出时,要迅速投入盐酸中漂洗,否则钡的沉积物黏附在玻片上,影响结果的观察。

4. Giemsa染色不宜过深,否则影响C带结果。

想一想,试一试

1. 根据不同的种族、个体,C带的大小和染色深浅不同而显示出多态性的特点,试想一想该技术常常用在临床的哪些病历?

2. 当染色体着丝粒、次缢痕区域发生易位,做C带检查的意义是什么?

实验报告

1. 每位同学制作一张C显带标本。

2. 简述染色体 C 带标本制备方法。

3. 通过做实验，你认为实验过程中最需要注意哪些问题？

4. 在 C 显带标本中，你能辨认出 1、9、16 号及 Y 染色体吗？它们与其他染色体着色有什么不同？试说出原理。

附录

1. 饱和 $Ba(OH)_2$

称取 5～10g $Ba(OH)_2 \cdot 8H_2O$，溶于 100mL 蒸馏水中，充分混匀，室温存放，使用时切勿摇动，吸取上层已溶解的液体。

2. 2×SSC 溶液

0.3mol/L NaCl(称取 1.74g NaCl，溶于 100mL 双蒸水中)。

0.03mol/L 柠檬酸钠(称取 0.882g 柠檬酸钠溶于 100mL 双蒸水中)。

使用前将上述两液按 1∶1 比例混合。

3. 0.1mol/L HCl

吸取 HCl(12mol/L)0.8mL，缓缓加入 99.2mL 蒸馏水中。

4. Giemsa 染液

配制方法见"人体外周血淋巴细胞培养与染色体标本制备"实验。

（二）G 带 技 术

一、实验目的

1. 初步掌握染色体 G 显带标本的制作方法。

2. 学习掌握 G 显带的核型分析，了解各号染色体的带型特征。

3. 了解 G 显带技术在临床中的应用。

二、实验原理

染色体显带技术，是通过酶、化学或物理等不同的方法处理制片，用不同的染料显色，使染色体沿纵轴方向显现出了许多明暗相间的带纹。归纳起来主要有四种：Q 带，用荧光染色出现的带；R 带，经热处理后，Giemsa 染色出现的带，它可得到与 G 带相反的染色带，也叫反 G 带，染色体端部着色明显，临床多用于染色体缺失和染色体重复的检查；C 带，着丝粒、次缢痕的结构异染色质区着色深；G 带，用胰蛋白酶处理，Giemsa 染色，此方法是当今临床上最常用的染色体检查方法，简便易行、带纹清晰、成本低廉、制备周期短，标本易于长期保存，普通显微镜下即可观察。

G 带形成的机理，迄今尚不十分清楚，说法较多。归纳起来主要有三点：DNA 的作用；蛋白质的作用；DNA、染料和蛋白质三者之间相互作用的结果。总之，染色体带纹深染处，是 A-T 碱基对分布较多的地方，该处被认为含有较少的活性基因，DNA 在间期核中呈浓缩状态并多为中度重复序列，该区域易与 Giemsa 染料结合;而染色体带纹浅染处,是 G-C 碱基对分布较多的地方,含有许多转录基因,这种DNA 在间期核中呈现出较为伸展的状态,与 Giemsa 染料的结合较差,故浅染。

染色体 G 显带的原理虽未研究得很清楚,但该技术已广泛应用于细胞遗传学领域,并成为研究分析染色体的主要常规方法之一。

三、实验材料

人体外周血染色体制片(经 75℃烤片 3h)。

四、实验器具和药品

1. 用具:普通光学显微镜、35℃恒温箱、普通冰箱、立式染缸、直头小吸管、橡皮吸头、pH 试纸、镊子、擦镜纸、酒精灯、火柴等。

2. 药品:0.9%生理盐水、0.05%胰蛋白酶溶液、Giemsa 染液、3.8%NaHCO₃溶液、松柏油、二甲苯等。

五、实验过程

1. 首先将配制好的 0.05%胰蛋白酶溶液装入立式染缸中,并用 3.8%NaHCO₃调 pH 7.2,置于 35℃恒温箱中预温。

2. 取一张已干燥好的染色体制片置于预温的立式染缸中,漂洗 10s 左右,立即放入 0.9%生理盐水缸中漂洗数秒(可准备两缸盐水,漂洗两次)。

3. Giemsa 染色:配制 Giemsa 使用液(用自来水配制 Giemsa 染液,自来水:Giemsa=10∶0.8),混匀后扣染 15min,用自来水冲洗干净,晾干制片,待显微镜下观察。

4. 先在低倍镜下选择分散好、长度适中的分裂相,换高倍镜进行 G 显带核型观察(图 13.2,图 13.3,表 13.1)。可选择带形清楚的染色体分裂相进行照相并洗出照片,经剪贴配对进行具体分析。如有图像分析仪,可选择 3 个清晰的分裂相进行染色体核型分析,最后将分析的结果打印出来。

表 13.1 G 显带核型各染色体特点

组	染色体号	着丝粒	短臂(p)	长臂(q)
A	1	中央	近侧段和中段共 2 条深带,远侧为较宽的浅染区(特征带)	着丝粒、次缢痕浓染,似一个黑三角(特征带)。中、远段共 4 条深带
	2	亚中	可见间隔均匀的 4 条深带,中段 2 条深带靠近	可见 5~8 条深带
	3	中央	近侧段可见 2 条深带,远侧段可见 3 条深带,其中,远侧近端部的 1 条带较窄,中部有 1 宽的浅染带,这是鉴别第 3 号染色体短臂的显著特征	在近侧段可见 2 条深带,中段是 1 条明显和宽阔的浅带,远侧段有 3~5 深带

组	染色体号	着丝粒	短臂(p)	长臂(q)
B	4	亚中	可见1~2深带	4条深带均匀分布,近着丝粒的那条明显深染,可与5号相区别
	5	亚中	可见1~2条深带,其远侧段的深带宽而浓染	中段可见3条深带,常合并成一宽深带,似黑腰;远侧段可见1~2条深带,近末端的一条着色较浓
C	6	亚中	近侧段和远侧段各有1条深带,中段为1条明显而宽阔的浅带,近侧段的深带紧临着丝粒	可见5~6条深带,近侧段的深带明显并紧临着丝粒
	7	亚中	有3条深带,远侧近末端的深带着色浓而宽,形似"瓶塞",是识别7号染色体的特征带	有3条明显的深带,近侧2条深带明显
	8	亚中	有2条深带,其间为1条明显的浅带	可见2~3条深带,远侧段有1条明显而恒定的深带,此带为8号特征带
	9	亚中	远侧段可见2条深带,在有些标本上融合成1条深带	可见明显的2条深带,次缢痕一般不着色,在有些标本上出现狭长的"颈部区"——"细脖子"
	10	亚中	中段有1~2条深带,有时整个短臂浅染	可见明显的3条深带,近侧的1条着色最浓且恒定,该染色体长臂上的3条明显的深带是与8号染色体相互鉴别的一个主要特征
	11	亚中	近中段有1条宽的深带,在处理较好的标本上,这条深带可以分为2~3条较窄的深带	近侧有1条深带,紧贴着丝粒,近中段可见1条明显的较宽的深带,这条深带与近侧深带间形成1条宽的窄带
	12	亚中	中段可见1条深带	近侧有1条深带紧贴着丝粒,中段有一条宽的深带,这条深带与近侧深带之间形成1条明显的窄浅带,这条浅带是鉴别11号与12号染色体的一个重要特征
	X	亚中	中段可见一条明显的深带,像"竹节状",在有些标本上其远侧还可见一条窄的、着色淡的深带	可见4条深带,近侧的1条最明显,与短臂的深带相对称,呈"竹节状"
D	13	近端		可见4条深带,第2、3条较宽
	14	近端		近侧有2条深带,其中有1条着色较淡且窄的深带,远端有1条明显的深带,可区别于D组其他染色体
	15	近端		中段有1条明显的深带,近侧段可见1~2条淡染深带,远侧浅染
E	16	中央	通常浅染,有时可见1~2条着色较淡的深带	次缢痕深染,该区变异大,和浓染的着丝粒形成黑三角,远侧2条深带
	17	亚中	中段有1条深带	长臂近着丝粒处有1窄深带,远侧段2条深带,它们之间为一明显而宽的浅带

组	染色体号	着丝粒	短臂(p)	长臂(q)
E	18	亚中	一般为浅染,有时可见1窄深带	近侧和远侧各有一条明显的深带,近侧段的宽而浓
F	19	中央	核型中着色最浅	着丝粒及其周围为深带,其余均为浅带
	20	中央	有一条明显的深带	在远侧段可见1~2条淡染的深带
G	21	近端		近着丝粒处有一明显而宽的深带
	22	近端		可见2条深带,近侧的1条着色浓而且紧临着丝粒,呈点状,近中段的一条染色淡
	Y	近端	短臂末端有时可见一窄深带	长度变化较大,远侧段约1/2~2/3区段深染,有时整个长臂深染或有2条深带

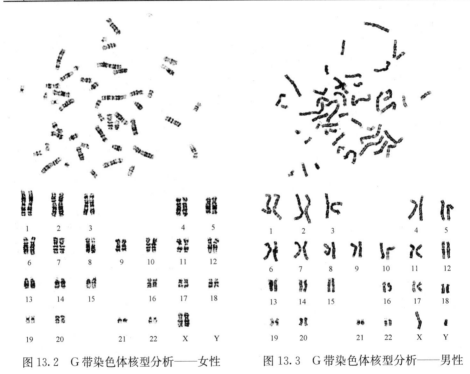

图 13.2　G 带染色体核型分析——女性　　图 13.3　G 带染色体核型分析——男性

注意事项

1. 胰酶预温时,要注意温度的控制,以防胰酶变性失效。

2. 先做一张制片,摸索出胰酶消化的最佳时间。

3. 染色体剪贴操作时,不宜面对剪下的染色体大声喧哗、咳嗽和打喷嚏,以免染色体被吹跑而遗失。

4. 沿染色体的轮廓剪成长方形,以便排列、配对和粘贴。

5. 剪贴时,注意一对染色体要紧密排列,不要有间隔,而每对之间要有间隔,组间也要有间隔。

着丝粒排列在一条水平线上,短臂在上,长臂在下,上下线染色体要求对齐排列。

6. 将性染色体排列在 G 组旁。

想一想,试一试

1. 通过操作,你认为 G 显带实验操作过程中,哪一个步骤最重要? 制片的干燥程度不够,试分析会出现哪些问题? 夏天三伏天做 G 显带为什么没有其他季节制片容易? 为什么烤完的片子不宜在空气中暴露时间过长?

2. 片子的干燥程度不同,试分析胰蛋白酶消化的时间会有什么变化?

3. 通过该实验的操作,你能提出哪些问题?

实验报告

1. 认真思考"想一想,试一试"中提出的问题,试回答。

2. 每位同学最少制备一张成功的 G 显带标本。

3. 剪贴、分析一个染色体核型图并写出正确的核型诊断。

4. 简述 G 带各号染色体的一个最显著特征。

学科进展

随着细胞遗传学的飞速发展,一个新兴的分子细胞遗传学技术诞生了——荧光原位杂交(fluorescence in situ hybridization,FISH)。它是 20 世纪 80 年代末期在原有的放射性原位杂交技术的基础上发展起来的一个非放射性原位杂交技术。它利用了碱基互补的原理,将已知并标记好的单链核酸与待检材料中未知的单链核酸进行特异性结合,即与显微镜载玻片上的染色体或间期核中的 DNA 进行分子杂交而得到的视觉信号(特定的基因在染色体上的定位),此方法是当前最直接的基因定位方法之一。具有快速、定位准确、信号强、无毒、无放射性等多重优点。

临床细胞遗传学研究人员不再将重点只放在染色体变异的形态学分析上,而对于某些特定的肿瘤及各种人类基因病涉及的不同基因序列,提供综合的分子细胞遗传学分析。这些技术不断应用到临床中去,因为各种 DNA 探针的出现,使得研究人体细胞特定染色体改变成为可能,间期细胞核 FISH 信号分析可快速提供有价值的临床信息,很多新的特异 FISH 临床检测可分析出染色体的细微异常。FISH 分析的研究对象包括来自常规的细胞遗传学制备、存档的包埋组织材料及固定的细胞学样本的中期和间期细胞。

近年来,由 FISH 技术派生和发展的多色 FISH(multi-colour FISH,mFISH),可用不同荧光染料进行多重荧光原位杂交,标本可显示多种荧光色泽。1996 年,Speicher 等人设计了荧光滤过装置和计算机软件结合,可同时鉴别 27 种不同的 DNA 杂交探针。这一技术现已广泛应用于动植物基因组结构研究、产前诊断、优生优育、病毒感染、分子病理学,尤其对于恶性肿瘤、复杂变异的染色体核型分析提供了传统的细胞遗传学 G 显带无法分析的诊断手段,为分子细胞遗传学在临床上的应用提供了广阔的前景。

研究实例

1. 两种外周血淋巴细胞染色体显带方法的比较(桂俊豪等,2006,中国优生与遗传杂志)

为比较两种外周血淋巴细胞染色体 G 显带方法的实际效果,制备了人外周血淋巴细胞中期染色体标本,分别用 GTG 法和 EDTA 法进行处理后,利用染色体自动分析系统观察,比较两种显带方法的利弊。结果显示,GTG 法深浅带带纹反差明显,但易出现显带不全、消化过头、分散度降低等问题。EDTA 法不改变染色体分散度,不存在消化过头的问题,可利用核型多,可部分克服 GTG 法的不足,但此法所示带纹深浅带间反差不如 GTG 法明显。实验结果说明 EDTA 法显带染色体能基本满足辨识的要求,稳定性和可重复性较好,但在方法学上有进一步探索的必要,以提高染色体深浅带带纹反差。

2. 改良 R 显带技术在恶性血液病染色体核型鉴定中的应用(王细宏,2009,蚌埠医学院学报)

  用改良的染色体 R 显带方法对 30 例各种类型的染色体进行显带,并对显带的染色体核型进行研究;将传统 R 显带技术中用 10%吉姆萨染液取代吖啶橙工作液,调整欧氏液各种试剂成分和简化试验步骤。结果:30 例恶性血液病的染色体核型结果分析显示,29 例有染色体的核型异常。其中 11 例慢性粒细胞白血病,均可见费城染色体(即 Ph[1])。7 例急性淋巴细胞性白血病中有 3 例出现 Ph[1],其中 1 例为嵌合体,其余 4 例急性淋巴细胞白血病中分别出现－22,＋Mar(D?)、del(11)(q[23])及正常核型或多倍体。10 例急性髓性白血病,其中 3 例 M2 中 2 例 t(8;21)。1 例出现 15q[+];5 例 M3 中 3 例见 t(15;17),1 例考虑为 M5,1 例少见核型,1 例 M1 根据核型应诊断为 M2 型。2 例骨髓增生异常综合征出现－21,＋16 数目上的异常,1 例出现小 Mar,未发现特征性染色体异常。结论:采用改良 R 显带技术对染色体进行核型研究,可以获得一种较稳定、带纹丰富的染色体显带图像,使染色体核型鉴定更简便、易于识别,可在实验室中进行推广。

附录

1. 0.05%胰蛋白酶溶液

  称量 50mg 胰蛋白酶,溶于 100mL 无 Ca、Mg 的 Hanks 液中,混匀,用抽滤器过滤、除菌,存放在 0℃以下冰箱保存备用。

2. 3.8%NaHCO₃ 溶液

  称重 3.8g NaHCO₃ 粉剂,溶于 100mL 双蒸水中,混匀后置高压锅内 8 磅 10min 灭菌消毒。冷却后置 4℃冰箱中保存备用。

第三章　果蝇遗传学系列实验

果蝇属于昆虫纲,双翅目。遗传学研究中通常采用的是黑腹果蝇(*Drosophila melanogaster*),属于果蝇科,果蝇属,与常见的苍蝇同目异科。果蝇作为遗传学研究的材料,具有非常突出的优点:它形体小(3～4mm),生长迅速,生活周期短,25℃恒温下,平均每个世代为 10d 左右。它繁殖率高,每只雌蝇每天可以产卵 20 枚,最高可达 80 枚。果蝇饲养简便,凡能发酵的食料都能成为它的良好培养基,在夏季,水果摊上常能见到它的身影,故名果蝇;果蝇突变性状多,尤其是形态突变体较多,利于进行观察,并已积累了许多典型材料。在实验处理上也十分方便,容易重复实验,便于观察和分析。

果蝇的遗传学研究广泛而深入,尤其在基因分离、连锁、互换等方面十分突出。摩尔根和他的学生就是以果蝇为实验材料,发现并提出了遗传的连锁规律,提出并证明了遗传的染色体学说。果蝇为遗传学的发展作出了突出的贡献。

以果蝇为遗传学的实验材料,利用突变株研究基因与性状之间的关系已经有

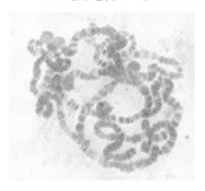

近 100 年的历史。至今,各种研究遗传学的工具已经日趋完善,果蝇为我们今天能够认识遗传相关的知识具有不可磨灭的功绩。从 1980年初,C. Nesslein-Volhard 和 E. Weichaus 以果蝇作为发育生物学的模式动物,利用其完备的遗传研究工具来探讨基因对动物胚胎发育的调控作用,同时也带动了其他模式动物和模式植物的研究工作,例如,线虫,斑马鱼等。而且已经取得了具体的研究成果。

因此,学习研究果蝇遗传学的研究方法,对于进一步完善遗传学的研究工作具有重要的意义。

实验十四　果蝇的野外采集、培养和生活史观察实验

一、实验目的

1. 掌握野外采集和实验室中饲养管理果蝇的方法，以及实验中果蝇处理的方法与步骤。

2. 区别雌雄蝇和几种常见突变型的主要性状，了解果蝇生活史中各阶段的形态特点。

二、实验原理

果蝇是一种常见的昆虫，普通果蝇（*Drosophila melanogaster*）为双翅目昆虫，具完全变态。作为实验材料它具有以下优点：生长迅速，每 12d 左右即可完成一个世代。繁殖能力较强，每只受精的雌蝇约可产卵 400～500 个，因此在短时间内即可获得多数子代，有利于遗传学的分析；容易饲养，饲料如玉米粉等简便易得，常温下容易生长、繁育；加之突变性状多达 400 种以上，且多数是形态变异，便于观察。因此在遗传学研究中得到广泛的应用，积累了许多典型材料。

三、实验材料

野生型果蝇及部分突变型（残翅突变品系、白眼突变品系、黑檀体突变品系、三隐性纯合体）。

四、实验器具和药品

1. 用具：解剖镜、显微镜、培养瓶、麻醉瓶、常用解剖器具、载玻片、盖玻片。
2. 药品：玉米粉、蔗糖、正丙酸或苯甲酸、琼脂、酵母粉、NaCl、乙醚。

五、实验过程

1. 果蝇的野外采集和果蝇的实验室饲养

果蝇是一种常见昆虫，尤其在夏天极易采集，可用培养瓶放于水果摊附近进行收集，也可用一个空瓶子放入一些发酵的水果，例如酸败的苹果或香蕉，引诱果蝇。待果蝇进入瓶中后，以透气瓶塞盖上瓶口，带入到实验室进行培养观察。

在实验室培养果蝇常用的培养基为玉米琼脂培养基。其配方见附录。

将野外采集的果蝇或实验室中培养的纯种果蝇接种于装有配制好培养基的瓶中。具体方法如下：

（1）培养瓶与装有野生果蝇的瓶子（或实验室中装有纯种果蝇的瓶子）口对口

垂直放好,其中装有新鲜培养基的培养瓶倒扣在上方,用手或黑色布捂住下面的瓶子,可见果蝇会飞入新培养瓶内。

(2) 培养瓶与装有野生果蝇的瓶子(或实验室中装有纯种果蝇的瓶子)口对口垂直放好,其中装有果蝇的培养瓶放在下方,轻轻扣击上面的瓶子,也可见果蝇落入培养瓶内。

(3) 如果需要选种进行分别培养,可以将果蝇先行放入麻醉瓶(瓶盖上加有乙醚棉的广口瓶)中,待麻醉后倒在一张白纸片上进行观察选种,操作时用笔毛已经散开的毛笔裹挟转移。

2. 区别雌雄蝇和几种常见突变型的主要性状

将麻醉后的果蝇放在实体解剖镜下或用放大镜进行观察。

(1) 成蝇雌雄性别的辨识

雌雄成蝇的区别很明显,可以用放大镜或直接观察鉴别(图 14.1),其特点如下:

1) 雌果蝇:体型较大、腹部椭圆形、末端稍尖、腹部背面外观有 5 条黑色条纹、腹部腹面有 6 个腹片、无性梳、外生殖器的外观比较简单。

2) 雄果蝇:体型较小、腹部末端钝圆、腹部背面有 3 条黑色条纹,前两条细,后一条宽而延伸至腹面,呈一明显的黑斑、腹部腹面有 4 个腹片、第一对附足的跗节基部有黑色蟹毛状性梳、外生殖器的外观较复杂,用低倍镜观察刚羽化的幼蝇,可见到明显的生殖弧、肛上板及阴茎等。

性梳的有无,是鉴别雌雄成蝇的明显标志之一,可以用放大镜观察即可。如果要仔细观察性梳的结构,可将雄果蝇的第一跗足取下,放于载玻片和盖玻片之间,用低倍镜观察或用实体显微镜观察(图 14.2)。

图 14.1　野生型雌果蝇

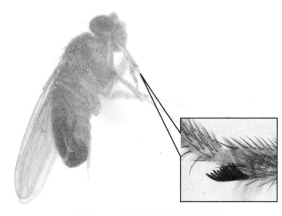

图 14.2　野生型雄果蝇和性梳

(2) 原种(野生型)和几种常见突变类型的观察

将野生型果蝇麻醉后,用放大镜对体色、眼色、刚毛的形状以及身体大小等进行观察并记录。同时将突变体和从野外采集的果蝇进行观察,并与野生型纯种个体进行比较,记录(表14.1)。

表 14.1　果蝇部分突变性状统计

突变性状	基因符号	在染色体上的位置	性状特征
棒眼(bar)	*b*	1～57.0	复眼呈狭窄垂直棒形,小眼数量少
褐色眼(brown)	*bw*	2～104.5	眼色为褐色
卷曲翅(Curly)	*cy*	2～6.1	翅膀向上卷曲,纯合致死
小翅(miniature)	*m*	1～36.1	翅膀小,长度不超过身体
白眼(white)	*w*	1～1.5	复眼白色
黑檀体(ebony)	*e*	3～70.7	身体呈乌木色,黑亮
黑体(black)	*b*	2～48.5	体黑色,比黑檀体深
黄体(yellow)	*y*	1～0.0	全身呈浅橙黄色
残翅(vestigial)	*vg*	2～67.0	翅明显退化,部分残留,不能飞
叉毛(forked)	*f*	1～56.7	毛和刚毛分叉且弯曲
猩红眼(scarlet)	*st*	3～44.0	复眼呈明亮猩红色
黑色眼(sepia)	*se*	3～26.0	羽化时呈褐色眼,并深化为黑色

3. 生活史观察

果蝇全部生活史所需的时间,常因饲养温度和营养条件等而有所不同。当营养条件适宜时,在20℃下饲养,卵→幼虫期平均约为8d,蛹→成虫期约为6.3d;若在25℃下饲养,卵→幼虫期平均约5d,蛹→成虫期仅需4.2d。因此当营养条件适合而在25℃下饲养时,只需10d即可完成一代生活史。普通果蝇生活的最适温度为20～25℃,当温度低至10℃时,生活周期将延长至57d以上,而且生活力明显降低;如果高于30℃时则将引起不育和死亡。

用放大镜从培养瓶外观察果蝇生活史中的4个时期,然后对果蝇生活史的4个时期分别进行观察(图14.3)。

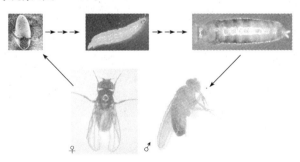

♀　　　♂

图 14.3　果蝇生活史

（1）卵：羽化后的雌蝇一般在 12h 后开始交配。2d 以后才能产卵。卵长约 0.5mm，为椭圆形，腹面稍扁平，在背面的前端伸出一对触丝，它能使卵附着在食物（或瓶壁）上，不致深陷到食物中去。

可从培养基表面取少量培养基放于载玻片上，滴加一滴生理盐水进行稀释，盖上盖玻片，于显微镜的低倍镜下进行观察即可。但这种方法视野较乱，不易找到卵细胞。也可以取一只羽化后成熟的雌果蝇放于载玻片上，在其尾部滴加一滴生理盐水，以解剖针从该果蝇腹部中部轻轻向后挤压，可见从尾部挤出一些白色颗粒，即卵粒。去掉雌果蝇，以解剖针将卵粒分散并盖上盖玻片，放于显微镜的低倍镜下观察。这种方法视野清晰，卵的形态可清楚地展现在视野范围内。

（2）幼虫：幼虫从卵中孵化出来后，经过两次蜕皮到第三龄期，此时体长可达 4～5mm；肉眼观察下可见一端稍尖为头部，并且有一黑点即口器；稍后有一对半透明的唾腺，每条唾腺前有一个唾腺管向前延伸，然后汇合成一条导管通向消化道。神经节位于消化道前端的上方。通过体壁，还可以看到一对生殖腺位于身体后半部的上方两侧，精巢较大，外观为一个明显的黑色斑点，卵巢则较小，熟悉观察后可借以鉴别雌雄。幼虫的活动力强而贪食，在培养基上爬过时便留下一道沟，沟多而宽时，表明幼虫生长良好。幼虫的观察可以用实体解剖镜或放大镜。

（3）蛹：幼虫生活 7～8d 后即化蛹，化蛹前从培养基上爬出附在瓶壁上，渐次形成一个梭形的蛹，起初颜色淡黄、柔软，以后逐渐硬化变为深褐色，这就显示将要羽化了。

（4）成虫：刚从蛹壳里羽化出来的果蝇，虫体较长大，翅还没有展开，体表也未完全几丁质化，颜色浅，所以呈半透明的乳白色，透过腹部体壁还可以看到消化道和性腺。不久，蝇体变为粗短椭圆形，双翅伸展、体色加深，如野生型果蝇初为浅灰色，而后成为灰褐色。所以对体色进行观察时需在成虫完全成熟时进行。

4. 突变型识别（图 14.4）

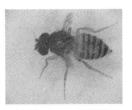
残翅变异　雌果蝇

残翅变异　雄果蝇

果蝇白眼变异类型 雌果蝇

雄果蝇

图 14.4　果蝇变异类型

由于果蝇作为一种模式生物具有许多独特的优势,故而在许多研究中得到广泛的应用。熟悉果蝇的培养方法,熟练掌握果蝇生活史中各个阶段的特点,对于研究工作具有重要的意义,是后续工作的基础。

注意事项

1. 配制培养基时,应煮沸后保持沸腾几分钟,否则培养基容易稀松。
2. 加入正丙酸时注意屏住呼吸,因酸遇热挥发,酸味很浓。
3. 接种前需加酵母粉,果蝇以酵母菌为食物。
4. 接种时注意动作不可太猛,以免上面的培养基落入到下面的培养瓶中,另外,如果装有种蝇的培养基比较稀,不适于用此方法。
5. 麻醉时注意掌握时间,时间过长,易麻醉致死。标准为:果蝇双翅外展 45°为死亡。

想一想,试一试

1. 你知道果蝇的寿命吗? 如何设计实验研究果蝇的平均寿命? 雌雄果蝇的平均寿命有区别吗?
2. 测定某一特定环境因素(包括温度、湿度和光线等)对果蝇发生或寿命的影响作用。
3. 果蝇主要是以什么为食的? 培养基中加入酵母粉的目的是什么?
4. 果蝇对光有反应吗? 设计实验加以证明,并把现象记录下来。

实验报告

1. 你所用的突变体名称是什么,各有何特点?

突变体	特点

2. 你把果蝇从瓶子中震出来时有困难吗? 如果有,请加以解释。

3. 将果蝇麻醉大约需多长时间? 当你把麻醉后的果蝇倒在白纸板上到他们开始四处爬动需重新麻醉需要多长时间?

4. 盾片——胸部背面后部的一个三角形部分,上面有多少刚毛?

5. 一般情况下,雌性果蝇比雄性果蝇大多少(1 倍,1/4 等)?

6. 列时间表:亲本放入培养瓶后,以天为阶段,果蝇的每个时期最早什么时间可见?

生活史阶段	卵	幼虫	蛹	成虫
天数				
平均温度				

7. 从你最早看到蛹中眼睛的眼色到成虫的出现,大约多长时间(h)?

研究实例

1. 酵母粉对果蝇精子发生之影响(顾蔚等,2006,西北大学学报)

　　为了探讨酵母粉对果蝇精子发生各时期的影响,将野生型黑腹雄蝇按 2-3-3 法处理,置于每管酵母粉含量为 0.5mg/vial,10mg/vial,15mg/vial 培养基中培养,统计精子发生各阶段精细胞数目。结果显示,随着酵母粉量的增加,精子发生在各阶段细胞数量增加,在不同处理组中雄蝇在其精子发生各阶段中,以第 3 天形成精细胞数量最多,其中 10mg/vial 和 15mg/vial 最为显著。酵母粉量的增加,在精细胞阶段促进精细胞数量增加最为显著,成熟精子阶段也有增加,精母细胞阶段精细胞数量呈增加后逐渐减少趋势。因此酵母粉可促进果蝇的精子发生,特别在精细胞阶段,促使精细胞数量增加,高峰期明显提前并持续延长形成时间。

2. 水果收集果蝇的试验研究(刘梅,2009,安徽农业科学)

　　为了探讨吸引果蝇的诱饵作用,选择苹果、香蕉、葡萄和玉米培养基(CK)作为诱饵,研究他们收集果蝇的效果。结果表明,在自然情况下,3 种常见水果都能诱捕到果蝇,但香蕉和葡萄采集效果极显著,高于苹果和玉米培养基,该研究为探讨果蝇的收集方法和危害提供了科学依据。

附录:果蝇培养基

　　果蝇培养基配方如下:

水	1000mL
琼脂	20g
蔗糖	180g
玉米粉	135g
正丙酸	6.6mL
酵母粉	适量

　　在配制过程中,先将蔗糖充分溶解于一半水中,加热,加热过程中应注意搅拌,以达到加热均匀的目的。加热过程中,将琼脂以少量水溶解,待蔗糖水加热至 60℃ 左右时,将溶解后的琼脂液均匀倒入蔗糖水中,继续加热煮沸。另将玉米粉溶于 40% 水中,调匀,边搅拌边倒入煮沸的蔗糖—琼脂水溶液中,用剩余的约 10% 水将玉米粉全部冲入正在加热的混合液中,继续煮沸几分钟,终止加热,加入正丙酸,拌匀分装于培养瓶中,每瓶中加入量约达瓶高的 1.5~2cm 即可。

　　配制培养基的体积数,可以根据每一个培养瓶中所用体积数乘以所需培养瓶数进行计算总体积,同时应适当考虑在配制过程中有可能因为挥发而造成体积数的减少,应该适当放大所需体积数量。

　　灭菌方法可以采用一个大气压,20min 灭菌后,冷却待用。也可以将广口瓶干热灭菌 1h,这样既可以防止真菌污染,也可以杀灭以前培养瓶中有可能残留的幼虫或蛹,以免造成污染。干热灭菌后的培养瓶就可以分装培养基了。分装后的培养基在接种前应保证培养瓶内应表面无水层,瓶壁无水滴,并在培养瓶中加入适量的酵母粉。

实验十五　果蝇杂交实验

一、实验目的

掌握果蝇的杂交技术,验证遗传的分离规律、自由组合规律和伴性遗传规律,加深对遗传规律的认识与了解。

二、实验原理

果蝇是遗传学实验中常用的一种模式生物,应用不同品系的果蝇进行杂交实验可以对三大遗传规律及伴性遗传规律进行验证,同时通过实验还可以确定决定性状的基因的显隐性关系。

在生物形成配子的过程中,控制某一性状的一对等位基因会彼此分离,进入到不同的配子中去。理论上配子的分离比是 $1:1$,子二代基因型的分离比是 $1:2:1$,若显性完全,子二代表型的分离比是 $3:1$。这就是分离定律。

当研究多对性状的遗传规律时,如果这些性状是由分别位于不同对的染色体上的基因决定的,则表现为等位基因彼此分离,非等位基因自由组合,出现 $(3:1)^n$ 的性状分离比。两对不相互连锁的基因所决定的性状,在杂种第二代就呈现 $9:3:3:1$ 的比例。

而位于同一条染色体上的基因是随染色体一起传递的,则这些基因是连锁的,在同源染色体上的基因之间会发生一定频率的交换,因此其连锁关系发生改变,导致子代中出现一定数量的重组型。重组型出现的多少反映出基因间发生交换的频率的高低。基因在染色体上是呈直线排列的,基因间距离越远,其间发生交换的可能性就越大,即交换频率越高。反之则小,交换频率就低。也就是说基因间距离与交换频率有一定对应关系。基因图距就是通过重组值的测定而得到的。如果基因座位相距很近,重组率与交换率的值相等,可以直接根据重组率的大小作为有关基因间的相对距离,把基因顺序地排列在染色体上,绘制出基因连锁图。如果基因间相距较远,两个基因间往往发生两次以上的交换,这时如简单地把重组率看作交换率,那么交换率就会被低估,图距就会偏小。这时需要利用实验数据进行校正,以便正确估计图距。基因在染色体上的相对位置的确定除进行两个基因间的测交外,更常用的是三点测交法,即同时研究三个基因在染色体上的位置。

位于性染色体上的基因,其传递方式与位于常染色体上的基因不同,它的传递方式与雌雄性别有关,因此称为伴性遗传。果蝇的性染色体有 X 和 Y 两种,雌蝇性染色体组成为 XX,是同配性别;雄蝇性染色体组成为 XY,是异配性别。伴性基因主要位于 X 染色体上,而 Y 染色体上没有相应的等位基因,所以这类遗传也叫

X连锁遗传。同时，伴性遗传的基因传递特点表现为正反交结果不同。

三、实验材料

果蝇野生型及其突变类型（白眼、残翅、黑檀体、三隐性纯合体）。

四、实验器具和药品

1. 用具：培养瓶、麻醉瓶、实体显微镜、计数器、白纸片、毛笔等。
2. 药品：乙醚、玉米粉、琼脂、正丙酸、蔗糖、酵母粉。

五、实验过程

1. 原种选择、培养及处女蝇的挑选

根据所做研究的目的，设计并确定杂交组配（具体内容可以参见学生实验报告进行）。

供果蝇杂交实验用的亲本果蝇应为纯种果蝇，选取适当品系的果蝇接种培养，待培养瓶中出现大量蛹，并有成虫出现时，把培养瓶倒空（注意一个也不能留），此后8h内选择雌性个体，放于杂交瓶中，此雌性个体即为处女蝇，即雌性亲本。因为果蝇羽化后需要8～10h才能进行交配。所以在8h之内进行选择的雌果蝇均为未发生交配的个体，以保证杂交父本的单一准确性。

同时选配适当品系的雄性亲本进行培养。

2. 杂交

（1）投放杂交亲本：将提供雄性亲本的品系进行麻醉，选取雄性个体放入杂交瓶中，配成3～5对，并在杂交瓶外壁帖上标签，注明杂交组合、实验日期、试验者姓名。放入培养箱中，20～25℃恒温培养。第二天，检查亲本成活情况，如有死亡，应及时补充。

（2）1周以后，杂交瓶中可见幼虫，此时将亲本转移出杂交瓶，并再次对亲本表现型进行检查，以确保亲本的准确性，如有例外则需重新进行操作。

（3）杂交瓶中出现果蝇成虫，即 F_1 代个体。用麻醉瓶将 F_1 代个体进行麻醉，并观察 F_1 代个体的数量、表型和相应性别，记录在实验报告中。如果此时 F_1 代数量较少，需要连续进行统计记录。同时选取3～5对 F_1 代个体投入一个新的培养瓶中，进行 F_1 代自交，在杂交瓶外壁帖上标签，注明杂交组合、实验日期、试验者姓名。第二天，检查 F_1 代杂交个体成活情况，如有死亡，应及时补充适当的亲本个体。

（4）1周后，将 F_1 代杂交个体转移出杂交瓶，此时瓶中可见幼虫出现。

（5）再经过1周，杂交瓶中会出现果蝇成虫，即 F_2 代个体。用麻醉瓶将 F_2 代

个体进行麻醉,并观察 F_2 代个体的数量、表型和相应性别,记录在实验报告中。如果此时 F_2 代数量较少,需要连续进行统计多次并做记录。

3. 结果统计分析

将实验结果汇总后,填入表格,并进行卡方测验,以验证实验是否与遗传规律相符,如出现异常结果,请分析原因。

注意事项

1. 在培养瓶中投放果蝇前应使培养基表面没有水层,瓶壁干燥,以免沾湿果蝇翅膀。
2. 麻醉瓶中应保持干燥,加入乙醚量适当,不可过多,以免乙醚从棉球中流出。
3. 麻醉瓶每次用后应倒空,用前检查麻醉瓶中不应有果蝇残留。
4. 为保证实验数据具有统计学上的意义,每一杂交结果统计总数要求达到 200～300 只。
5. 在进行果蝇杂交实验设计时,应该注意雄果蝇是完全连锁的。

想一想,试一试

1. 雄性亲本选用羽化 8h 以后的果蝇是否对实验结果有影响?
2. 统计 F_1 代时可以在多少天之内进行选择以保证所观察的对象均为 F_1 代个体?
3. 如何根据基因定位结果设计一个实验,可以尽可能的验证多个遗传规律?
4. 在野外收集的果蝇,你发现更多的突变型了吗? 如何判断这些突变型是显性突变还是隐性突变?
5. 如果你从野外采集到一个突变体,你如何证明该突变体是纯合个体,还是杂合个体?
6. 如果你从野外采集到一个突变体,你如何设计实验以获得该突变体的纯合品系?
7. 为什么每一杂交结果统计总数要求达到 200～300 只?

实验报告

1. 如果你倒空培养瓶,并在 8h 内收集处女蝇,请做纪录。

日期	培养瓶倒空的时间 (时刻)	收集处女蝇的时间 (时刻)	收集处女蝇的数目/个

2. 在果蝇杂交实验中,你所选的品系是什么? 请将实验结果记录在下面。

(1) 单因子杂交实验(推荐杂交组合为长翅×残翅,灰身×黑身等)

亲本1:   亲本2:

杂交日期:

杂种后代表现	F_1代果蝇表现型及统计数据:＿＿＿＿＿＿＿＿		
统计日期	F_2代果蝇表现型和数目		
总数			
比例			

(2) 双因子杂交实验(推荐组合:灰身残翅×黑檀身长翅)

亲本1:   亲本2:

杂交日期:

自交日期:

杂种后代表现	F_1代果蝇表现型及统计数据:＿＿＿＿＿＿＿＿		
统计日期	F_2代果蝇表现型和数目		
总数			
比例			

(3) 三隐性与野生型果蝇杂交实验(推荐组合:野生型×小翅白眼焦刚毛)

亲本1:   亲本2:

杂交日期:

杂种后代表现	F_1代果蝇表现型及统计数据:＿＿＿＿＿＿＿＿		
统计日期	F_2代果蝇表现型和数目		
总数			
比例			

请画出三基因连锁图。

(4) 果蝇的伴性遗传实验

正交:推荐组合红眼♀×白眼♂。

亲本1：　　　　　　　　　　亲本2：

杂交日期：

杂种后代表现	F₁代果蝇表现型及统计数据：＿＿＿＿＿＿		
统计日期	F₂代果蝇表现型和数目		
总数			
比例			

反交:推荐组合白眼♀×红眼♂。

亲本1：　　　　　　　　　　亲本2：

杂交日期：

杂种后代表现	F₁代果蝇表现型及统计数据：＿＿＿＿＿＿		
统计日期	F₂代果蝇表现型和数目		
总数			
比例			

3. 用卡方测验证明你的实验结果是否正确，并写出 P 值，P 值是否表明除了机会误差以外还有其他因素参与决定你的实验结果？ 如果是，请写出可能的解释。

研究实例

1. 通过果蝇杂交实验培养学生的科研意识和能力（李素芳等，2007，实验技术与管理）

　　通过学生自主选择杂交组合，设计完整的实验方案，在教师的指导下分组独立完成不同的实验，运用所学的遗传学理论知识对实验数据进行分析、归纳、总结，写出一份有独到见解的实验分析报告，实现了科研过程中系列过程训练。

　　果蝇杂交是一个综合的、有探索性的实验。在实验前学生没有现成的实验结果可以参考，要求各组学生认真观察果蝇的各对相对性状和记录实验数据，实事求是地从自己所得数据出发分析实验结果。实验过程中要求每一个学生要了解整个实验过程，要认真负责，一丝不苟和持之以恒，要加强实验技能的培养，要学会灵活变通地使用实验器材，这提高了学生的科研意识和能力。对实验结果的分析和总结，使学生全面复习和巩固了遗传的三大基本定律及其发展，卡方检验等基础理论知识，把所学的知识运用到实践中去，理论与实践相结合，培养了学生对遗传学学习的兴趣,培养了学生基本的科研意识和能力,同时也探索了开放实验的教学模式。

2. 果蝇小翅·残翅基因作用探究(郭彦等,2009,安徽农业科学)

为了探究果蝇小翅与残翅基因间的作用关系,利用果蝇 2 种不同翅型的突变体进行杂交,找出小翅、残翅基因同时存在个体,观察其翅的表型,同时对翅的分离比进行推测,研究果蝇小翅与残翅基因间的作用关系。结果显示,正反交果蝇的表现型不相同。果蝇的小翅品系和残翅品系的正交组合的杂交后代 F_1 雌、雄全部为长翅,而反交组合的雌蝇为长翅,雄蝇为小翅。F_2 的翅型有长翅、小翅、残翅 3 种,小翅、残翅基因同时存在的个体表型为残翅,并且翅型分离比均为长翅∶小翅∶残翅＝3∶3∶2。所以残翅基因对小翅基因具有遮盖作用。

实验十六　果蝇唾腺染色体的观察实验

一、实验目的

1. 学习和掌握剥离果蝇三龄幼虫唾腺和压制唾腺染色体玻片标本的方法。
2. 了解果蝇唾腺染色体的特点,根据不同染色体带纹的形态和排列识别不同的染色体。

二、实验原理

双翅目昆虫(摇蚊、果蝇等)幼虫期的唾腺细胞很大,其中的染色体称为唾腺染色体。这种染色体比普通染色体大得多,宽约 $5\mu m$,长约 $400\mu m$,相当于普通染色体的 $100\sim150$ 倍,因而又称为巨大染色体。唾腺染色体处于体细胞染色体联会配对状态。并且唾腺染色体经过多次复制而并不分开,每条染色体大约有 $1000\sim4000$ 根染色体丝的拷贝,所以又称多线染色体。多线染色体经染色后,出现深浅不同、密疏各异的横纹,这些横纹的数目和位置往往是恒定的,代表着果蝇等昆虫的种的特征;如染色体有缺失、重复、倒位、易位等,很容易在唾腺染色体上识别出来。

观察多线染色体的特征:巨大;体细胞中同源染色体配对,所以细胞中染色体只可以观测出半数(n);各染色体的异染色质区域多在着丝粒部分互相靠拢形成染色中心;横纹有深浅、疏密的不同,各自对应排列,这意味着基因的排列。通过各染色体两端的横纹特点,可以将各染色体进行区分。

三、实验材料

野生型果蝇和个体较大的果蝇突变品系(大黑体和敦煌品系)。

四、实验器具和药品

1. 用具:显微镜、实体解剖镜、载玻片、盖玻片、常规解剖器具。
2. 药品:生理盐水,改良的苯酚品红染液。

五、实验过程

1. 三龄幼虫的培养

将 $3\sim5$ 对选定品系的果蝇放入加有酵母菌的培养瓶中培养幼虫,注意亲本不可投放过多,以控制幼虫的密度。培养幼虫的培养基可适当降低浓度,以利于幼虫活动取食。当培养瓶中出现幼虫后,可以适当追加酵母液($2\%\sim4.5\%$ 的酵母水溶液),每天滴加1～2滴,三龄幼虫期适当增加酵母水溶液的浓度为10%左右。滴加量以盖上培养基表面一层为准,以改善果蝇的营养条件。同时,可低温培养(16～18℃)以延长果蝇的生活史周期,使幼虫充分生长,以获得个体较大、结构清晰、利于解剖的幼虫个体。

选用行动迟缓、肥大,爬上瓶壁的三龄幼虫(就要化蛹了)作标本最佳。

2. 唾腺的剖取

(1)把载玻片置于双筒镜下,选择黑色背景。载玻片上滴加一滴生理盐水,取三龄幼虫放在其中,操作者左手拿镊子夹住幼虫后端1/3处,固定幼虫。右手拿一枚解剖针,按住幼虫头部的黑色斑点(口器)处,用力向右拉,从头部把身体拉开,唾腺随之而出,唾腺是一对透明的棒状腺体,像一对长茄子,上面附有白色的脂肪条。

(2)在载玻片上除去幼虫其他组织部分,并把唾腺周围的白色脂肪剥离干净,再把唾腺周围的杂物用吸水纸清理干净。注意此时动作应放慢,因唾腺很小,很容易随水流的移动而进入到吸水纸中。

(3)染色:滴加一滴改良的苯酚品红染液,染色10～15min。

(4)压片:盖上盖破片,以解剖针柄轻轻敲击有唾腺的部位,使其随着染液的流动而充分地分散,最后进行压片观察。

可先在低倍镜下观察,选取染色体分散较好的细胞放于高倍镜下观察(图16.1)。唾腺染色体具有以下特点:巨大性、体细胞配对、具有染色中心、染色体上具有明暗相间的横纹。

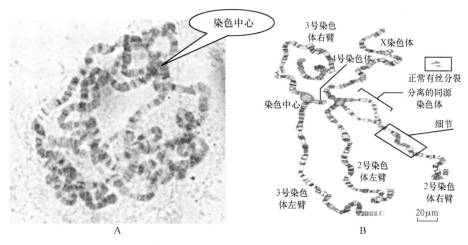

图 16.1　果蝇唾腺染色体
A. 实体 400×;B. 模式图

黑腹果蝇唾腺染色体组成为 2n=8,因为体细胞配对,又因短小的第 4 染色体和 X 染色体的着丝粒在端部,所以染色体的一端在染色中心上,看上去各自只形

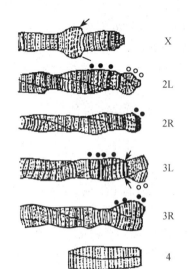

X

2L

2R

3L

3R

4

图 16.2 黑腹果蝇唾腺染色体

6 条臂末端的特征

(引自 Graft，1992)

箭头指的是 X 染色体上永久性的蓬突
与 3L 上的缢缩；星号是染色较深的带
纹；小圆是着色较浅的带纹

成一条点状和线状染色体。只有第 2 和第 3 染色体的着丝粒在中央，它们从染色中心以 V 字形向外伸出(2L、2R、3L、3R)，因此共有 6 条臂(图 16.2)。由于短小的第 4 染色体有时不易被观察到，所以最容易识别的是 5 条染色体长臂。雄果蝇的 Y 染色体几乎包含在染色中心里，因为是异染色质，看起来染色可能淡些。有经验的人可以发现雄果蝇的 X 染色体比雌果蝇的 X 染色体要细些，因为雄性只有一条 X 染色体。

唾腺染色体上的横纹宽窄、浓淡是一定的，但在果蝇的特定发育时期，它们会出现不连续的膨胀，这称为疏松区，目前人们认为这是这部分基因被激活的标志。

注意事项

1. 果蝇唾腺为单层细胞构成，在解剖和制片过程中注意保湿。
2. 唾腺体积很小，染色时染色液不要过多，以免压片时唾腺随染液流走。

想一想，试一试

1. 如何利用果蝇唾腺染色体制片方法研究某一环境因素对遗传物质的影响作用？
2. 果蝇唾腺染色体上的带纹有何特点？
3. 如果唾腺染色体的压片效果不好，应怎样加以改善？

实验报告

1. 选取较好的压片，做成永久性玻片标本。
2. 绘出镜下所见的染色体略图，并注意绘出各臂末端的 5～10 条带纹，并据以注明是几号染色体的左臂或右臂。
3. 培养观察果蝇唾腺染色体的三龄幼虫时应注意什么问题，以取得适宜的实验材料？

研究实例

1. "果蝇唾腺染色体的制备与观察实验"的背景知识(杨大翔，2005，生物学教学)

    该文章介绍了有关唾腺染色体的知识、观察唾腺染色体的实验方法与研究历史，并讲述了根据各染色体臂末端的带纹特点判断染色体的方法和相关假说，在实验前给学生介绍这些背景知识，有利于增加学生对该实验的兴趣，加深对这个实验的理解，从而有利于提高实验效果。
2. 中国昆虫染色体研究现状与展望(张礼生等，2003，昆虫学报)

    该文章简要叙述了中国昆虫染色体研究的现状，包括研究涉及的昆虫类群、核型分析结果、研究方法和手段、染色体有丝分裂、减数分裂、染色体形态变异、结构变异和数量变异等。我国学者对昆虫染色体研究从 20 世纪 30 年代开始,迄今已对蜉蝣目、蜚蠊目、直翅目、半翅目、同翅目、鞘翅目、鳞翅目、双翅目、蚤目和膜翅目等 10 目 481 种昆虫的核型进行了研究,主要集中在蝗虫、螨类、蚜虫、蚕类、果蝇、摇蚊及实蝇等。在染色体行为方面的研究主要有:蚕类和果蝇等有丝分裂;蜚蠊类、蝗类、螨类和蚕类的减数分裂及性别决定机制;部分昆虫的联会复合体分析。染色体结构变异的研究主要集中在果蝇和蚊类昆虫的唾腺染色体;果蝇的 B 染色体;蚕类和蚊类昆虫染色体的缺失、易位和倒位等变异;蚕蛾类的数量变异。研究结果多应用于昆虫系统分类和进化的探讨,揭示昆虫遗传与变异规律。通过与国外研究成果对比,提出昆虫染色体研究的必要性,并对我国未来昆虫染色体研究进行了展望。

3. CD 对果蝇唾腺染色体形态结构的影响(赫杰等,2003,深圳大学学报·理工版)

用 F-肌动蛋白的抑制剂细胞松弛素 D(CD)对果蝇唾腺进行 1～5h 处理,发现唾腺染色体的形态结构有明显畸变。随着 CD 处理时间的延长,唾腺染色体形态结构的畸变逐渐加剧,表现出松散区域逐渐扩大、带纹由模糊到消失、胀泡由存在到消失等一系列形态结构的连续变化过程,说明 F-肌动蛋白在维持染色体形态结构方面起重要作用。

第四章　微生物遗传学系列实验

　　微生物遗传学是在研究对象上区别于经典遗传学的一个遗传学分支。它是以微生物为研究对象的遗传学和微生物学的交叉学科。

　　由于微生物的结构与生活周期具独特特点,并在自然界物质循环中占据重要作用,微生物已经成为遗传学研究中一个重要对象。以微生物(细菌、病毒等)为材料进行遗传研究,具有许多优点。主要表现在:①微生物遗传信息的单倍性,使个体一定的表现型对应于一定的基因型,有助于直接由表现型判断基因型而进行遗传分析;②由于微生物个体小,可以在培养皿、试管中大量培养,群体中的个体数可达 $10^6 \sim 10^9$ 个,从而有利于进行极低频率遗传现象(突变等)的研究;③微生物构造简单,便于在分子水平上进行基因结构和功能的研究;④大多数微生物的生活周期短(如大肠杆菌细菌在适宜条件下分裂一次约只需 20 分钟),很容易建立无性繁殖系,以及进行不同交配型的杂交和世代分析。

　　微观生物的遗传学研究早在 20 世纪 30 年代中期就已经开始,不过当初仅限于有性生殖微生物,主要集中在基因的分离、连锁和重组等。当时就有人提出细菌的基因重组问题,但因重组体的形态和性状不稳定,而且没有很好的重组体选择方法,结果的可信度低。20 世纪 40 年代初,比德尔(G. W. Beadle)和塔特姆(E. L. Tatum)利用射线处理脉孢霉,得到了多种营养缺陷型,为生物代谢途径的探究提供了有效的模型;莱德伯格(J. Lederberg)和塔特姆以大肠杆菌营养缺陷型为选择标记,发现了细菌基因重组现象;此后,大肠杆菌的转导、真菌的准性生殖和放线菌的基因重组等现象也相继发现。这些研究成果一方面证明了生物遗传规律的普遍性,另一方面也开辟了微生物遗传研究的新天地。酵母菌是人类文明史中被应用得最早的微生物,利用酵母进行杂交试验、减数分裂作图、转化、基因置换等实验研究,是微生物遗传学的常用实验体系。在这方面,美国冷泉港实验室专门出版了一本培训教程——《酵母遗传学方法实验指南》(D. C. 安伯格等编著. 霍克克译. 北京:科学出版社,2009),对于科研人员或初学者,都是一本很好的参考书。

微生物遗传学的基本原理和相关技术方法,可为遗传物质精细结构的研究、突变株的筛选、食品工程效率的提高以及环境污染情况的鉴定以及污染环境的改良等多方面提供新的思路和更有效的技术手段。微生物遗传学实验技术不仅是现代生命科学实验技术基础,并且在工农业生产、科研中得到广泛的应用。因此,微生物已成为遗传学研究中非常有利的一类实验材料,微生物遗传学实验也已是遗传学研究中的一个重要组成部分。

本部分挑选大肠杆菌、啤酒酵母、鼠伤寒沙门氏菌和脉孢霉等典型微生物作为实验材料,设计了突变株筛选、诱变剂检测、杂交分析和基因定位等多方面的代表性实验,以利于学生比较全面地掌握微生物遗传学实验技术。

实验十七　大肠杆菌营养缺陷型菌株的筛选

一、实验目的

1. 掌握基本的物理化学诱变方法。
2. 学会和熟练运用根据菌株特征进行突变株筛选的基本技术。
3. 了解大肠杆菌营养缺陷型菌株的筛选方法。

二、实验原理

以某些物理或化学因素处理微生物,可使基因发生突变,丧失合成某些物质(如氨基酸、维生素、核苷酸等)的能力,不能在基本培养基上生长,必须补充相应物质。这样的菌株称为营养缺陷型菌株。营养缺陷型菌株筛选的基本步骤是:诱变→淘汰野生型→检出缺陷型→鉴定缺陷型。

诱变剂通常可以分为物理诱变剂和化学诱变剂两类。用于诱变处理的微生物一般要求是呈单核的单细胞或单孢子的悬浮液,分布均匀,可以避免出现不纯的菌落;处于对数生长期,对诱变剂的反应最为敏感。本次实验的诱变源是紫外灯。诱变处理后的细菌,必须经过对野生型细胞进行淘汰,提高营养缺陷型细胞的比例,才能达到浓缩缺陷型的目的,进而获得所要的稳定突变型。对于细菌,常用青霉素法进行浓缩。青霉素(penicillin)杀死生长的细胞,而对不生长的细胞无致死效应,野生型因能生长而被杀死,缺陷型因不能生长而得以浓缩保存。

本实验利用逐个测定法进行最普通的细菌——大肠杆菌(*Escherichia coli*,大

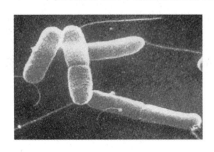

图 17.1　大肠杆菌扫描
电镜照片(×14 000)

肠埃氏菌,图 17.1)缺陷型检出。基本流程是:把浓缩过的缺陷型菌液接种于完全培养基,然后将所产生的每一菌落分别接种在基本培养基和完全培养基上。结果:营养缺陷型因只能在完全培养基上生长而不能在基本培养基上生长而被检出。利用生长谱法可以鉴定营养缺陷型。一种缺陷型对多种化合物的需要情况在同一培养皿上就能够测定。

其他检测方法还有夹层培养法、限量补给法和影印培养法等。在夹层培养法中,先在培养皿底倒一层无菌基本培养基,冷凝后再铺上一层含菌基本培养基,再次冷凝后加上第 3 层无菌基本培养基。培养出现菌落后,用记号笔在培养皿底标记出菌落。然后,再加上第 4 层完全培养基。这样,再继续培养后出现的菌落多数都是营养缺陷型的。在影印培养法中,先在完全培养基表面涂上经处理后的细菌;菌落出现后,用灭菌丝绒将菌落影印接种至基

本培养基表面。对两个培养皿上长出的菌落进行比较，凡出现于完全培养基上而在基本培养基的同一位置不出现的菌落，可以初步确定为缺陷型菌落。

三、实验材料

大肠杆菌(*E. coli*)K12 的野生型菌株 K12SF$^+$。

四、实验器具和药品

1. 用具:灭菌的锥形烧瓶(150mL)、培养皿(9cm)、吸管(1.5mL)和离心管。
2. 培养基及添加成分

(1) 肉汤培养基(牛肉膏 0.5g,蛋白胨 1g,NaCl 0.5g,蒸馏水 100mL,pH 7.2,1kg/cm^2 高压灭菌 15min)。

(2) 肉汤培养基(ZE)(牛肉膏 0.5g,蛋白胨 1g,NaCl 0.5g,蒸馏水 50mL,pH 7.2,1kg/cm^2 高压灭菌 15min)。

(3) 液体基本培养基(Vogel 50×2mL,葡萄糖 2g,蒸馏水 98mL,pH 7.0,0.6kg/cm^2 高压灭菌 30min)。

(4) 固体基本培养基(琼脂 2g,液体基本培养基 100mL,pH 7.0,0.6kg/cm^2 高压灭菌 30min)。

(5) 无 N 液体基本培养基[K$_2$HPO$_4$ 0.7g(或 K$_2$HPO$_4$·3H$_2$O 0.92g),KH$_2$PO$_4$ 0.3g,柠檬酸钠·3H$_2$O 0.5g,MgSO$_4$·7H$_2$O 0.01g,葡萄糖 2g,蒸馏水 100mL,pH 7.0,0.6kg/cm^2 高压灭菌 30min]。

(6) 2N 液体基本培养基[K$_2$HPO$_4$ 0.7g(或 K$_2$HPO$_4$·3H$_2$O 0.92g),KH$_2$PO$_4$ 0.3g,柠檬酸钠·3H$_2$O 0.5g,MgSO$_4$·7H$_2$O 0.01g,(NH$_4$)$_2$SO$_4$ 0.2g,葡萄糖 2g,蒸馏水 100mL,pH 7.0,0.6kg/cm^2 高压灭菌 30min]。

注:在高渗青霉素法中,2N 基本培养基中添加 20% 的蔗糖和 0.2% 的 MgSO$_4$·7H$_2$O。

(7) 混合氨基酸/混合维生素/核苷酸[氨基酸(包括核苷酸)分Ⅰ~Ⅶ 7组,其中Ⅰ~Ⅵ每组有 6 种氨基酸(包括核苷酸)。每种氨基酸(包括核苷酸)等量研细后充分混合在一起。第 7 组是脯氨酸,由于容易潮解,单独成组](表 17.1)。

表 17.1　混合氨基酸分组

组　别	组　成					
Ⅰ	赖氨酸	精氨酸	甲硫氨酸	半胱氨酸	胱氨酸	嘌呤氨酸
Ⅱ	组氨酸	精氨酸	苏氨酸	羟脯氨酸	甘氨酸	嘧啶氨酸
Ⅲ	丙氨酸	甲硫氨酸	苏氨酸	羟脯氨酸	甘氨酸	丝氨酸
Ⅳ	亮氨酸	半胱氨酸	谷氨酸	羟脯氨酸	异亮氨酸	缬氨酸
Ⅴ	苯丙氨酸	胱氨酸	天冬氨酸	甘氨酸	异亮氨酸	酪氨酸
Ⅵ	色氨酸	嘌呤氨酸	嘧啶氨酸	丝氨酸	缬氨酸	酪氨酸
Ⅶ	脯氨酸					

将维生素 B_1、维生素 B_2、维生素 B_6、生物素、对氨基苯甲酸(BAPA)、泛酸及烟碱酸等量研细后充分混合,即配成混合维生素。

(8) 生理盐水:NaCl 0.85g 溶于蒸馏水(100mL)中,再进行高压灭菌(1kg/cm^2,15 min)。

五、实验过程

1. 大肠杆菌菌液的制备

在实验前 14~16h,挑取少量的 K12SF$^+$ 菌接种到 5mL 肉汤培养液(盛于锥形瓶)中,进行 37℃过夜培养。次日,添加新鲜肉汤培养液 5mL 充分混匀,分装在 2 只锥形瓶之中,继续进行培养(37℃、5h)。培养后的 2 份菌液分别倒入离心管中,以 3500r/min 离心 10min。弃去上清液,并将沉淀抽打均匀,其中一管加入 5mL 生理盐水后倒入另一管中(合并成为一管)。

2. 突变的诱导处理

将 3mL 上述的菌液移到培养皿内,打开紫外灯(15W)稳定 30min,然后将培养皿(加盖子)放在紫外灯下 28.5cm 处进行照射 1min(灭菌);再移开盖子照射 1min(照射完毕,先盖上培养皿盖子,再关闭紫外灯的电源)。将 3mL 加倍肉汤培养液加入照射后的培养皿中,进行 37℃避光培养(>12h)。

3. 野生型细菌的淘汰(青霉素法)

取一支灭菌的离心管,吸入 5mL 诱变过的菌液,以 3500r/min 离心 10min。弃上清液,并将沉淀抽打均匀,用生理盐水离心洗涤 3 次,并补加生理盐水至原体积。转移离心、洗涤过的菌液 0.1mL 到 5mL 的无 N 基本培养液中,进行 37℃连续培养(12h)。培养足够的时间后,按 1:1 的比例加入 2N 基本培养液 5mL,并溶入青霉素钠盐,使青霉素终浓度约为 1.000U/mL,继续进行 37℃温箱培养。培养时间达 12、16、24h 时,各取 0.1mL 菌液倒入 2 个灭菌培养皿,再分别倒入经融化、冷却至 40~50℃的基本培养基和完全培养基,摇动混匀、放平,待凝固以后,在培养皿上注明取样时间,进行 37℃温箱培养(36~48h)。

4. 缺陷型菌株的检出

对以上培养过的平板进行菌落计数。选取完全培养基上产生的菌落数远远超过基本培养基的一组,用接种针挑取完全培养基上的菌落 80 个,依次点种到基本培养基平板、完全培养基平板上,放到 37℃温箱内进行恒温培养(12h)。培养后,选取在基本培养基上不产生菌落而在完全培养基上进行生长的细菌,挑取菌落在基本培养基的平板上划线培养(37℃、24h)(图 17.2)。不能生长的就是营养缺陷型候选株。

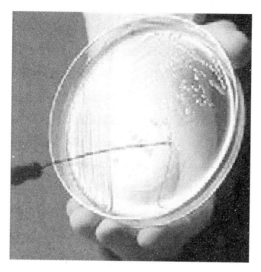

图 17.2 挑取菌落在平板上划线培养

5. 缺陷型菌株的生长谱鉴定

将缺陷型候选株菌落接种于盛有 5mL 肉汤培养液的离心管内,进行 37℃ 恒温培养(14~16h)。将培养后的菌液以 3500r/min 离心 10min,弃去上清液,并将沉淀抽打均匀,然后进行离心洗涤(3 次),补加生理盐水至原体积。2 次吸取 1mL 经离心洗涤的菌液,分别放到 2 个灭菌培养皿内,然后向其中倒入融化、冷却至40~50℃的基本培养基,摇动混匀、放平。静置凝固后,将 2 只培养皿的皿底等分为 8 个格,依次放入混合氨基酸(包括核苷酸)、混合维生素和脯氨酸(为不使细菌的生长受到抑制,加量要很少),然后放进 37℃ 温箱内培养(24~48h),观察生长圈、确定营养缺陷型。

注意事项

1. 在实际工作中,应根据微生物和诱变剂的特性差异,做必要的实验程序变动。

2. 由于微生物的不同,缺陷型浓缩方法有多种——青霉素法、菌丝过滤法、饥饿法和差别杀菌法等。不同的生物类型适用于不同的实验方法,应该进行选择。

细菌多应用青霉素浓缩法,酵母菌和霉菌则可以用制霉素(nystatin)代替青霉素。霉菌、放线菌均可使用菌丝过滤法(野生型孢子可在基本培养液中萌发、长成菌丝,而缺陷型孢子不能萌发菌丝):把经诱变处理过的孢子悬浮在基本培养液中,振荡培养,其间经过几次过滤(每次培养时间不宜过久),即可获得浓缩结果。

想一想,试一试

1. 如何进行营养缺陷型突变菌株的筛选?

2. 整理实验程序流程图,认真地画在实验报告纸上,对照流程图充分理解细菌营养缺陷型菌株的筛选方法。

3. 试通过环境因素诱变的方法,研究某一诱变条件是否会形成营养缺陷型菌株,是哪一种营养缺陷型?

实验报告

1. 诱变记录

培养基 \ 取样时间	菌落数		
	12h	16h	24h
[+]			
[-]			

生长谱鉴定用培养皿底部图示

2. 缺陷型菌株的生长谱鉴定记录

本次实验所鉴定出的缺陷型菌株属于哪一种营养缺陷型? 请标示这种缺陷株的生长圈所在的区域。

研究实例

一种快速、精确构建大肠杆菌组氨酸营养缺陷型的方法(王芃等,2004,微生物学通报)

将表达 Red 体内重组蛋白的质粒 pKD46 转化大肠杆菌:DH5α,用 5′端与组氨酸基因同源,3′端与卡那霉素抗性基因同源的引物获得具有卡那霉素抗性基因的 PCR 产物,然后电击转化 DH5α,在 λRed 重组系统的帮助下,通过卡那霉素抗性基因两侧的组氨酸基因序列在体内与大肠杆菌染色体上的组氨酸基因发生同源重组,置换了 DH5α 组氨酸操纵元中的 *hisDCB* 基因,最后利用卡那霉素抗性基因两端的 FRT 位点,通过 FTP 位点专一性重组将卡那霉素抗性基因去除,最终获得了不具抗性的大肠杆菌组氨酸营养缺陷型菌株。这为在大肠杆菌及其他菌株中快速、精确的构建营养缺陷型菌株提供了有益的参考。

实验十八 大肠杆菌基因的功能等位性测验
——互补测验

一、实验目的

1. 学习细菌基因遗传分析的方法,理解重组、互补和功能等位性等概念。

2. 掌握互补实验的原理和技术,并能够理解真核生物和细菌遗传分析方法的不同。

二、实验原理

经典遗传学认为基因是不可分的实体,既是突变单位,又是重组单位,也是功能单位。现代遗传学认为,基因不是突变和重组的最小单位,它是具有内部结构的,基因内部具有许多位点(site),这些位点可以发生突变,不同位点间可发生重组。

在对微生物某一代谢途径进行研究时,将表型相同的两个突变型进行杂交,经过重组可能产生出野生型。但是,重组既可以发生于基因间又可以发生于基因内。所以要判断这两个突变位点是属于同一功能基因还是属于不同的功能基因,需要进行基因的功能等位性测验——互补测验(complementation test),也称为顺反测验。所谓互补是指两个表型相同的突变型杂交所形成的反式结构表现为野生型。

具体地说,一对同源染色体上两个突变(a 和 b)发生在同一条染色体上,基因型为:ab/a^+b^+ 时,称为顺式构型;如果突变发生在两条染色体上,基因型为 a^+b/ab^+ 时,称为反式构型。比较顺式和反式构型个体的表型,可以判断两突变是否发生在一个基因座内。这就是互补测验。在互补测验中,两个突变型凡功能上发生互补(产生野生型),则它们由不同基因控制,相应的突变基因为非等位基因;凡是功能上不能互补(仍为突变型),两个突变型就是同一基因的不同突变(即一对等位基因所控制的)。

需要注意的是:互补作用发生在不同基因的产物之间,而重组发生在 DNA 分子之间,虽然都能导致野生型的出现,但本质上不同。为此,在互补测验中,必须排除重组的发生,措施之一是选用重组缺陷型 recA$^-$ 作为受体菌。另外由于互补可发生在每一杂基因子的细胞中,而重组的频率却很低,它只发生在少数杂基因子的细胞中,所以实验中的另一个措施是降低互补菌液的浓度以尽量避免重组。互补测验的基本要求:需在一个二倍体(或局部二倍体)的反式结构而且不发生重组的细胞内进行。

大肠杆菌具有乳糖发酵操纵子,受调节基因 LacI 所控制,由操纵子 O、启动子 P 和 3 个结构基因 LacZ、LacY、LacA 所组成。3 个结构基因编码在乳糖利用中所必需的酶。$lacZ^-$、$lacY^-$、$lacA^-$ 的表型效应都是 lac$^-$ 突变。

本次互补实验所选用的供、受体菌均为 lac⁻ 突变型，供体菌是 CSH14(F′-lacZ⁻)、CSH40(F′-lacY⁻)；受体菌是 FD1007(lacZ⁻)、FD1008(lacY⁻)。F′菌株是具有携带了一段细菌染色体的 F 因子的菌株。携带一段含有 lac 基因片段的 F 因子，就记作 F′lac。

本实验结果将验证基因间有互补而基因内无互补的现象，从而确定突变位点之间在功能上的相互关系。

三、实验材料

大肠杆菌的乳糖发酵突变型。

供体菌：$E.coil$ CSH14 F′ lacZ⁻ proA⁺B⁺/Δ(lac pro)thi supE

$E.coil$ CSH40 F′ lacY⁻ proA⁺B⁺/Δ(lac pro)thi

受体菌：$E.coil$ FD1007 lacZ⁻ trp thi strA^r recA

$E.coil$ FD1008 lacY⁻ thi strA^r recA

四、实验器具和药品

1. 用具：恒温水浴振荡器、离心机、接种环、酒精灯、三角瓶(50～150mL)、无菌培养皿(9cm)、试管(15mm×150mm)、各种规格的无菌移液管、量筒、烧杯、5mL离心管、吸管、玻璃涂菌器、称量瓶等。

2. 药品、培养基

1) LB 液体培养基(加乳糖)：酵母浸出液 5g，蛋白胨 10g，NaCl 10g，蒸馏水 100mL，pH 7.5，1kg/cm² 高压灭菌 15min。

2) 含乳糖、色氨酸和链霉素的基本培养基：10×A 缓冲液 100mL，20％乳糖 20mL，1mg/mL V_{B_1} 4mL，0.25mol/L MgSO₄·7H₂O 4mL，水适量；加 10mg/mL 色氨酸 4mL，50mg/mL 链霉素 4mL。以蒸馏水定容到 1000mL。糖、维生素以 0.6kg/cm² 灭菌 15min，其他以 1kg/cm² 灭菌 20min。抗生素在用前以无菌水配制。其中 10×A 缓冲液的配方：K₂HPO₄ 105g，(NH₄)₂SO₄ 10g，KH₂PO₄ 45g，Na₃C₆H₅O₇·2H₂O 5g，加蒸馏水到 1L，pH 7.0。

3) 乳糖-EMB(eosin methylene blue，伊红美蓝)培养基：乳糖 1g，蛋白胨 0.8g，NaCl 0.5g，K₂HPO₄ 0.2g，伊红 0.04g，美蓝 0.006 5g，琼脂 2g，蒸馏水 100mL，pH 7.2，0.6kg/cm² 高压灭菌 20min。

4) 1×A 缓冲液。

5) 0.85％生理盐水，甲苯，4mg/mL 邻硝基-β-D-半乳糖苷(O-nitrophenyl-β-D-galactoside，β-ONPG)。

五、实验过程

1. 第 1 天(傍晚)：将两种供体和两种受体菌分别接种于 5mL LB 液中，30℃

培养过夜(活化)。

2. 第2天(早上8:00):吸取经活化的两种供体、两种受体菌各1mL,分别加入5mL的新鲜LB液(扩菌)。3h后,按表18.1的4种组合各取供、受体菌液1mL混合,在37℃水浴振荡器中轻摇30min。然后,将各组合混合菌液以无菌生理盐水稀释到:10^{-4}、10^{-5};从10^{-4}、10^{-5}稀释菌液中各吸取0.1mL分别涂在2~4个含乳糖、色氨酸和链霉素的基本培养基平板上,同时将供、受体的4种菌也稀释到10^{-4},并各吸取0.1mL分别涂在2个含乳糖、色氨酸和链霉素的基本培养基平板上(对照)。完成操作后,将以上所有平板于37℃条件下培养48h。

表18.1　供体菌与受体菌混合

受体＼供体	CSH40	CSH14
FD10007		
FD1008		

3. 第3天:观察菌落生长情况,从实验组(4种组合)平板上任选2个较大的菌落,在乳糖EMB平板上划线分离培养。

4. 第5天:观察EMB平板上菌落生长情况。紫红色菌落中夹杂少量白色菌落表明基因间有互补;白色菌落表明基因内无互补。为进一步验证,可将紫红色菌落和白色菌落分别接种到含乳糖的LB液中,并在30℃条件下培养(过夜)。

5. 第7天:将菌液进行离心,再用$1×A$缓冲液洗涤2次,然后用$1×A$缓冲液悬浮菌体细胞。自各种菌液吸取1mL置于试管中,并加1滴甲苯(破坏细胞膜以使酶得以释放),立刻将混合液进行10s振荡,再在37℃恒温水浴摇床上轻摇孵育40min(让甲苯挥发)。随即,取$0.2mL\beta$-ONPG加入经甲苯处理过的菌液之中,在37℃恒温水浴摇床上再轻摇孵育5min,观察菌液的颜色改变情况。能够互补的菌落的表型是lac^+,可利用乳糖(有β-半乳糖苷酶的参与)。进行代谢β-半乳糖苷酶可被β-ONPG分解,产生黄色对硝基苯酚,因此根据菌液是否变黄可判断β-半乳糖苷酶的存在,作为确定供、受体互补情况的依据。

根据实验结果填写下列表格:

受体＼供体	CSH40		CSH14	
	互补情况	与β-ONPG 的颜色反应	互补情况	与β-ONPG 的颜色反应
FD1007				
FD1008				

六、预期结果

供、受体菌以4种组合杂交,F因子转导进入受体菌后,形成4种局部二倍体,其中 $F'lacZ^-/lacY^-$(CSH14×FD1008 的杂交结果)及 $F'lacY^-/lacZ^-$(CSH40×

FD1007 的杂交结果）两种细胞均可互补（产生能利用乳糖的野生型），在乳糖 EMB 平板上生长出紫红色菌落；F'lacZ$^-$/lacZ$^-$（CSH14×FD1007 的杂交结果）和 F'lacY$^-$/lacY$^-$（CSH40×FD1008 的杂交结果）两种细胞不能互补（仍表现突变性状），在同样的平板上生长出白色菌落。

根据实验结果，lacZ 和 lacY 是乳糖操纵子中 2 个不同的结构基因，而不同的 lacY$^-$ 突变型间、不同的 lacZ$^-$ 突变型间不能互补，表明它们都同属于一个结构基因。

注意事项

大肠杆菌乳糖操纵子结构基因间的互补实验，可能受到一些因素的影响，应该加以充分的考虑。

（1）lacZ$^-$ 突变型可能发生的极性突变，会引起 lacY$^+$ 基因产物的减少，致使 lacZ$^-$ 和 lacY$^-$ 间不能显示互补结果。

（2）调节基因 lacI 超阻遏突变为 lacI^s，会造成虽有乳糖诱导物却不能产生 lacZ lacY 活性基因的现象，表型与 lacZ$^-$ lacY$^-$ 双突变型相同，所以这类突变型与 lacY$^-$ 或 lacZ$^-$ 都不能显示互补现象。

（3）如果不同 lacZ 缺陷型的蛋白质亚基间相互接合产生了有活性的蛋白质分子，也可能出现极个别的基因内互补。

不过，这些干扰因素并不动摇大肠杆菌乳糖发酵突变型互补测验作为微生物遗传学经典实验的地位，大家应认真学习掌握。

想一想，试一试

1. 请将互补实验的工作流程画在实验报告纸上，并设计实验进行不同突变位点基因功能的研究。
2. 进行互补测验的基本条件是什么？如何满足这些基本条件？

实验报告

1. 能互补的菌落在 EMB 平板上划线，为何出现分离？
2. 本实验中哪两个菌能够互补，哪两个菌不能互补，判断依据是什么？

研究实例

1. 霍乱弧菌与大肠杆菌 recA 基因的功能互补性分析（徐菁和张达琳，2002，中华微生物学和免疫学杂志）

细菌 RecA 蛋白具有蛋白水解酶活性，其作用除参与 DNA 重组之外，还参与 DNA 修复、突变和细胞分裂，是一种多功能蛋白。在许多革兰阳性和阴性细菌中存在功能相似的 RecA 样蛋白。曾发现 RecA 对霍乱毒素基因在霍乱弧菌染色体上的拷贝扩增起作用，使菌株的毒力增强。另外，霍乱弧菌 recA 突变株在研制遗传稳定和安全的活疫苗中可能具有实际意义。本研究证实，霍乱弧菌 recA 基因产物能互补 E. coli-1109 recA 突变株的功能，尽管它们的碱基序列不同。来自 7 个属的胃肠道中常见革兰阴性致病菌的 RecA 蛋白质氨基酸序列比较,表明霍乱弧菌与气单胞菌属的杀鲑气单胞菌 RecA 序列最相似。我们克隆的 *recA* 基因,将在构建霍乱弧菌 recA 突变株用于疫苗发展的论证以及用于其他遗传学研究策略中进一步应用。

2. 大肠杆菌 poly(A)化 mRNA cDNA 文库的构建与鉴定(胡子有和郑文岭,2002,第一军医大学学报)

应用限制性显示 PCR 技术构建大肠杆菌 poly(A)化 mRNA 的 cDNA 文库,筛选,收集 cDNA 片段,并进行测序。根据测序结果进行初步的生物信息学分析和结果验证。结果:构建了大肠杆菌 poly(A)化 mRNA 的限制性 cDNA 文库,并对其中 66 个基因片段进行了分析,证明所构建的大肠杆菌 poly(A)化 mRNA 的 cDNA 文库片段重复性低,质量高。

实验十九　大肠杆菌杂交分析试验

实验目的

1. 分析细菌染色体上的基因分布特征,理解细菌基因定位和遗传分析的特点。
2. 掌握细菌杂交和基因定位的基本方法。
3. 理解掌握低频重组和高频重组的机理。

(一)大肠杆菌低频重组和高频重组实验分析

一、实验原理

细菌的基因重组是不同基因型的细菌细胞经过接触、接合以后,随之发生交换和杂种细菌分离的过程。杂交实验发现,有些菌株经混合培养能得到重组子,有些不能。这一现象产生的原因是大肠杆菌中有不同的"性",与致育因子(F)有关。这样,大肠杆菌可分为2类,F^+(有 F 因子)和 F^-(没有 F 因子)。F 因子是一个小的环状 DNA 分子(相对分子质量约为 4.5×10^6 Da)。F^+ 细胞表面有性菌毛(长约 $1 \sim 20 \mu m$)。性菌毛和细菌的接合有关(图 19.1),它的上面还有雄性专一噬菌体(MS_2、$k17$、f_2、$Q\beta$ 等)的吸附位点。F 因子在细胞中能以游离和整合(到寄主染色体的一定位置上)2 种状态存在,分别形成 F^+ 菌株和 Hfr 菌株。

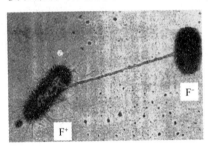

图 19.1　性菌毛和细菌的
接合有关(贺竹梅,2002)

在 F^+ 与 F^- 菌株之间的杂交,细胞间暂时沟通形成局部合子,提供部分染色体或少数基因的 F^+ 菌为供体菌,提供整个染色体的 F^- 菌为受体菌。当然,F^+ 和 Hfr 都可以做供体,而 F^- 则不能。本实验将完成 $F^+ \times F^-$ 和 Hfr$\times F^-$ 两种杂交实验,采用的是直接混合培养和液体培养方法。其中简单的直接混合培养法适用于确定 2 个菌株能否杂交及其重组频率的高低,而液体培养法则适用于细菌的基因定位。

二、实验材料

大肠杆菌 K12 菌株:K12 Pro(λ)F^+、W1485 His Ile F^+、W1177 Thr Leu Thi Xyl Gal Ara Mtl Mal Lac str^r(λ)F^-、HfrC Met Trp。

符号说明:Pro,脯氨酸;(λ),原噬菌体整合在细菌染色体上;His,组氨酸;Ile,异亮氨酸;Thr,苏氨酸;Leu,亮氨酸;Thi,维生素 B_1;Xyl,木糖;Gal,半乳糖;Ara,

阿拉伯糖;Mtl,甘露醇;Mal,麦芽糖;Lac,乳糖;str^r,链霉素抗性;Met,甲硫氨酸;
Trp,色氨酸。

三、实验器具和药品

1. 用具:灭菌培养皿(9cm)、灭菌离心管、灭菌空试管、灭菌吸管(1、5、10mL)、
灭菌三角瓶(150mL)。

2. 培养基

(1) 基本培养基50×Vogel:MgSO$_4$·7H$_2$O 10g,柠檬酸100g,NaNH$_4$HPO$_4$·
4H$_2$O 175g,K$_2$HPO$_4$ 500g(K$_2$HPO$_4$·3H$_2$O 644g),以蒸馏水溶解并定容到
1000mL(在4℃保存备用)。

(2) 固体基本培养基:50×Vogel 2mL,葡萄糖2g,琼脂2g(1.5~2g,根据琼脂
质量而定),蒸馏水98mL,pH 7.0,0.6kg/cm² 高压灭菌30min。

(3) 半固体培养基:琼脂0.7~1g,蒸馏水100mL,pH 7.0,1kg/cm² 高压灭菌
15min。

(4) 液体完全培养基(肉汤培养基):牛肉膏0.5g,蛋白胨1g,NaCl 0.5g,蒸馏
水100mL,pH 7.2,1kg/cm² 高压灭菌15min。

四、实验步骤

1. 制备菌液

在实验开始前的14~16h,要事先把冰箱保存的斜面菌种拿出来备用。实验
时,先挑取少量细菌放到盛有5mL 完全培养液的锥形烧瓶中;每株1瓶,共4 瓶,
在37℃条件下培养(过夜)。培养完毕,在W1177 一瓶菌液中加5mL 新鲜的完全
培养液,充分摇匀后等量分成2瓶;其余3瓶菌液分别用灭菌的5mL 吸管,各取出
2.5mL,各加入2.5mL 新鲜的完全培养液,摇动,使充分均匀。各菌于37℃恒温
继续培养(3~5h)。

取出温箱培养的锥形烧瓶培养物,分别倒入离心管中(菌株W1177 倒2支管,
其余各倒1支),在3500r/min 下离心10min 得到沉淀。弃去上清液后将沉淀打
匀,用无菌水离心洗涤3次后,再补加无菌水到原来的体积。

2. 混合培养(杂交)

备12支灭菌试管,每支放入3mL 经融化的半固体培养基,保温在45℃(为防
止凝固,气温低时可适当降低半固体中的琼脂量)。12支试管分成3个杂交组合
(W1177×K12Pro,W1177×W1485 和W1177×HfrC),每个组合的4支试管中2
支作对照,另2支用于混合菌液。

杂交试验时,向对照组试管中各放进F$^+$或Hfr供体菌菌液1mL,其余按杂交

组合各分别放进供体和受体菌菌液 0.5mL,混和均匀。将各试管中含菌的半固体培养基倒在有 Vogel 底层培养基的平板上,摇动均匀。待凝固后,放在 37℃温箱培养(48h)。

(二) 非中断杂交试验对大肠杆菌的转移梯度基因定位

一、实验原理

J. Lederberg 和 E. L. Tatum(1964)发现了不同品系的大肠杆菌之间的杂交现象;W. Hayes(1968)进一步研究发现大肠杆菌有性别分化。这些研究成就奠定了细菌遗传分析和基因定位的基础。正如前一个实验所展示的,在大肠杆菌的杂交过程中,遗传物质的交换是有方向的,其中一种细菌是遗传物质的受体,另一种是供体,分别相当于雌体和雄体。这种性分化是由于致育因子(sex or fertility factor,F 因子)存在与否的缘故。

大肠杆菌的染色体是环状的,由于 Hfr 菌株中 F 因子整合在染色体上的位置不同,可以产生不同种类的 Hfr 菌株(图 19.2)。在 Hfr×F⁻菌株杂交中,Hfr 菌株的染色体从 F 因子的原点(ori-T)断裂,这样 F 因子的原点就作为细菌染色体向 F⁻菌株转移的起始点。F 因子在转移中起着载体作用,它本身的一些主要基因(tra 基因群,它们控制转移和性伞毛的形成)连接在大肠杆菌染色体的末端。全部大肠杆菌染色体进入 F⁻需要大约 100min。由于转移过程常发生随机中断,完整染色体进入 F⁻细菌的机会很少,所以 Hfr 一般不会使受体 F⁻变成 Hfr 或 F⁺。

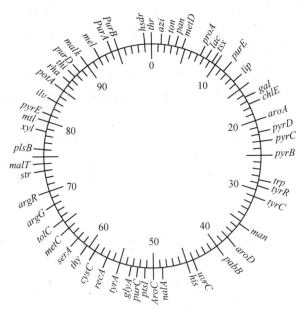

图 19.2 大肠杆菌染色体简图

这种杂交过程中 Hfr 染色体基因的梯度转移(图 19.3),为细菌染色体上基因的顺序和位置的测定提供了可能,因为距离原点近的基因有更多机会出现在 F⁻ 细菌中(重组频率也高),距离原点远的基因进入 F⁻ 的机会少(重组频率也低)。根据基因的梯度转移性质,如果以一定的时间间隔相继中断杂交,就可以实现细菌基因的中断杂交(interrupted mating)定位(图 19.4);如果在某个合适的时间点终止杂交,就可以实现细菌基因的非中断杂交(non-interrupted mating)定位。

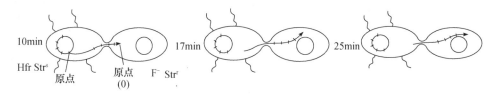

图 19.3   Hfr×F⁻ 菌株杂交过程中 Hfr 染色体基因的梯度转移

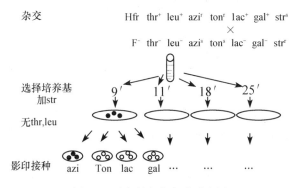

图 19.4   中断杂交实验示意图

本实验进行的是非中断杂交实验。选用的 Hfr 品系是 CSH60 str^s,F⁻ 为多重生化缺陷型 CSH57 str^r。通过杂交,可产生接受了 Hfr 不同长度染色体并与 F⁻ 发生重组的各种重组子。为了能选择出全部的重组子,实验中确定距原点最近、首先进入 F⁻ 的 *met* 和 *leu* 两个基因为选择性标记,这两个基因的重组频率为 100%;在这些重组子中再利用各种不同的选择性培养基逐个选择依次进入的其他基因(非选择标记)。为在技术上有效地排除供体,选用链霉素抗性基因作为反选择性标记基因,在转移染色体的后端。受体菌的排除通过培养基中甲硫氨酸和亮氨酸的缺乏。加链霉素并补加各种营养成分,而不加甲硫氨酸和亮氨酸,就可以排除供、受体,选择全部重组子。在获得全部重组子之后,再在各种不同的选择性培养基中选择出各种重组子,求重组频率,确定连锁关系。

为了既保证 Hfr 供体菌的足够量,又使每一供体细胞有同等机会与受体接合,通常 Hfr 与 F⁻ 细胞数之比为 1∶10～1∶20。本实验采用单菌落点种法(另一种是影印法)实现重组子的检出。实验将根据基因的转移梯度对控制色氨酸

(Trp)、组氨酸(His)、腺嘌呤(ade or pur)、精氨酸(Arg)、乳糖(lac)及半乳糖(gal)代谢的6个基因进行定位,定位指标是重组的百分率。虽然这种基因定位方法和中断杂交一样,在测定两个紧密连锁基因的位置时精度较差(需采用传统重组作图方法弥补),但仍然不失为细菌基因定位的有效手段。

二、实验材料

受体菌:*E. coli* CSH57 F⁻ Leu purE Trp His MetA Ile Arg thi ara lacY xyl gal T$_6^r$ str^r rif^r

供体菌:*E. coli* CSH60 Hfr sup str^s

三、实验器具和药品

1. 用具:恒温水浴摇床、天平、三角烧瓶(50~150mL)、烧杯(各种规格)、培养皿(9cm)、移液管(各种大小)、量筒(各种规格)、试管(15mm×150mm)、滴管、玻璃涂棒、玻璃棒、接种环、酒精灯、牙签、pH试纸等(移液管、培养皿需干热灭菌)。

2. 培养基和试剂

(1) LB液:酵母浸出液5g,蛋白胨10g,NaCl 10g,蒸馏水100mL,pH 7.5,1kg/cm² 高压灭菌15min。

(2) LB固体培养基:含琼脂2%的LB液,1kg/cm² 高压灭菌15min。

(3) 无菌生理盐水:0.9%NaCl。

(4) 10×A缓冲溶液:K$_2$HPO$_4$ 105g,(NH$_4$)$_2$SO$_4$ 10g,KH$_2$PO$_4$ 45g,Na$_3$C$_6$H$_5$O$_7$·2H$_2$O 5g,加蒸馏水到1000mL,pH 7.0。

(5) 选择性固体培养基(A)(见表19.1)。

表19.1 配制各种选择性培养基的基本溶液

试剂名称	溶液规格	配制量/mL	试剂称重
葡萄糖	20%	20	4g
乳糖	20%	5	1g
半乳糖	20%	5	1g
MgSO$_4$	0.25mol/L	5	308mg
硫胺素	1mg/mL	5	5mg
精氨酸	10mg/mL	5	50mg
色氨酸	10mg/mL	5	50mg
组氨酸	10mg/mL	5	50mg
腺嘌呤	10mg/mL	5	50mg
链霉素	50mg/mL	5	250mg

注:色氨酸需在50~60℃温度水浴中溶解。腺嘌呤不溶于水,需先用1mol/L盐酸调匀,再加一定量的水溶解。链霉素受热易分解,不能加入培养基中一起灭菌,而应在倒平板前用无菌水现行配制。

(6) 6种选择性固体培养基(B～G)(见表19.2)。

表 19.2　各种选择性培养基的配制

| 添加物质 | | A | B | C | D | E | F | G |
名称	数量							
碳源	2mL	←————————葡萄糖————————→					乳糖	兰乳糖
10×A	10mL	+	+	+	+	+	+	+
琼脂粉	2g	+	+	+	+	+	+	+
水	88mL	+	+	+	+	+	+	+
MgSO₄	0.4mL	+	+	+	+	+	+	+
硫胺素	0.4mL	+				+	+	+
精氨酸	0.4mL	+	—	+	+	+	+	+
腺嘌呤	0.4mL	+	+	—	+	+	+	+
色氨酸	0.4mL	+	+	+	—	+	+	+
组氨酸	0.4mL	+	+	+	+	—	+	+
链霉素	0.4mL	+	+	+	+	+	+	+

四、实验过程

流程见表 19.3 和图 19.5。

表 19.3　实验流程

时间		程序	工作内容
第1天	8：00	菌种活化	① 取冰箱中保存的供、受体菌,分别接种到斜面培养基,在37℃条件下培养24h(活化); ② 倒平板培养基A(简称A平板)
第2天	6：00	供、受体接种培养	从已活化的供体和受体中分别取一环菌,接种于2个盛有5mL的LB液三角瓶中,在37℃条件下培养10～12h
	16：00	菌株扩大培养	各取1mL供体和受体菌液,分别放入2个盛有5mL LB液的三角瓶中,在37℃条件下培养2～3h
	18：30	细菌接合	移取0.2mL供体菌液和4mL受体菌液混合于三角瓶中,在37℃、120r/min频率振荡培养100min
	20：10	母平板制备	① 把经过接合的混合菌液作10倍递减稀释至10⁻¹、10⁻²,然后吸取接合的原液及10⁻¹、10⁻²菌液各0.1mL,分别在选择性培养基A平板上涂布(每种处理涂3个平板);另外各吸取供体、受体菌液0.1mL,分别涂1～2个A平板作为对照; ② 将所有A平板置于37℃恒温箱内培养24～48h; ③ 制备选择性培养基(B～G)平板各2个,皿底贴以编号1～100的方格纸(见图19.6)
第3天		阵列式点种	待母平板长出一些分散的菌落后,用100支灭菌牙签挑取100个菌落,在B～G各平板上编号相同小格的培养基上点种,所有平板放在37℃条件下培养24～48h
第5天		结果观察和记录	① 待平板中长出菌落后,按表19.4格式分别统计各选择性培养基平板上的菌落数; ② 数据处理和作图; ③ 计算不同基因的重组频率,绘制它们的染色体图

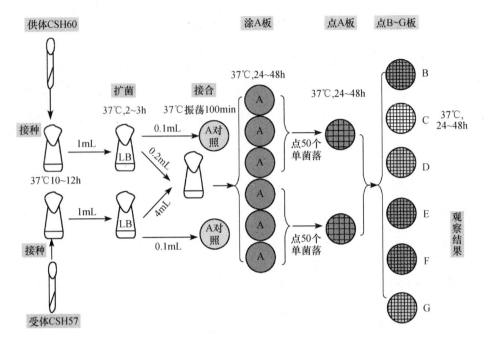

图 19.5 非中断杂交实验过程

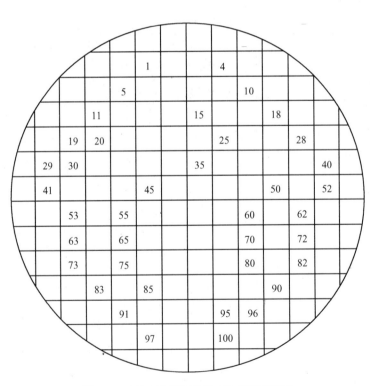

图 19.6 平皿底部粘贴的 100 格圆形纸片

$$重组频率(\%) = \frac{每种选择性培养基上的菌落数(重组子数)}{点种的总菌落数} \times 100\%$$

表 19.4　实验结果数据统计表

选择培养基 序号	B		C		D		E		F		G		合　计
	1	2	1	2	1	2	1	2	1	2	1	2	
1													
2													
3													
4													
⋮													
100													
合计													
百分数													

注意事项

1. 实验注意严格无菌操作。
2. 注意设计好对照系,以正确解释实验现象。
3. 注意 Hfr 与 F⁻ 细胞数的投放比例,其比例通常为 $1:10 \sim 1:20$。

想一想,试一试

1. 哪些因素会影响杂交过程?
2. 比较中断杂交与非中断杂交的异同点,哪一种方法更便于基因定位?

实验报告

(一)大肠杆菌低频重组和高频重组实验分析部分

1. 进行预习,绘制出本实验的实验流程图,并注明实验中应该注意的事项。
2. 根据实验结果,填写下列表格。

组合 皿号	重组子数			对　照		
	W1177×K12Pro	W1177×W1485	W1177×HfrC	W1485	HfrC	K12Pro
I						
Ⅱ						

3. 哪种杂交组合获得的重组率高,为什么? 在实践中有何用途?

(二)非中断杂交试验对大肠杆菌的转移梯度基因定位部分

1. 简述大肠杆菌转移梯度的基因定位方法的原理,比较中断杂交与非中断杂交两种重组作图的方法。
2. 请分析 A 培养基和 B~G 培养基在实验中的作用。

3. 根据实验结果,将表 19.4 在实验报告纸上完成。计算不同基因的重组频率,在实验报告纸上绘制染色体图。

研究实例

萘啶酮酸中断杂交基因定位(高东和王金盛,1989,微生物学通报)

　　大肠杆菌中断杂交基因定位是微生物遗传实验教学中必做的基础实验之一。目前均采用冷泉港实验室 Miller 提出的机械中断法。此法需用 Low 和 Wood 设计的 Vortex 中断装置,但此装置较为复杂,国内尚无生产。为了使同学掌握本实验的工作原理,我们探索了化学中断法,利用萘啶酮酸对 *E. coli* 染色体转移有一定抑制作用,以此代替中断机应用于中断杂交。我们在对萘啶酮酸中断杂交的最适浓度,中断方法和中断效果做了初步实验的基础上,提出了适用于微生物遗传教学的简便易行的萘啶酮酸(nalidixic acid)中断杂交基因定位方法。

实验二十 大肠杆菌 P1 噬菌体普遍性转导及基因定位

一、实验目的

1. 理解普遍性转导的原理。
2. 掌握普遍性转导的实验操作和利用其进行基因定位的方法。

二、实验原理

转导是噬菌体将供体细胞的部分遗传物质转移给受体细胞,并引起受体细胞遗传性状改变的过程。Zinder 和 Lederberg(1952)在研究鼠伤寒沙门氏菌的遗传重组时,发现了转导现象。噬菌体仅能转导供体染色体上原噬菌体整合位置附近基因的转导,称局限性转导;噬菌体能转导供体细胞的任何基因的转导,称普遍性转导。如果噬菌体转导的供体细胞基因未整合到受体细胞染色体上,就造成流产转导。

许多温和噬菌体都可作为普遍性转导的转导噬菌体,其中沙门氏菌噬菌体 P22 和大肠杆菌噬菌体 P1 研究得最多。本实验使用以 P1 噬菌体为媒介的转导。P1 噬菌体以原噬菌体的形式存在于寄主细菌中,这种细菌称为溶原菌。经过诱导,溶源菌的染色体可以发生随机的断裂,使得大量噬菌体得以繁殖时,偶尔将宿主细胞染色体片段包装进噬菌体外壳,形成 P1 转导噬菌体。转导噬菌体仍可以正常感染细菌,并在感染中将供体染色体片段注入受体细胞,形成部分二倍体,最后形成转导子。由于 P1 噬菌体 DNA 的相对分子质量为 5.8×10^7(相当于大肠杆菌染色体的 2%),而大肠杆菌染色体的全长是 100min,因此 P1 噬菌体能包装的供体染色体片段最长不会超过 2min。各种大小染色体片段上的基因均可能同时被转导(共转导),但越是紧密连锁的基因越容易同时被转导。

共转导频率的公式是:$F = (1 - d/L)^3$,其中 L 为转导片段的最大长度(2min),d 为两基因间的距离。例如,两基因的距离 d 为 0.26min($\approx$10kb),则共转导频率 F 为 66%。因此,利用共转导可以对紧密连锁的基因进行定位,甚至进行基因精细结构的分析。

本实验通过溶源菌裂解产生的 P1 噬菌体感染供体菌,再以产生的转导噬菌体感染受体菌,从选择性培养基上选出 lac^+ 转导子菌落和 trp^+ 转导子菌落,并测定 lac^+ 和 T_6^r 基因(噬菌体 T_6 的抗性基因)的共转导频率和距离。

三、实验材料

供体菌 *E. coli* FD1009 Hfr *Sup* T_6^r,受体菌 *E. coli* CSH1 F⁻ *trp lacZ strA thi*,噬菌体 P1 Tn9 Clr100 的溶原菌;噬菌体 T_6 裂解液(效价约为 10^{10}/mL)。

说明:Tn9 为从 R 因子转座过来的转座子,携带氯霉素抗性基因;Clr100 为温度敏感、清晰噬菌斑突变型。溶原菌在 30℃可保持溶原化,42℃形成清晰噬菌斑。

四、实验器具和药品

1. 用具:离心机、培养皿(9cm)、试管、三角瓶、吸管、酒精灯、接种环、无菌牙签等。

2. 药品和培养基

(1) LB 液体培养基:酵母浸出液 5g,蛋白胨 10g,NaCl 10g,蒸馏水 100mL,pH 7.5,1kg/cm² 高压灭菌 15min。

(2) LB 固体培养基:LB 液体培养基+2% 琼脂,1kg/cm² 高压灭菌 15min。

(3) LB 半固体培养基:LB 液体培养基+0.8% 琼脂,1kg/cm² 高压灭菌 15min。

(4) 乳糖、色氨酸基本培养基:10×A 缓冲液 100mL,20% 乳糖 20mL,1mg/mL V_{B_1} 4mL,0.25mol/L $MgSO_4 \cdot 7H_2O$ 4mL,水适量,加 10mg/mL 色氨酸 4mL。加蒸馏水到 1L,pH 7.0。糖以 0.6kg/cm² 灭菌 15min,其他以 1kg/cm² 灭菌 20min。其中 10×A 缓冲液的配方:K_2HPO_4 105g,$(NH_4)_2SO_4$ 10g,KH_2PO_4 45g,$Na_3C_6H_5O_7 \cdot 2H_2O$ 5g。

(5) 葡萄糖基本培养基:10×A 缓冲液 100mL,20% 葡萄糖 20mL,1mg/mL V_{B_1} 4mL,0.25mol/L $MgSO_4 \cdot 7H_2O$ 4mL,加蒸馏水到 1L,pH 7.0。糖以 0.6kg/cm² 灭菌 15min,其他以 1kg/cm² 灭菌 20min。

(6) 葡萄糖、色氨酸基本培养基:10×A 缓冲液 100mL,20% 葡萄糖 20mL,1mg/mL V_{B_1} 4mL,0.25mol/L $MgSO_4 \cdot 7H_2O$ 4mL,水适量,加 10mg/mL 色氨酸 4mL。加蒸馏水到 1L,pH 7.0。糖以 0.6kg/cm² 灭菌 15min,其他以 1kg/cm² 灭菌 20min。

(7) 无菌生理盐水。

五、实验过程

1. 溶原菌的诱导

(1) 取一环噬菌体 P1 Tn9 Clr100 的溶原菌,接种于 5mL LB 液中,在 30℃条件下培养过夜(活化)。取经过活化的菌液 0.2mL,放入 20mL 的 LB 液中,在 30℃条件下振荡培养(2~2.5h 左右)。待细菌生长达到对数生长早期,转到 42℃条件下保温 20min(不断摇动)。时间到达后,立即将菌液于 37℃条件下振荡培养(1~2h 左右)。将振荡培养后的菌液移入 2 个无菌离心管中(盖上无菌橡皮塞)。

(2) 在上述 2 管菌液中各加 0.1mL 氯仿,剧烈振荡 20s,在 4000r/min 转速下离心 10min,留取上清液。用氯仿重复处理一次,离心后的上清液即为 P1 Tn9

Clr100 噬菌体原裂解液（噬菌体效价约为 10^7/mL）。

2. 噬菌体裂解液的制备

（1）第 1 天，向 5mL LB 液中接入一环供体菌 FD1009，在 30℃ 温度下培养（过夜）。

（2）第 2 天，加 1mL 菌液入 5mL LB 液中，于 37℃ 条件下培养 2～3h。分别向 3 只无菌试管中加入 0.2mL 供体菌和 0.1mL P1 Tn9 Clr100 噬菌体原裂解液，在 37℃ 条件下保温培养 20min 后，再分别加入 3mL 经过溶化并保温于 48℃ 的 LB 半固体培养基，立即搅匀，然后分别倒在 3 个 LB 固体培养基平板上。另取 0.1mL 无菌水和 0.2mL 供体菌，混合后进行同样处理以作为对照。将 4 个平板放在 37℃ 温箱中培养过夜。

（3）第 3 天，平板上层的半固体培养基中噬菌体已大量增殖。用玻璃涂棒将半固体培养基刮入无菌三角瓶中，加 10mL LB 液和 0.1mL 氯仿，混和均匀；在无菌条件下转入 2 只无菌离心管中（加上无菌橡皮塞），剧烈振荡 20s，以 4000r/min 转速离心 10min。留取上清，用氯仿重复处理一次，离心后再取上清至无菌试管中。这种上清中即包括噬菌体 P1 Tn9 Clr100 裂解液颗粒和少量 P1 转导噬菌体颗粒（包装了供体染色体片段）。

3. 噬菌体裂解液效价的测定

在转导实验时，噬菌体与细菌之比（m.o.i，multiplicity of infection）需要小于 1，所以要测定噬菌体浓度。

（1）接一环供体菌 FD1009 到 5mL LB 液中，在 30℃ 过夜培养，第 2 天再取出 1mL 加入 5mL LB 液中，在 37℃ 恒定温度条件下培养 2～3h。分别取 4.5mL 的 LB 液，装入 9 只无菌试管中，取 P1 噬菌体裂解液 0.5mL，在 9 只试管中依次稀释至 10^{-9}。从 10^{-5}～10^{-9} 的 P1 噬菌体稀释液中，各吸取 0.1mL 加入 5 只无菌试管中。

（2）取经活化的供体菌 FD1009 0.2mL，分别加入 10^{-5}～10^{-9} 的噬菌体稀释液中混和均匀，在 37℃ 条件下保温培养 15min。

（3）各从噬菌体与供体菌的混合液中吸取 0.2mL 加到 3mL 已熔化并保温于 48℃ 的 LB 半固体培养基中，搅匀，倒在 LB 固体培养基平板上；取 0.1mL LB 液和 0.2mL 供体菌 FD1009 混合，在 37℃ 条件下保温 15min 后，加进 3mL 已熔化并保温于 48℃ 的 LB 半固体培养基中，搅匀，倒到 LB 固体平板上作为对照。所有平板置于 37℃ 恒温条件下过夜培养。

（4）选取噬菌斑最清楚的平板进行噬菌斑计数。统计结果填入表 20.1 中，按公式（效价＝每皿噬菌斑数×10×裂解液稀释倍数）计算出裂解液中 P1 Tn9 Clr100 噬菌体的效价（噬菌体数/每毫升裂解液）。

表 20.1　噬菌体裂解液效价测定

裂解液稀释倍数	每皿噬菌斑数(个/0.1mL)	效价(噬菌斑数/mL 裂解液)

4. 转导分析及基因定位

(1) 第 1 天,取一环受体菌 CSH1 菌,接种于 5mL LB 液中,于 30℃条件下培养(过夜);第 2 天,取 2mL 受体菌加入 10mL LB 液(含终浓度 0.005mmol/L 的 $CaCl_2$),在 37℃条件下培养 2～3h,细胞浓度约达到 $1×10^8$ 个/mL。

(2) 取出 0.5mL 噬菌体裂解液加入 4.5mL LB 液中,并依次稀释至 10^{-3}。从原液和各浓度稀释液中各吸取 2mL 至无菌离心管中,并在每管中再加入 2mL 受体菌。另取 2mL 受体菌加入 2mL LB 液,再取 2mL 裂解液原液加 2mL LB 液至无菌试管中,作为对照。将 6 只管置于 37℃条件下保温 20min,在 4000r/min 转速下离心 10min。

(3) 将转导组的上清液弃去,并打匀沉淀,加入无菌生理盐水 0.5mL,混合均匀。吸取 0.1mL 菌液涂于乳糖—色氨酸的基本培养基(3 皿)和葡萄糖基本培养基(1 皿)平板上。两种对照管离心后也弃掉上清,加无菌生理盐水 1mL 混匀,然后各吸取 0.1mL 在乳糖—色氨酸基本培养基和葡萄糖基本培养基平板上各涂 1个培养皿。所有平板都在 37℃条件下恒温培养(48～72h)。

(4) 转导子的观察统计:统计乳糖、色氨酸基本培养基平板上 lac^+ 转导子的数量和葡萄糖基本培养基平板上 trp^+ 转导子的数量,并将所有观察数据填入表20.2。

表 20.2　转导结果分析

培养基	转导基因	裂解液稀释倍数	每皿转导子菌落数(个/0.1mL)		
			1	2	3
葡萄糖培养基	trp^+				
乳糖、色氨酸培养基	lac^+				

(5) 用 4.5mL 无菌生理盐水将 0.5mL 的来自受体菌对照管中的液体依次稀释至 10^{-6};从 10^{-5} 和 10^{-6} 稀释菌液中各吸取 0.1mL,分别涂在葡萄糖—色氨酸培

养基平板上(各2个平板),在37℃条件下培养24h。统计平板上生长的菌落数目,结果填入表20.3。分别根据实验结果,求出色氨酸基因和乳糖发酵基因的转导频率(计算不同稀释倍数的裂解液的转导频率)。

$$转导频率(\%) = \frac{转导子数目}{噬菌体裂解液效价} \times 100\%$$

表 20.3　受体菌统计数据

培养基	稀释倍数	每皿菌落数(个/0.1mL)		细菌的浓度(个/mL 菌液)
		1	2	
葡萄糖、色氨酸培养基	10^{-5}			
葡萄糖、色氨酸培养基	10^{-6}			

(6) 共转导基因的定位分析:准备两个LB固体平板,分别涂以 0.1mL T_6^r 噬菌体裂解液。裂解液被吸收后,用灭菌牙签在乳糖、色氨酸培养基上挑取200个单菌落,分别点种在这两个平板上(每皿100个),并在37℃条件下培养24h。统计平板上生长出的菌落(lac^+ T_6^r 共转导菌落)数目,填入表20.4。求共转频率,并根据公式 $F = (1 - d/L)^3$ 计算 lac^+ 基因和 T_6^r 基因的遗传距离。

$$lac^+ 基因与 T_6^r 基因的图距(以 \min 计算) = 2 - 2 \times \sqrt[3]{\frac{lac^+ 与 T_6^r 共转导菌落数}{点种的 lac^+ 转导子菌落数}}$$

表 20.4　共转导频率的测定结果

培养基	lac^+、T_6^r 共转导菌落		共转导频率
	1	2	
LB 固体＋噬菌体 T_6			

注意事项

1. 注意各培养基灭菌条件和时间有所差异,要准确掌握。

2. 实验前菌种要活化。

3. 注意效价的确定,此为必做的过程。

想一想,试一试

1. 共转导基因定位的原理是什么?

2. 进行该实验时如何选择转导噬菌体?

实验报告

1. 总结本次普遍性转导及基因定位的基本原理、步骤和结果,整理到实验报告纸上。

2. 共转导基因作图方法为何优于中断杂交和非中断杂交基因作图的方法?

研究实例

五株大豆根瘤菌噬菌体的普遍性转导（徐恒和岑英华，1993，遗传）

本文研究了 5 种烈性大豆根瘤菌噬菌体在大豆根瘤菌菌株间的普遍性转导，噬菌体 psc 和 psx 能在慢生大豆根瘤菌 USDA110 菌株间转导营养缺陷型标记和卡那霉素抗性标记。快生大豆根瘤菌 MD 菌株间可通过噬菌体 pfm 转导营养缺陷标记和卡那霉索抗性标记。噬菌体 pfc 和 pfx 可在快生豇豆根瘤菌 ANU240 及其变种 ANU265 间转导抗性基因和定位于共生质粒 （sym 质粒）上的结瘤基因（*common nod*）。所有转导频率均在 $10^{-7} \sim 10^{-6}$ 之间。结果显示用紫外线处理噬菌体裂解液可以相应提高转导频率。

实验二十一　大肠杆菌λ噬菌体局限性转导分析

一、实验目的

1. 理解局限性转导的原理及其与普遍性转导的区别。
2. 掌握局限性转导分析的实验操作。

二、实验原理

转导是噬菌体将供体细胞的部分遗传物质转移给受体细胞,并引起受体细胞遗传性状改变的过程。Zinder 和 Lederberg(1952)在研究鼠伤寒沙门氏菌的遗传重组时,发现了转导现象。噬菌体仅能转导供体染色体上原噬菌体整合位置附近基因的转导,称局限性转导;噬菌体能转导供体细胞的任何基因的转导称普遍性转导。

当以紫外线诱导溶原性野生型大肠杆菌 $K_{12}(\lambda)$ 产生的λ噬菌体去侵染非溶原性的大肠杆菌 K_{12} 的各种突变体时,在 10^6 被感染的 gal^- 受体菌中,出现了一个 gal^+ 野生型,表明λ噬菌体具有转移基因的能力。研究发现,这种转导仅限于大肠杆菌染色体上λ噬菌体附着座位(attλ)两端的 gal 基因和 bio 基因。溶原菌受到诱导时,一定数目的λ噬菌体因不规则交换,携带了邻近的 gal 基因,形成缺陷型半乳糖转导噬菌体(λdefective galactose,λdg)。这种缺陷型转导噬菌体感染受体菌大肠杆菌 $K_{12}gal^-$ 时,可将少部分 λdg 整合到受体染色体上,形成 λdg gal^+/gal^- 稳定转导子;其余大部分形成 $gal^-/gal^+(\lambda)$ 局部二倍体(不稳定的杂基因子)。

由于转导频率只有 10^{-6} 的数量级,所以,用 λdg 转导噬菌体进行的转导属于低频转导。如果用诱导双重溶原化(细菌染色体上同时整合 λdg 和正常 λ)细菌而得到的λ噬菌体进行转导,则转导频率就会大大提高,成为高频转导。

三、实验材料

供体菌:$E.\ coli$ $K_{12}(\lambda)$;
受体菌:$E.\ coli$ $K_{12}S$ gal^-(大肠杆菌染色体上半乳糖基因缺陷)。

四、实验器具和药品

1. 用具:紫外灯(15~30W)、离心机、水浴锅、多用振荡器、磁力搅拌器等;培养皿(9cm 及 6cm)、试管、三角瓶(100mL 及 250mL)、移液管(0.5mL,1mL)、带盖离心管(5mL)、玻璃涂布器等。其中离心管、培养皿、试管、移液管均需干热灭菌。

2. 试剂和培养基

(1) LB 液体培养基:酵母浸出液 5g,蛋白胨 10g,NaCl 10g,蒸馏水 100mL,

pH 7.5,1kg/cm² 高压灭菌 15min。

（2）加倍 LB 液体培养基（2E）。

（3）LB 固体培养基：LB 液体培养基＋2％琼脂,1kg/cm² 高压灭菌 15min。

（4）0.8％～1.0％半固体琼脂：LB 液体培养基＋0.8％～1％琼脂,1kg/cm² 高压灭菌 15min。

（5）半乳糖 EMB 培养基：半乳糖 1g,蛋白胨 0.8g,NaCl 0.5g,K_2HPO_4 0.2g, 伊红 0.04g,美蓝 0.0065g,琼脂 2g,蒸馏水 100mL,pH 7.2,0.6kg/cm² 高压灭菌 20min。

（6）氯仿。

（7）无菌碳酸缓冲液 pH 7.0～7.2。

五、实验过程

1. 制备 λ 噬菌体的诱导和裂解液

（1）活化和扩增供体菌

将一环供体菌 $K_{12}(\lambda)gal^+$ 接种到 5mL 的 LB 培养液中,在 37℃条件下培养 14～18h。吸取 0.5mL 菌液加入装于 100mL 三角瓶中的 4.5mL LB 液中,在 37℃ 条件下进行扩菌培养（4～6h）。

（2）制备菌体悬浮液

先把供体菌倒入一支无菌离心管中,在 3500r/min 转速下离心 10min,然后弃 掉上清,加入灭菌的磷酸缓冲液（pH 7.0～7.2）4mL,振荡混合成均匀的菌体 悬液。

（3）诱导裂解供体细菌

把供体菌菌液倒进无菌小培养皿（皿中放 4 个无菌大头针）中,在磁力搅拌器 上打开培养皿盖,经紫外灯（15W,灯距 40cm）诱导 10～20s。然后在培养皿中加入 加倍 LB 液体培养基（2E）3mL,在 37℃条件下避光培养 2～3h。

（4）制备裂解液

上述培养物倒入无菌离心管中,加 4～5 滴氯仿,剧烈振荡 30s,静置 5min,以 3500r/min 转速离心 10min。吸取 λ 噬菌体裂解液（即上清液）放到带橡皮塞的无 菌离心管中,置于冰箱（4℃）保存。

2. 测定 λ 噬菌体的效价（λ 噬菌体总数/mL）

（1）活化和扩增受体菌（大肠杆菌 $K_{12}Sgal^-$）

取一环受体菌放入 5mL 的 LB 液中,在 37℃恒温条件下培养 14～18h。取 0.5mL 菌液置于 4.5mL LB 液中,在 37℃条件下培养 4～6h（扩菌）。扩增后的菌 液置于冰箱（4℃）存放。

（2）测定效价（双层培养法）

准备 6 个 LB 平板和 7 支无菌试管。分别向 7 支无菌试管中装入 4.5mL 的 LB 液。取 0.5mL 自制的噬菌体裂解液，在 7 只试管中依次稀释到 10^{-7}。从 10^{-6}、10^{-7} 稀释液中分别取 0.5mL 移至另外 6 支无菌试管中（10^{-6} 及 10^{-7} 各 3 只），然后各向其中加入 0.5mL 经活化的受体菌菌液，混和均匀后，每支试管中再加入 3mL 已溶化并保温在 48℃ 水浴中的半固体琼脂，并迅速手搓或振荡混匀，立即铺匀到已经备好的 6 个 LB 平板上，在 37℃ 的恒温条件下培养 24h。

观察统计噬菌斑数目，计算出噬菌体裂解液的效价。

噬菌体裂解液效价（噬菌体数/mL）＝3 个平板的噬菌斑平均数×裂解液稀释倍数×取样量（折算成毫升数）

3. 转导试验

（1）利用点滴法观察转导现象

准备 2 个半乳糖 EMB 平板，用记号笔在平皿底部画两条带，吸取一环经活化的受体菌，在平板底部所画两条带的范围内涂匀，在 37℃ 恒温条件培养 1h。在两条受体菌带上各画 2 个方格，在两条带的上下各画一个圆圈。在 4 个方格及圆圈处各接一环噬菌体裂解液，在 37℃ 恒温条件下，培养 48h。观察实验结果（图 21.1）。

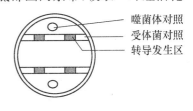

图 21.1 EMB 平板底部图样

（2）涂布法（测定转导频率）

制备 8 个半乳糖 EMB 平板，其中 2 个平板上各吸 0.1mL 噬菌体裂解液涂匀作为对照；在另 2 块平板上，各均匀涂上 0.1mL 的受体菌液作为受体菌对照；取噬菌体裂解液和受体菌各 0.5mL 放入一支空的无菌试管中，在 37℃ 恒温水浴中保温 15min。从噬菌体裂解液和受体菌混合液中吸取 0.5mL，放于 4 支装有 4.5mL LB 液的无菌试管中，并连续稀释到 10^{-4}。再从 10^{-3}、10^{-4} 稀释液中各取 0.1mL，均匀涂在 4 个半乳糖 EMB 平板上（每一稀释度涂 2 个平板）。将这 4 块半乳糖 EMB 平板在 37℃ 恒温条件下培养。48h 后，准确统计转导子数，计算转导频率。

$$转导子数 ＝ 每皿平均转导子数×稀释倍数×10×2$$

$$转导频率（\%）＝ \frac{转导子数}{噬菌体效价}×100\%$$

注意事项

在利用点滴法分析时，在 EMB 平板底部上的两条受体菌带为受体菌对照，正常结果应不出现紫红色菌落；平板上下两个圆圈内为噬菌体对照，正常结果应不生长菌落。转导发生在两条受体菌带上的 4 个方格中,应生长出紫红色的菌落(为 λdg gal$^+$/gal$^-$ 转导子)。

想一想,试一试

1. 试比较局限性转导和普遍性转导的异同。
2. 如何确定噬菌体裂解液效价?
3. 遗传距离与共转导频率之间的关系如何?

实验报告

依据实验程序和实验结果进行总结,在实验报告纸上画一个细菌局限性转导操作程序图,并将本次实验的检测、计算数据总结出来。

实验二十二　啤酒酵母菌营养缺陷型菌株的筛选

一、实验目的

1. 掌握基本的物理化学诱变方法。
2. 学会和熟练运用根据菌株特征进行突变株筛选的基本技术。
3. 了解酵母菌营养缺陷型菌株的筛选方法。

二、实验原理

为使大家全面掌握诱发突变和突变型筛选方法,本实验进行的啤酒酵母菌(Saccharomyces cerevisiae)营养缺陷型菌株的筛选,是针对化学诱变剂诱发的突变。这也是遗传学和育种工作的常用方式。本实验以烷化剂亚硝基胍(nitrosoguanidine,NTG)为诱变源。现在一般认为烷化剂的诱变机理主要是对鸟嘌呤 N-7 位的烷化(鸟嘌呤其他位置以及其他碱基也可能被烷化),然后通过 DNA 复制引起碱基对错配,造成基因突变。NTG 主要诱发 GC→AT 转换。除此之外,它还能诱发邻近基因的并发突变。NTG 特别容易诱发 DNA 复制叉附近基因的突变(随着复制叉移动,作用位置也发生变动)。

NTG 可使百分之几十的细菌发生营养缺陷型突变,是一种诱发效率很强的超诱变剂。因此不必经青霉素浓缩处理,只要适当筛选就能检出营养缺陷型。一般只要有一种有效的筛选方法就可以获得源自一种高效诱变剂的所有突变型菌株。在进行诱变处理时,所选用的细胞一般要处于对数生长期。常以药物浓度表示化学诱变剂的剂量,通过杀菌率和诱变率了解一定剂量诱变剂的诱变效能。药物处理时间和温度都影响诱变作用的大小。对于强诱变作用、弱杀菌作用的诱变剂(如烷化剂),可用较低剂量(杀菌率约 50%),而紫外线一般采用较高杀菌作用(如 90%~99.9%)的剂量。

三、实验材料

啤酒酵母菌单倍体菌株 26-4,啤酒酵母菌单倍体菌株 143-2,均来自上海酵母厂。

四、实验器具和药品

1. 用具:锥形瓶(150mL)、试管、吸管(1mL、5mL)、离心管、培养皿(9cm)、玻璃珠、玻璃涂棒、圆木柱(做绒布影印戳时使用)、丝绒布。

2. 培养基及其他试剂

(1) 液体基本培养基:葡萄糖 10g、$CaCl_2 \cdot 2H_2O$ 0.1g、KH_2PO_4 0.876g、$(NH_4)_2SO_4$ 1g、K_2HPO_4 0.125g、$MgSO_4 \cdot 7H_2O$ 0.5g、NaCl 0.1g、1g/mL KI 母液

（配时需 1kg/cm² 高压灭菌 15min）1mL；微量元素母液［H_3BO_3 1mg/100mL、Zn-SO_4・$7H_2O$ 7mg/100mL、$CuSO_4$・$5H_2O$ 1mg/100mL、$CoCl_2$・$6H_2O$ 5mg/100mL，1kg/cm² 高压灭菌 15min］1mL、维生素母液［维生素 B_1 40mg/100mL、烟碱酸 40mg/100mL、肌醇 200mg/100mL、核黄素 20mg/100mL、对-氨基甲酸 20mg/100mL、吡哆醇 40mg/100mL、泛酸 20mg/100mL、生物素 3mg/100mL，0.6kg/cm² 高压灭菌 15min］1mL、加蒸馏水至 1000mL。0.6kg/cm² 高压灭菌 25min。

（2）**固体基本培养基**：在液体基本培养基中加 2％琼脂。

（3）**液体完全培养基**：蛋白胨 20g、酵母浸出液 10g、葡萄糖 20g、蒸馏水 1000mL，pH 6.0，0.6kg/cm² 高压灭菌 25min。

（4）**固体完全培养基**：在液体完全培养基中加 2％琼脂。

（5）**其他**：无菌水，生理盐水（0.85％），0.2mol/L 磷酸缓冲液（pH 6.0）［0.2mol/L Na_2HPO_4 12.3mL、0.2mol/L NaH_2PO_4 87.7mL］。

（6）**化学诱变剂**：NTG。

五、实验过程

1. 酵母菌悬液的制备

第一步：用接种环从保存的酵母菌单倍体菌株 26-4（或 143-2）斜面上挑少量菌，接种到盛有 5mL 液体完全培养液的灭菌离心管内（共接 2 支管），在 28～30℃条件下培养 16～18h。第二步：将培养过的菌液倒入盛有玻璃珠的灭菌锥形瓶中，并振荡 10min，使酵母菌能够分散均匀。第三步：各吸上述菌液 4mL 置于 2 支灭菌离心管中，在 3500r/min 转速下离心 10min。弃去上清液，并将菌块打匀，再各加无菌水 4mL 以制成酵母菌悬液，存于 30℃水浴中待用。

2. 活菌数目的计算

注意要用没有经 NTG 处理的菌液作为对照。首先，从水浴中取出一份酵母菌悬液（4mL），先补加 1mL 生理盐水，再用生理盐水稀释到 10^{-4}、10^{-5}。接着，从 10^{-4} 或 10^{-5} 的酵母菌悬液稀释液中先后吸取 0.1mL 和 0.5mL，各放到 2 个灭菌培养皿中（共 4 份）。最后，将融化后冷却到不烫手的热度的固体完全培养基（每皿约 15～20mL）倒入上述含菌的培养皿内，摇动均匀并平放待凝，于 30℃条件下培养 2d 后，进行活菌计数。

3. 突变的诱发

在灭菌的离心管中放置 1.5mg 的 NTG，加入 0.2mol/L 磷酸缓冲液（pH 6.0）1mL，完全溶解后存放在 30℃水浴中待用。从 30℃水浴中取出另一管酵母菌悬液(4mL),倒进上述含 NTG 的离心管中(此时 NTG 终浓度是 300γ/mL),充分混和均匀后立刻放到 30℃ 水浴之中,并同时开始计算时间;30min 后从水浴中取出混和液,并立即以 3500r/min 进行离心。将离心后的上清废液倒入浓 NaOH 溶液中,将菌块打匀,补加生理盐水 5mL,再以 3500r/min 进行一次离心,倒去废液后添加无菌水 5mL,制成酵母菌悬液。

将融化后冷却到不烫手的热度的固体完全培养基(每皿 15～20mL,共 20 皿)倒入灭菌培养皿中,平放待凝。将 NTG 诱变过的菌液稀释到 10^{-3}(每只培养皿中有望生长菌落 50～100 个),然后吸取 0.1mL 和 0.05mL(各做 10 个皿)放入倒好的培养皿中。

用 Y 形灭菌玻璃涂棒将酵母菌液涂匀,于 30℃ 条件培养 3～4d,对活菌进行计数(图 22.1)。

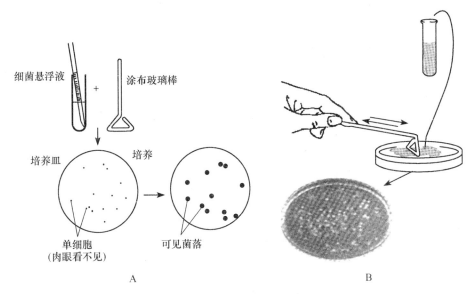

图 22.1 涂菌和培养
A. 培养;B. 涂菌方法

最后,计算杀菌率和存活率。选择诱变组中不污染、菌落分布均匀、菌数适中的培养皿作为下一步影印实验使用的样品。

4. 影印实验

准备好经高压灭菌、在恒温干燥箱内烘干的影印用丝绒布;将一定数目的母平板和预先备好的基本及完全培养基平板、以一个母平板、一个基本平板(MM 平板)和一个完全平板(CM 平板)作为一组,编排组号,并用玻璃铅笔在每个平板的底部划上箭头以作为标记符号;将灭菌的丝绒布按到圆木柱手柄上,并用橡皮筋扎住(勿触摸绒面),制成影印戳。先将母平板倒覆于影印戳的绒面影印板上,用铅笔均匀地轻敲皿底几下,取下母板(放冰箱内保存),再立即把 MM 平板按箭头标记的相同方向复印上去。取下 MM 平板后,再把 CM 平板也按同样方法复印(图 22.2)。印毕,将 MM、CM 平板在 30℃条件下培养 2～3d。

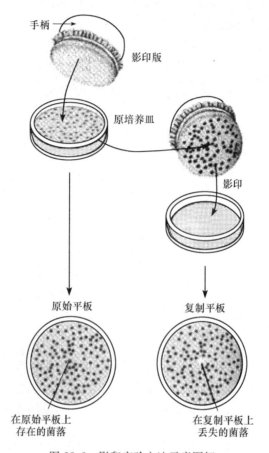

图 22.2　影印实验方法示意图解

5. 点种复证操作

　　首先,对每组复印平板按箭头标记进行同一方向比较,找到在 CM 平板上生长而在 MM 平板上见不到的菌落,用玻璃铅笔在母平板的相应位置作上标志(编上号,以备进一步复证)。然后,根据编号菌落多少准备适当数量的 MM 平板和 CM 平板,每个皿底划上 36 个左右的格子。第三步,用灭菌牙签从母平板上挑取已编号的单菌落,按照顺序在 MM 和 CM 平板的相应位置上点种。点种完毕,在 30℃条件下培养 2～3d(视菌落生长情况可以适当调整培养时间)。最后,从培养箱内将培养皿取出,以无菌接种环挑取确定的在 CM 上生长而在 MM 上不出现的单菌落,接种于 CM 斜面培养基上,在 30℃ 恒温条件下培养 2d。培养结束后在冰箱中保存培养物,待生长谱鉴定时使用。

6. 营养缺陷型菌株生长谱的鉴定

方法同大肠杆菌诱变所得营养缺陷型菌株生长谱的鉴定。

操作说明

(1) NTG 是超诱变剂,安全操作致关重要。应戴好橡皮手套和口罩在密闭箱里进行操作,在固定地方称量,防止诱变剂颗粒飞散;切勿用嘴直接对移液管吸取含 NTG 的液体;要用浓碱处理用过的含有 NTG 的器皿和用具。

(2) 获取单倍体菌株对酵母菌诱变研究十分重要,因为隐性性状在二倍体细胞中是不能表现的,而突变又往往是隐性。获得单倍体菌株的一个简单办法是:基于营养细胞和子囊孢子的耐热性差异,通过热处理,就可以很容易地得到单倍体。具体操作:接种二倍体营养细胞于产孢子培养基斜面上,用 5mL 无菌水制成悬浊液,再将此悬浊液在 55~60℃ 恒温中水浴处理(不断振荡)约 10min(时间根据营养细胞耐热性预试验确定。通常以约 10^6~10^7 的营养细胞菌悬液经一定时间处理后,挑取一接种环的菌液接种到完全培养基平板或斜面上,于 30℃ 培养 2d 后,以完全不生长或只有 1~2 个菌落生长为标准,确定所需的处理时间)。水浴处理完成后,用自来水将悬浊液迅速冷却,然后适当地将悬浊液稀释,涂布于完全培养基平板上进行 30℃ 培养(2d)。培养完成后,环挑取较小的圆锥形菌落在显微镜下检查,根据形态判断单倍体的细胞(一般是对划线纯化后的菌落进行检验才较为可靠)。也可将相应菌落接种于产孢子培养基上看是否产孢子,进一步进行确定,以提高检验的可靠性;为提高获得单倍体细胞的效率,可先用一定浓度的纤维素酶处理,再进行热处理。

注意事项

1. 诱变剂处理时间在微生物的对数生长期,并注意选择适当的剂量进行处理。
2. 注意对照系的选择,其具有重要意义。
3. 注意严格的无菌操作,以避免污染。

想一想,试一试

1. 酵母营养缺陷型在遗传学研究中有何作用?
2. 设计实验,研究环境因素对酵母的诱变作用。

实验报告

1. 绘制本实验的实验流程图,以保证实验思路的清晰。
2. 根据实验结果填写下列表格。

处理	皿数	稀释	取样	活菌总数		存活菌数		突变型数		杀菌率	诱变率
				菌数/皿	菌数/mL	菌数/皿	菌数/mL	菌数/皿	菌数/mL		
对照	4	10^{-4} 或 10^{-5}	0.5 0.1 0.5 0.1								
NTG (3000γ/mL、 30℃、30min)	20	10^{-3}	0.05 0.1								

$$杀菌率:\left(1-\frac{存活菌数}{活菌总数}\right)\times100\%;诱变率:\frac{突变型数/mL}{活菌总数/mL}\times100\%$$

3. 总结大肠杆菌、酵母菌营养缺陷型菌株筛选实验的成败经验。

研究实例

1. 定向选育氨基酸营养缺陷型苹果酒酵母突变株的研究(彭帮柱等,2007,西北农林科技大学学报)

    以苹果酒酵母(*Saccharomyces cerevisiae*)1750 为材料,利用甲基磺酸乙酯(EMS)对其进行诱变,定向筛选出 2 株氨基酸营养缺陷型突变株,利用生长谱法对缺陷型进行了鉴定、分析。结果表明,诱变菌液在基本培养基中饥饿培养 3h 后,菌体浓度趋于稳定;在高氮源培养基中培养 4h 后加入制霉菌素,于 10h 时结束其抑制作用,能取得较好的诱变效果。该定量化的参数确定方法为营养缺陷型突变株的筛选奠定了基础。

2. 双重筛选产甘油假丝酵母营养缺陷型菌株及其发酵性能(陈珺等,2000,无锡轻工大学学报:食品与生物技术)

    运用化学诱变的手段,以亚硝基胍为诱变剂,以产甘油假丝酵母 WL2002-5 为出发菌株,诱变获得 27 株尿嘧啶缺陷型突变株,并对所获菌株进行了传代稳定性和稳定性试验,其中 1#、22#、23#、25#、26# 菌株稳定性优良,适宜作为进行酵母转化的带有遗传标记的工具菌株,同时从所获突变株中选出两株进行生长特性的研究和发酵性能的检测。研究表明,缺陷型菌株的生长速度明显慢于亲株,但其产甘油的性状并没有较大的改变。

实验二十三　啤酒酵母杂交实验

一、实验目的

1. 了解异宗配合型啤酒酵母的生活史及其基因自由组合的规律。
2. 掌握酵母菌杂交实验的基本原理和操作方法。

二、实验原理

酵母菌是常用的遗传学研究材料,啤酒酵母在酿酒和食品工业中具有重要的应用价值。啤酒酵母(也称面包酵母,*Saccharomyces cerevisiae*)属于二倍体酵母(以二倍体细胞为主),而粟酒裂殖酵母(*Schizosaccharamyces pombe*)则属于单倍体酵母(以单倍体细胞为主)。酵母菌的单倍体和二倍体细胞一般都能无限制地进行分裂。如果酵母菌二倍体营养细胞处于形成孢子的条件下,则发生减数分裂,产生四分体和子囊。子囊中的每个子囊孢子具有四分子核,正常情况下子囊中有 4 个子囊孢子(2 个 a 和 2 个 α,a 和 α 表示两种相对的接合型)。子囊孢子萌发,产生单倍体菌株;不同接合型单倍体菌株的细胞接合,产生二倍体菌株。体现这种生活史的酵母菌叫做异宗配合型酵母。本次杂交实验使用的就是异宗配合型啤酒酵母的单倍体菌株(a 和 α 两种接合型)。

通过电子显微镜等已经了解到啤酒酵母共具有 17 个连锁群($n=17$),a 和 α 两种接合型分别受第 3 连锁群着丝粒附近的一对等位基因 a 和 α 控制。由于二倍体杂种细胞的形成,不同接合型的营养缺陷型的酵母单倍体菌株杂交,可能发生染色体重组,在子囊孢子中显示重组的表现型。

三、实验材料

啤酒酵母:单倍体腺嘌呤缺陷型(ade^-)(a 接合型),单倍体组氨酸缺陷型(His^-)(α 接合型)。

四、实验器具和药品

1. 器具:离心机、离心管、试管、吸管、三角烧瓶、培养皿、涂布棒、石英砂等。
2. 培养基
(1) 完全培养液:蛋白胨 2g,酵母浸出液 1g,葡萄糖 2g,水 100mL,pH 6.0,0.6kg/cm² 高压灭菌 30min。
(2) 固体完全培养基:完全培养液基+2%琼脂。
(3) 基本培养液:葡萄糖 10g、$(NH_4)_2SO_4$ 1g、K_2HPO_4 0.125g、KH_2PO_4 0.875g、KI 母液(10mg KI 溶于 100mL 水中配成)1mL、$MgSO_4 \cdot 7H_2O$ 0.5g、$CaCl_2 \cdot$

$2H_2O$ 0.1g、NaCl 0.1g、微量元素母液(H_3PO_4 1mg、$ZnSO_4$ • $7H_2O$ 7mg、$CuSO_4$ • $5H_2O$ 1mg、$CoCl_2$ • $6H_2O$ 5mg、水 100mL，配成溶液)1mL、维生素母液(烟碱酸 40mg、维生素 B_1 40mg、肌醇 200mg、核黄素 20mg、对-氨基苯甲酸 20mg、吡哆醇 40mg、泛酸 40mg、生物素 0.2mg、水 100mL，配成溶液)1mL、水 1000mL，pH 5.3，$0.6kg/cm^2$ 高压灭菌 30min。

(4) 固体基本培养基：基本培养液＋2%琼脂。

(5) 产孢子培养基：CH_3COONa 8.2g、KCl 1.86g、吡哆醇母液(20mg 吡哆醇/100mL 水)1mL、泛酸母液(20mg 泛酸/100mL 水)1mL、生物素母液(2mg 生物素/100mL 水)1mL、琼脂 20g、蒸馏水 1000mL。

(6) 补充培养基：①固体基本培养基 100mL＋组氨酸 3.5mg；②固体基本培养基 100mL＋腺嘌呤 3mg。

3. 其他药品

生理盐水(0.85g NaCl 溶于 100mL 蒸馏水中，$1kg/cm^2$ 高压灭菌 15min)、纤维素酶(或蜗牛酶)。

五、实验过程

1. 菌液(浓度约 10^8 个/mL)制备

将 ade⁻ 和 His⁻ 两菌种各接种于 2 支制备了斜面完全固体培养基的试管中。将这 4 支斜面培养管置于 30℃温箱中，恒温培养 24h。培养结束，用 5mL 生理盐水将一支 ade⁻ 斜面培养基上的酵母菌洗下来，倒入另一支 ade⁻ 试管中，冲洗其中的酵母菌，冲洗下来的菌一并倒入一支无菌离心管中；同法洗掉 2 支 His⁻ 斜面培养试管中的酵母菌，倒入另一支无菌离心管中。

2. 菌株杂交

(1) 第 1 天：吸取两亲本菌液各 0.5mL，放入 5mL 完全培养液中，在 30℃的恒定温度条件下静止培养 2h；3000r/min 离心 3min 后，在 30℃的恒定温度条件下继续静止培养 30min。培养结束后，弃去上清液，将离心管底的菌块打匀，再加入 6mL 新鲜的完全培养液，在 30℃的恒定温度条件下进行过夜培养。

(2) 第 2 天：将过夜培养物于 3000r/min 离心 3min，弃去上清液；再加 6mL 新鲜完全培养液，离心洗涤一次，弃掉上清液，留取沉淀。然后，将离心管中的沉淀菌接种到产孢子斜面培养基上，在 30℃的恒定温度条件下培养 2～3d。

3. 杂交结果镜检和基因型分析

将杂交实验的结果放在光学显微镜下，观察所形成的子囊。可见每个子囊中具有 4 个子囊孢子。根据对子囊孢子的表型测定，可以推断其基因型。

（1）酵母菌子囊悬浊液制备：加基本培养液 2mL 于长有子囊的斜面上，将上面的子囊用接种环刮下来，转移到无菌离心管中；通过在 55～60℃ 的恒温水浴中加热 15min，杀死酵母菌营养体（单倍体细胞）。3000r/min 离心 3min，弃去上清液，并补加生理盐水到原来的体积，制成酵母菌子囊悬浊液。

（2）酵母菌子囊孢子悬浊液制备及培养：把酵母菌子囊悬浊液倒入消过毒的盛有石英砂的三角烧瓶中，振荡 5min，以使子囊孢子散出子囊之外，形成酵母菌子囊孢子悬浊液。吸取打散的子囊孢子悬液 0.1mL，在完全培养基培养皿上涂布均匀，在 30℃ 的恒定温度条件下培养 48h。

（3）影印培养和生长谱鉴定：将上述完全培养基培养物作为原始培养物，依次向下列培养基的平板上进行影印操作：①基本培养基；②腺嘌呤补充培养基；③组氨酸补充培养基；④完全培养基。影印操作完成后，将这些平板在 30℃ 的恒定温度条件下培养 48h。完成培养后，进行杂交产物生长谱的鉴定。

1）第 1 天：从原始培养物的培养皿上挑取各个已经初步鉴定的菌落，接种在固体完全培养基的斜面上，同时也接种在有 5mL 完全培养液的离心管中，在 30℃ 的恒定温度条件下培养 48h。

2）第 3 天：将上述培养的液体培养物 3000r/min 离心 3min，倒去上清，将沉淀打匀。然后，再离心洗涤 3 次，最后的沉淀加生理盐水补至原体积。吸取菌液 0.1mL，转移至灭过菌的空培养皿中，然后向皿中倒入融化后冷却到 40～50℃ 的固体基本培养基，摇匀后静置凝固。每份培养物各做 1 皿。在每一培养皿的底部划分 4 个格，其中 2 格放少量组氨酸结晶粉末，另 2 格放少量腺嘌呤结晶粉末。最后，将这些培养皿放到 30℃ 温箱中恒温培养 48h。

3）第 5 天：观察生长状况。营养缺陷型的菌株会在培养基上所需物质的周围生长出来；如果有两种物质是必需的，则只能在这两种物质都能够扩散到的区域进行生长。

注意事项

1. 菌株杂交的有关操作，获得了用营养丰富的培养基培养好的新鲜细胞，保证不同接合型的细胞能够充分接触，进而形成合子，为产生孢子创造条件；由于酵母在产孢子培养基上是不会增殖的，因此，需要在产孢子培养基上接种足够多的细胞，以便使杂交形成的子囊尽量多些。

2. 先用蜗牛酶充分处理子囊后，再用超声波处理，也可以使子囊孢子充分分散。蜗牛酶处理条件为 30～37℃、15～30min。没有蜗牛酶，用石英砂振荡，也能获得散出的子囊孢子。

3. 在本次啤酒酵母菌的杂交实验中，啤酒酵母营养缺陷型单倍体菌株的有关 ade 和 His 基因分属于不同的连锁群，因而在杂交中体现为是两对基因的自由组合。不难看出，在本次杂交实验的结果中，表型分离比能够直接反映基因型分离比。能够检测的单倍体基因型比例应接近 ＋＋：ade$^-$His$^+$：ade$^+$His$^-$：ade$^-$His$^-$＝1：1：1：1；单倍体菌株的表现型比也应该接近 1：1：1：1 的比例。

想一想,试一试

1. 整理本实验的操作程序,在实验报告纸上画出流程图。
2. 试总结哪些因素会影响杂交结果?

实验报告

1. 影印结果统计:用"+"表示能生长,用"-"表示不能生长,计算菌落数目,填写下表。

	基本培养基	腺嘌呤补充培养基	组氨酸补充培养基	完全培养基	单倍体基因型
生长情况					
菌落数目					

2. 将杂交产物生长谱鉴定的结果报告于下表之中。

培养皿编号	+ade	+His	单倍体基因型
1			
2			
⋮			

　　将影印与生长谱鉴定结果进行比较,分析结论是否是一致的。

研究实例

高耐性酿酒酵母的杂交育种(吴帅等,2006,酿酒科技)

　　利用不同特性的酿酒酵母 AY-15,M1 进行生孢培养和孢子分离试验,得到 185 株产酒、153 株耐渗单倍体。其接合型,a 型约占 1/4,α 型占约 1/2,其余为不确定株。经筛选试验后得到 13 株产酒性能良好的单倍体和 19 株耐渗性能良好的单倍体。利用酒精发酵试验进行复筛,得到两株性能最优良的单倍体,作为杂交试验的亲本。杂交试验后,经耐渗、耐酒精杜氏管试验和发酵性能测定,得到一株能够在高渗环境中仍然保持较高产酒精能力的酿酒酵母,在含盐 5% 的培养基中发酵产酒精能力分别比 AY-15,M1 提高 19.6% 和 15.4%。

实验二十四　基于鼠伤寒沙门氏菌回复突变的化学诱变物检测实验——Ames 试验

一、实验目的

1. 掌握一种相对简单和快速的诱变剂检出方法（Ames 检测法）。

2. 学会通过观察统计从 his^- 回复到 his^+ 的回复突变，从而获得有关诱变剂的诱变强度信息。

二、实验原理

在日常生活中存在着大量的化学品，例如食品保鲜剂、化妆品、涂料、油漆、化学肥料和农用药物等。这些化学品中，许多具有诱变作用，能够引起遗传突变及癌症等。大多数致癌、致畸物质同时也是诱变物质，或者引起基因突变，或者引起染色体畸变。

对于诱变剂的检测，很多行之有效的方法已经发展出来，整套的简便、快速、灵敏的测试方法，已经取代了早期用待测物喂饲、注射或涂布在动物皮肤上的测试方法。美国加洲大学的 B. Ames 等人以基因突变为指标，于 1973 年首创了一种检测方法，简称为 Ames 实验。该检测方法选用鼠伤寒沙门氏菌（*Salmonella typhimurium*）的组氨酸缺陷型菌株作为实验材料。当用某些待测物处理该菌株后，就可能使菌株在未加组氨酸的培养基上长出菌落，原因是待测物具有诱变剂的功能，引发了回复突变（back mutation）（图 24.1）。这样，利用这种鼠伤寒沙门氏菌缺陷型菌株就可以检查回复突变及其频率，作为判断待测物是否是诱变剂以及其诱变能力大小的指标。

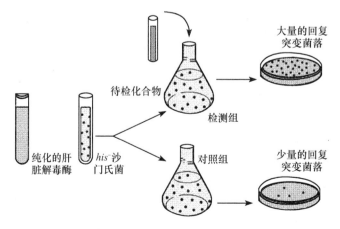

图 24.1　检验诱变物诱变强度的 Ames 实验示意图

1983 年,为了选择一套不同突变类型的组氨酸缺陷型菌株以提高测试的准确性,Maron 和 Ames 建议实验中采用 TA97、TA98、TA100 和 TA102 等 4 种菌株(其中 TA97 和 TA98 为移码突变型,TA100 为碱基置换突变型,而 TA102 菌株由于携带完整的修复系统,它可有效地检测醛类、过氧化氢、DNA 交联剂等)。TA97、TA98 和 TA100 还具有紫外线切除修复系统缺失突变($\triangle uvrB$),避免了由受试物造成的 DNA 损伤被修复。这 4 种菌株均具有细菌屏障脂多糖损伤突变(rfa),使一些大分子容易进入菌体,克服了检测敏感性随受试物分子直径加大而降低的缺点。这 4 种菌株还都携带 R 质粒(pKM101),增强了细菌 DNA 损伤的错误修复,促使有可能被修复的前突变转变为真正的突变,进一步提高了敏感性。R 质粒上的标记是氨苄青霉素抗性基因(amp^r)。TA102 还带有 PAQ1 质粒,携带四环素抗性标记基因(tet^r)。另外,这套突变剂测试菌株之所以使实验的准确性大大提高,其原因在于其自发回变率很低。

由于 Ames 法相当简便,并在 48h 即可完成,又有高的灵敏性和准确率,因此早已成为诱变剂的筛选中公认的有效方法。

三、实验材料

鼠伤寒沙门氏菌菌株:①TA97($hisD6610hisO1242$ rfa $\triangle uvrB$ $pKM101$);②TA98($hisD3052$ rfa $\triangle uvrB$ $pKM101$);③TA100($hisG46$ rfa $\triangle uvrB$ $pKM101$);④TA102($hisG28$ rfa $pKM101$ $pAQ1$)。

四、实验器具和试剂

1. 器具:净化工作台、恒温培养箱、恒温振荡水浴、高压灭菌锅、液氮罐或 $-80℃$冰箱、快速液体混和器、培养皿(直径 90mm)、刻度吸管(1、2、5、10mL)、小试管、注射器(1mL)、滤器(及 0.22μm 微孔滤膜)、微量可调移液器(100、500μL)(及吸头)、解剖器械等。

2. 试剂和培养基

(1) 磷酸盐贮备液 $50\times$Vogel(用于制备基础平板培养基)。

每 1000mL 中含:

45℃蒸馏水	670mL
$MgSO_4 \cdot 7H_2O$	10g
柠檬酸·H_2O	100g
K_2HPO_4	500g
$NaHNH_4PO_4 \cdot 4H_2O$	175g

说明:依次将以上成分溶解,并蒸馏水定容至 1000mL;1kg/cm^2 高压灭菌 30min,贮存于 4℃。

(2) 40%的葡萄糖水溶液(用于制备基础平板培养基)。

葡萄糖　　　　　　　　400g

蒸馏水定容至 1000mL,0.6kg/cm² 高压灭菌 20min,贮存于 4℃。

(3) 0.5％组氨酸。

盐酸组氨酸　　　　　　2g

蒸馏水　　　　　　　　400mL

0.22μm 微孔滤膜过滤除菌或 1kg/cm² 高压灭菌 20min。

(4) 0.5mmol/L 盐酸组氨酸/0.5mmol/L 生物素。

盐酸组氨酸(相对分子质量 191.7)　　　　　2g

生物素(相对分子质量 244.3)　　　　　　30.5mg

蒸馏水　　　　　　　　　　　　　　　　250mL

0.22μm 微孔滤膜过滤除菌或 1kg/cm² 高压灭菌 20min。

(5) 氨苄青霉素溶液(每毫升 0.02mol/L NaOH 中 8mg)。

(6) 四环素溶液(每毫升 0.02mol/L HCl 中 8mg)。

(7) 0.15mol/L KCl。

(8) 50μg/mL 亚硝基胍。

(9) 增菌肉汤培养基(用于增菌)。

牛肉膏　　　　　　　　5g

胰蛋白胨　　　　　　　10g

NaCl　　　　　　　　　5g

K₂HPO₄　　　　　　　　2g

蒸馏水　　　　　　　　1000mL

1kg/cm² 高压灭菌 30min。

(10) 肉汤固体培养基(用于 *rfa*、*uvrB* 基因型鉴定)。

琼脂　　　　　　　　　15g

增菌肉汤　　　　　　　1000mL

1kg/cm²,高压灭菌 30min。

(11) 0.6％顶层琼脂(用于致突变性检测)。

(12) 基础葡萄糖固体培养基(用于致突变性检测)。

每 1000mL 含:

琼脂　　　　　　　　　16g

蒸馏水　　　　　　　　930mL

1kg/cm² 高压灭菌 30min;

50×V_B 溶液　　　　　20mL

40％葡萄糖溶液　　　　50mL

(13) (10mL 0.05mmol/L 组氨酸/0.5mmol/L 生物素)/100mL 顶层琼脂,用于自发回变率和受试物样品的检测。

(14) 含氨苄青霉素固体培养基及含氨苄青霉素/四环素固体培养基,用于菌种贮存及氨苄青霉素/四环素抗性检测。

每1000mL含:

琼脂	15g
蒸馏水	910mL

1kg/cm² 高压灭菌30min;

50×V$_B$ 溶液	20mL
40%葡萄糖溶液	50mL
0.5%组氨酸溶液	10mL
0.5mmol/L 生物素	6mL
氨苄青霉素溶液 8mg/mL 0.02mol/L NaOH	3.15mL
四环素溶液 8mg/mL 0.02mol/L HCl	0.25mL

琼脂水灭菌后,趁热加入40%葡萄糖和50×V$_B$,混合冷却至50℃左右,再加入余下的成分。以上溶液于4℃保存。

(15) 组氨酸/生物素培养基,用于组氨酸需求型检测。

每1000mL含:

琼脂	15g
蒸馏水	914mL

1kg/cm² 高压灭菌30min;

50×V$_B$ 溶液	20mL
40%葡萄糖溶液	50mL
0.5%无菌盐酸组氨酸	10mL
0.5mmol/L 无菌生物素	6mL

(16) 结晶紫溶液(用于 rfa 突变检测)。

结晶紫	0.1g
蒸馏水	100mL

4℃避光保存。

(17) MgCl$_2$-KCl溶液(1.65mol/L MgCl$_2$+0.4mol/L KCl)(用于S9混合液制备)。

KCl	6.15g
MgCl$_2$	4.07g
蒸馏水	至50mL

1kg/cm² 高压灭菌20min,4℃保存。

(18) 葡萄糖-6-磷酸(G-6-P)(用于S9混合液制备)。

G-6-P(相对分子质量282.1)	2.82g
无菌蒸馏水	10mL

冷冻条件下至少可保存 6 个月。

(19) 0.1mol/L 辅酶Ⅱ(NADP)溶液(用于 S9 混合液制备)。

NADP(相对分子质量 765.4)	383mg
无菌蒸馏水	5mL

注意:现用现配。

(20) 0.2mol/L 磷酸缓冲液(pH 7.2)(用于 S9 混合液制备)。

$NaH_2PO_4 \cdot 2H_2O$	0.593g
$Na_2HPO_4 \cdot 12H_2O$	5.803g
蒸馏水	至 100mL

$1kg/cm^2$ 高压灭菌 20min。

(21) 大鼠肝脏酶系提取液(S9)的制备:选取 3 只体重大约 200g 的成年雄性大鼠,并向腹腔注射酶的诱导剂多氯联苯油溶液(200mg/mL 玉米油)(2.5mL/kg 体重)。注射 4d 后,令实验动物禁食 24h,然后将其击昏后在消毒水中浸泡数 min。将消毒后的实验动物断头放水并剥去皮毛,然后用 75% 的酒精进行腹部消毒。剖取肝脏,在无菌平皿中以 0.15mol/L KCl(冰冷)清洗 3 次后,剪碎成米粒大小的小块。每克肝块加 3mL 预冷的 0.15mol/L KCl,在 0~4℃条件下,使用组织捣碎器或玻璃匀浆器研磨制备成肝组织匀浆物;经 9000r/min 离心 10min(4℃)并收集上清液,分装于小管(1~2mL/管)中,保存在 -20℃备用。注意:以上操作要求在无菌条件下进行。

(22) S9 混合液制备。

	①	②
S9	2mL	5mL
$MgCl_2$-KCl	1mL	1mL
1mol/L 葡萄糖-6-磷酸	0.25mL	0.25mL
0.1mol/L NADP	2mL	2mL
0.2mol/L 磷酸缓冲液(pH 7.4)	25mL	25mL
无菌蒸馏水	19.75mL	16.75mL

说明:混合液应在使用前新鲜配制,并置于冰浴中备用。

五、实验过程

1. 菌种生物学特性鉴定(目的是确保菌种性状的稳定性)

(1) 菌种的分离纯化

取出冷冻保存的 TA97、TA98 及 TA100 并在含氨苄青霉素的培养基平板上划线分离;取出冷冻保存的 TA102 并在含氨苄青霉素和四环素培养基平板上划线分离。挑选分离良好的菌落,接种于 5mL 增菌肉汤中,在 37℃恒温下增殖培养

16h,待细菌浓度达到 $10^7 \sim 10^8$ 个/mL 时停止培养,于4℃避光贮存备用。

(2) 试验菌株性状鉴定

① 组氨酸营养缺陷(his^-)菌株性状鉴定

吸取 TA97、TA98、TA100 及 TA102 经增殖的菌液,分别在同一块生物素平板和同一块组氨酸/生物素平板上划线,置于37℃培养24h。其中生物素平板上应没有菌落生长。

② 脂多糖屏障缺陷(rfa)菌株性状鉴定

取2mL 45℃的顶层琼脂置于无菌试管中,并分别加0.1mL的4个菌种的增殖液,混匀后倒在营养肉汤平板上。将直径0.6cm的经0.1%结晶紫浸润的无菌滤纸片置于各接种平板的中央位置,在37℃条件下培养48h。结果:滤纸片周围出现光亮的抑菌环(>14mm),指示 rfa 突变的性状(原理:这种突变使结晶紫大分子能够进入细菌体内并抑制细菌的生长)。

③ 紫外线修复缺陷($uvrB$)菌株性状鉴定

将4种增殖菌液在同一个平皿营养肉汤平板上平行划线。平皿揭盖后用黑纸遮住所有菌株的1/2,并在紫外灯(15W)下330mm处照射8s,然后在37℃条件下恒温培养12～14h。结果:由于 TA97、TA98、TA100 对紫外线敏感,只在平板未照射的1/2处有菌落生长;TA102 是具有切除修复酶的野生型菌株,不论照射与否都能生长菌落。

④ R质粒(pKM101)性状鉴定

在同一块氨苄青霉素平板上以4种经增殖的菌液划线,并在37℃恒温培养12～24h。结果:4种菌株均可生长菌落。

⑤ P质粒(PAQ1)性状鉴定

在同一块氨苄青霉素/四环素平板上以4种经增殖的菌液划线,并37℃培养12～24h。结果:仅有一种菌株(TA102)生长菌落。

⑥ 自发回复突变的检测

对于每种实验菌,都有固有的自发回复突变率。检测过程:取一环测试菌接种至5mL增菌肉汤中,在37℃条件下培养14～16h。准备若干支无菌试管,在第二天于每管中装入顶层琼脂(含0.5mmol/L组氨酸/0.5mmol/L生物素)2mL(45℃恒温水浴中备用)。每管依次加入0.1mL菌液(4种菌株中的一种)、S9混合液(或磷酸缓冲液 pH 7.4)0.5mL,快速混匀,倒在基础葡萄糖平板培养基上,在37℃恒温下培养48h。统计每个平皿,获得4种试验菌的回复突变菌落数目。结果填入表24.1。

表24.1 自发回复突变的检测

菌株	TA97	TA98	TA100	TA102
自发回复突变菌落数				

根据国内外一些实验室的报道,各个实验菌株的自发回复突变菌落数可参考表 24.2 中列出的范围。

表 24.2　自发回复突变菌落数参考范围

菌　　株	TA97	TA98	TA100	TA102
自发回复突变菌落数	90~180	14~75	60~220	240~320

2. 诱变剂的测试

（1）点试法初步测试

将一环测试菌接种到 5mL 增菌肉汤中,在 37℃ 条件下培养 14~16h。第二天,于数支无菌试管中各分装 2mL 顶层琼脂,并在 45℃ 保温,加 0.1mL 测试菌液和 0.5mL S9 混合液,快速混合均匀,然后倒至基础葡萄糖平板培养基上。随后将浸有不同剂量受试物、阳性物质(亚硝基胍 NTG)、生理盐水的直径 4~6mm 的无菌滤纸片放在平板中央(可同时在一块平板上分散地排开放置几片滤纸片),在 37℃ 条件下恒温培养 48h。结果:到第 4 天,在平板上浸有阳性物质滤纸片的周围可以观察到密集的回复突变菌落,而在生理盐水滤纸片周围回复突变菌落很稀疏。

对受试物滤纸片周围回复突变菌落的情况进行观察统计。

（2）直接平板掺入法定量检测

① S9 混合物酶活性的测定

各加 2mL 顶层琼脂于 4 支无菌试管中,45℃ 保温。在其中 2 支试管中各加 0.1mL 测试菌、0.5mL S9 混合液及 0.1mL 阳性物(NTG);在另 2 支试管中仅加菌液和阳性物(不加 S9 混合液)。快速混合均匀,倒在基础葡萄糖平板培养基上,在 37℃ 条件下恒温培养 48h。结果:若加 S9 混合液的回复突变菌落数目是不加 S9 混合液的回复突变菌落数目的 2 倍以上,即表明 S9 提取液具有酶活性。

② 受试物样品诱变性的检测

各分装 2mL 顶层琼脂(含 0.5mmol/L 组氨酸/0.5mmol/L 生物素)于若干支无菌试管中,并在 45℃ 保温,于每支试管中加入经增殖的 0.1mL 测试菌、0.1mL 不同浓度* 的受试物和 0.5mL S9 混合液。混合均匀后迅速倒在基础葡萄糖平板培养基上,在 37℃ 条件下恒温培养 48h。

对平板培养基上的菌落生长情况进行观察,统计出各平板上回复突变的菌落数目。如果受试物的回复突变菌落数超过自发回复突变菌落数的 2 倍以上,并经统计学处理证明,受试物剂量与回复突变反应的关系具有重复性者,可以定为阳性受试物。

* 受试物浓度的选择:在若干支无菌试管中各加 2mL 顶层琼脂,于 45℃ 温度下保温,并向各试管中加不同浓度(0.1μg~5mg)的受试物溶液 0.1mL、测试菌 0.1mL 和 S9 混合液 0.5mL,混合均匀,随即迅速倒在基础葡萄糖平板上,放到

37℃恒温箱中培养48h。用显微镜观察,如果某个受试物浓度使得测试菌平板的背景消失,那么,这一浓度就是受试物的最高浓度。然后,根据已知的最高浓度,可以设计出受试物的5种不同浓度(表24.3)。

表24.3 受试物浓度选择方案

项目	无菌对照组	自发回复突变组	溶剂对照组		阳性对照组		样品组	
			+S9	−S9	+S9	−S9	+S9	−S9
顶层琼脂/mL	2	2	2	2	2	2	2	2
溶剂/mL	0.1		0.1	0.1				
阳性突变剂	0.1				0.1	0.1		
样品/mL	0.1						0.1	0.1
S9混合液/mL	0.5	0.5	0.5		0.5		0.5	
缓冲液/mL	0.5			0.5		0.5		0.5
菌液/mL		0.1	0.1	0.1	0.1	0.1	0.1	0.1

注意事项

1. 注意在微生物遗传学实验系列中所有实验应该注意严格的无菌操作。
2. 菌种的低温贮存不要超过1周,实验前先从冰箱中取出使之恢复到室温。
3. 注意在每次实验中还需要设置阳性对照组、无菌对照组、溶剂对照组和自发回复突变组。
4. 注意做好重复实验,除无菌对照组外,其他各组每组至少要做3个平板的实验,结果才可靠。

想一想,试一试

1. Ames实验的基本原理以及选取4个菌种作为测试菌株的根据是什么?
2. 设计实验以探究某一种物质致突变性的程度如何?

实验报告

1. 在测试系统中,加入S9起什么作用?
2. 在加有甲基磺酸甲酯(MMS)的测验中,扣除对照外共有105个回复突变菌落;而在加有黄曲霉素 B_1(aflatoxin B_1)的测验中,扣除对照外共有1 200 000个回复突变菌落。MMS的致毒性是黄曲霉素 B_1 的多少倍?

研究实例

1. 两种Ames试验方法在蒲葵子提取物致突变试验中灵敏度的研究(黄艳等,2009,时珍国医国药)

   通过Ames试验与彷徨试验对蒲葵子正丁醇提取物的致突变试验结果,比较两种试验的灵敏度。具体方法是对蒲葵子用正丁醇浸提,用Ames试验方法(掺入法)与彷徨试验方法,对TA100鼠伤寒沙门氏菌株进行致突变试验。两种试验方法结果显示,蒲葵子正丁醇提取物在 $5\sim500\mu g/mL$ 剂量范围,以Ames试验方法与彷徨试验均检测出阳性结果,而在 $0.025\mu g/mL$ 与 $0.5\mu g/mL$ 剂量下,彷徨试验能检测出阳性结果,而Ames方法未检测出阳性结果。所以在较低浓度时,彷徨试验能检测出 Ames 试验检测不出的阳性结果,表明彷徨试验灵敏度较 Ames 试验高。

2. 聚 β-羟基丁酸酯材料的鼠伤寒沙门氏菌回复突变试验(杨春梅等,2009,中国组织工程研究与临床康复)

鼠伤寒沙门氏菌回复突变试验具有一定的预测致癌物的能力,其敏感性、特异性、准确性较高。通过对聚 β-羟基丁酸酯材料进行鼠伤寒沙门氏菌回复突变试验,评价该材料的潜在致突变性。采用标准平板掺入法,计数 TA97,TA98,TA100,TA102 标准测试菌株在 4 个不同浓度浸提下,计算于 37℃培养48h 后的回复突变菌落数。加 S9 混合液作为体外代谢活化系统。主要观察指标:各平皿细菌回复突变菌落数,凡高于阴性对照 2 倍以上者即为阳性结果。聚 β-羟基丁酸酯细菌回复突变试验显示,各剂量组细菌回复突变数小于阴性对照组细菌回复突变数的 2 倍。各菌株对应各剂量组无论代谢活化与否,皆为阴性试验结果。所以聚 β-羟基丁酸酯经细菌回复突变试验未见潜在致突变性。

3. AZ31B 可降解镁合金的遗传毒性评价:鼠伤寒沙门氏菌营养缺陷型回复突变试验(张宗扬和艾红军,2008,中国组织工程研究与临床康复)

目的:对 AZ31B 可降解镁合金进行鼠伤寒沙门氏菌回复突变(Ames)试验,以评价材料的潜在致突变性。设计、时间及地点:对比观察的体外实验,2007-06/07 在国家沈阳新药安全评价研究中心实验室完成。材料:成年雄性 SD 大鼠 5 只用于制备 S-9 混合液。AZ31B 可降解镁合金,合金片(5cm×5cm×0.1cm),由中国科学院金属研究所提供,贮存于沈阳市安全评价中心样品室。试验菌株:组氨酸营养缺陷型鼠伤寒沙门氏菌:TA97、TA98、TA100、TA102,由沈阳市安全评价中心遗传毒性室提供。方法:采用标准平板掺入法,计数 TA97,TA98,TA100,TA102 标准测试菌株在标准浸提液(原液)、2 倍、4 倍、1/2 倍原液 4 个不同质量浓度浸提液下,37℃48h 后的回变菌落数。加 S-9 混合液作为体外代谢活化系统。主要观察指标:各平皿细菌回变菌落数,凡高于阴性对照 2 倍以上者即为阳性结果。结果:AZ31B 可降解镁合金细菌回复突变试验(Ames),各菌株对应各质量浓度浸提液细菌回变菌落数小于阴性对照组细菌回变菌落数的 2 倍。且各组无论代谢活化与否,皆为阴性试验结果。结论:AZ31B 可降解镁合金经细菌回复突变试验(Ames)未见潜在致突变性。

实验二十五　啤酒酵母的转化实验以及在荧光显微镜下观察带 GFP 标签的蛋白(Osw1-GFP)在减数分裂不同时期的定位

一、实验目的

1. 掌握酵母的 LiAc 转化的基本原理和操作方法。
2. 了解 GFP 标签蛋白的原理,掌握在荧光显微镜下观察 GFP 信号的方法。

二、实验原理

酵母细胞转化的方法有几种。目前最普遍采用的方法是用碱盐,醋酸锂(LiAc)处理细胞,然后将细胞与外源 DNA 和聚乙二醇(polyethylene glycol,PEG)孵育。此外,还有电击法,通过脉冲的电流将 DNA 介导入细胞。本实验采取前者,用 LiAc/PEG 法将 OSW1-GFP 质粒转化入酵母细胞,并在荧光显微镜下观察其定位。

减数分裂是生物体重要的有性生殖方式,它提供来自母本和父本的基因信息,产生具有生物多样性的子代,使其能够适应环境的变化而不断进化。酵母在减数分裂的后期会产生孢子壁,由于 Osw1 参与孢子壁的形成,所以它在减数分裂的不同时期会定位于不同的亚细胞结构:减数分裂 I 期定位于两个纺锤体极,减数分裂 II 期定位于四个纺锤体极,末期定位于四个纺锤体极以及孢子壁(图 25.1)。

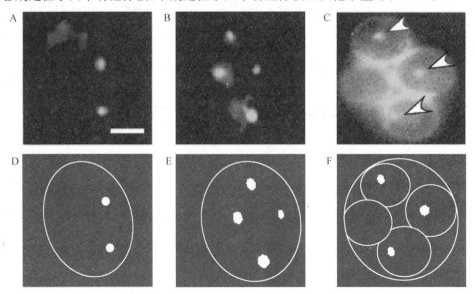

图 25.1　Osw1-GFP 在减数分裂的不同时期定位于不同的亚细胞结构

三、实验材料

啤酒酵母:双倍体亮氨酸缺陷型(leu^-);

OSW1-GFP 质粒。

四、实验器具与药品

1. 器具:离心机、离心管、试管、吸管、三角烧瓶、培养皿、涂布棒、石英砂等。

2. 培养基

(1) 完全培养液:蛋白胨 2g、酵母浸出液 1g、葡萄糖 2g、水 100mL,pH 6.0,0.6kg/cm² 高压灭菌 30min。

(2) 固体完全培养基:完全培养液基+2%琼脂。

(3) 基本培养液:葡萄糖 10g、(NH_4)$_2$SO$_4$1g、K$_2$HPO$_4$0.125g、KH$_2$PO$_4$0.875g、KI 母液(10mg KI 溶于 100mL 水中配成)1mL、MgSO$_4$ • 7H$_2$O 0.5g、CaCl$_2$ • 2H$_2$O 0.1g、NaCl 0.1g、微量元素母液(H$_3$PO$_4$1mg、ZnSO$_4$ • 7H$_2$O 7mg、CuSO$_4$ • 5H$_2$O 1mg、CoCl$_2$ • 6H$_2$O 5mg、水 100mL,配成溶液)1mL、维生素母液(烟碱酸 40mg、维生素 B$_1$ 40mg、肌醇 200mg、核黄素 20mg、对-氨基苯甲酸 20mg、吡哆醇 40mg、泛酸 40mg、生物素 0.2mg、水 100mL,配成溶液)1mL、水 1000mL,pH 5.3,0.6kg/cm² 高压灭菌 30min。

(4) 固体基本培养基:基本培养液+2%琼脂。

(5) 缺失培养基:固体基本培养基 100mL—亮氨酸 3.5mg;

(6) 减数分裂培养液:2%KAc。

3. 其他药品

(1) 1mol/L LiAc:用去离子蒸馏水配制,0.22μm 滤膜过滤除菌;必要时用消毒去离子水稀释。

(2) 50%PEG3350:Sigma P3640 用去离子蒸馏水配制,0.45μm 滤膜过滤除菌,用具有较紧的盖子的瓶子分装。

(3) 2mg/mL 鲑鱼精(salmon sperm)DNA/TE(10mmol/L Tris-Cl,pH 8.0,1mmol/L EDTA),−20℃保存。

五、实验过程

1. 酵母细胞的转化

(1) 接种啤酒酵母到 50mL YEPD 培养基中,30℃摇菌过夜(约 24~28h)培养到 OD 值为 0.8~1.0(约 108 cells/mL)。

(2) 收获细胞,用 25mL 无菌水洗涤一次,室温下 1500r/min 离心 10min。

(3) 重悬细胞于 1mL 100mmol/L LiAc 溶液中,将悬液转入 1.5mL 离心管。

（4）离心机最大速度离心 15s 沉淀菌体,重悬菌体于 400μL 100mmol/L LiAc 溶液中。

（5）按 50μL/管分装,立即进行转化。

（6）煮沸 1mL 鲑鱼精 DNA 5min,迅速冰浴以制备单链担体(carrier)DNA。

（7）将感受态酵母菌离心,以吸头去除残余的 LiAc 溶液。

（8）对于每一个转化,按以下顺序加入:

50%PEG3350	240μL
1mol/L LiAc	36μL
2mg/mL 单链鲑鱼精 DNA	25μL
5～10μg/50μL H$_2$O 质粒 DNA	50μL

（9）剧烈旋涡混匀直至沉淀菌体完全分布均匀(约 1min)。

（10）30℃水浴孵育 30min。

（11）42℃水浴热休克 20～25min。

（12）6000～8000r/min 离心收集酵母菌体。

（13）重悬酵母于 1mL YEPD 培养基,30℃摇床孵育。

（14）1～4h 后,取 25～100μL 菌液铺于选择性培养基平板上,于 30℃培养 2～3d 鉴定。

2. 诱导酵母细胞进入减数分裂,并进行显微镜观察

（1）随机挑取几个转化的酵母菌株,重悬于 1mL YEPD 培养基中,30℃摇床孵育。

（2）第 2 天,用双蒸水洗培养的细胞,然后重悬于 10mL 减数分裂培养液(2% KAc)中,30℃摇床孵育。

（3）15h 后,转化了 OSW1-GFP 的细胞开始出现特征性的 GFP 定位,未转化质粒的酵母细胞不会有该定位。

注意事项

1. PEG 溶液可以用 0.45μm 的过滤器具过滤,还可以高温灭菌。但是必须确保 PEG 在合适的浓度。此外,必须具有较紧的盖子的瓶子储存,避免由于水的挥发而导致 PEG 浓度增加。在每个转化反应中,PEG 的最佳浓度为 33%,偏上或偏下都会导致转化菌落的减少。

2. 鲑鱼精 DNA 主要是防止目的基因的降解,协助目的基因的转化。在煮沸后可以保存于 －20℃,以后还可以使用 3～4 次。

3. 在诱导酵母细胞进入减数分裂时,应保证通风充分,氧气供给充足,否则不会有大量细胞进入减数分裂,增加观察的难度。

想一想,试一试

1. 试述减数分裂的过程。

2. 绘制出本实验的实验流程图,并注明实验中应该注意的事项。

实验报告

1. 根据实验结果,绘一个显微镜下观察到的 Osw1-GFP 定位的图。
2. 试比较有丝分裂和减数分裂的异同,并解释为什么会观察到 4 个纺锤体极。

研究实例

OSW1-GFP 在酵母减数分裂过程中的作用 (Li J, Agarwal S, Roeder G S. 2007, Genetics)

芽殖酵母的孢子形成需要先合成前孢子膜,然后合成孢子壁。我们深入研究了孢子形成特异性基因, SSP2 和 OSW1 突变体的表型。突变体 osw1 的一个很明显的表型是四个孢子的发育不同时进行,在同一个孢子囊中,有的孢子显示出前孢子膜的异常,而其他的孢子则被阻滞在孢子壁发育的不同时期。在简述分离的核分离过程中 Osw1 蛋白定位于纺锤体极,随后定位于前孢子膜和孢子壁。我们推测 Osw1 可能调节孢子形成的同时性。在 ssp2 突变体中,细胞核周围形成前孢子膜和孢子壁,但是前孢子膜和孢子壁却常常在孢子内外形成无核的包涵体。此外,孢子壁也比野生型薄。ssp2 突变体的异常可以被 Spo14 和 Sso1 的过表达所抑制,而 Spo14 和 Sso1 促进前孢子膜形成早期纺锤体极外鞘的囊泡的融合,所以我们推测 Ssp2 参与前孢子膜形成过程中的囊泡融合。

实验二十六　鼠伤寒沙门氏菌 Mini-Tn10 插入突变体库的建立

一、实验目的

1. 了解 Mini-Tn10 插入突变体库构建的原理及应用范围和意义。
2. 学习 Mini-Tn10 插入突变体库构建的方法。

二、实验原理

　　Mini-Tn10(Tn10d-tet)是留有四环素抗性基因缺失转座基因的 Tn10,自身不能转座。当它插入到细菌染色体或质粒 DNA 中便能稳定存在,因此用 Mini-Tn10 代替完整的 Tn10 可获得稳定的插入突变体。为使 Mini-Tn10 转座,必须把带有 Tn10 转座酶基因的质粒通过转化或者转导引入到含 Mini-Tn10 的细胞中,在外来转座酶的作用下,Mini-Tn10 便可以发生转座。只要在含有四环素的 LB 培养基上选择一定数量的四环素抗性转导子便获得了 Mini-Tn10 插入突变体菌落库。进而使用普遍性转导噬菌体 P22 制备 Mini-Tn10 插入突变体菌落库的裂解液,这种裂解液就是 Mini-Tn10 的插入突变体库。

　　理论上,Mini-Tn10 在转座酶的作用下可以随机转座而插入到染色体的各个区域,因此用此法建立的 Mini-Tn10 插入突变体库中应当含有各种染色体 DNA 的 Mini-Tn10 插入片段。所以,以插入突变体库为供体,以适当的细菌为受体进行转导,选择四环素抗性转导子,便有望获得染色体 DNA 上任何位点的 Mini-Tn10 插入突变体,为研究基因的结构和功能提供方便。

三、实验材料

　　1. 菌株:鼠伤寒沙门氏菌(*Salmonella typhimurium*)LT2 野生型;*S. typhimurium* TT10914(TR5878/Pnk792 含转座酶基因和 *Amp*^{r})。

　　2. 噬菌体:P22HT,int$^-$;H5(可形成清晰斑的 P22 突变体);带有 F' Tn10-tet 的 P22 裂解液。

四、实验器具与药品

　　1. 器具:试管、离心管、培养皿、锥形瓶、移液枪、低速离心机。

　　2. 药品:LB 液体培养基、LB 固体培养基平板、绿色指示平板、λdil 缓冲液、四环素(50μg/mL)、氨苄青霉素(20μg/mL)。

五、实验过程

1. TT10914 菌株的 P22 裂解液的制备

(1) 接种 TT10914 于 LB 液体培养基中,37℃过夜。

(2) 取 1mL 上述过夜培养物与 4mL 含氨苄青霉素的 P22 肉汤混合,于 37℃条件下振荡培养 5~8h。

(3) 4000r/min 低速离心 30min,沉淀细胞和细胞碎片。

(4) 将上清液倒入含 0.5mL 氯仿的无菌管并振荡混合,储存于 4℃备用。

(5) 测定噬菌体的效价:接一个 LT2 单菌落于 2mL LB 液体管中,37℃培养过夜。用生理盐水将 P22 裂解液做一系列稀释。各取 0.1mL LT2 培养物,分别与 10^{-6}、10^{-7}、10^{-8} P22 稀释液在试管中混合,室温放置 10min。每管各加 2.5mL TS 软琼脂(不烫手为宜),迅速摇匀,并倒入 LB 平板上铺平。平板正置,30℃培养过夜。根据噬菌斑数计算 P22 裂解液的效价。效价一般为 10^{10}~10^{11} pfu/mL。

2. TT10914 的 P22 裂解液对 LT2 的转导

(1) 接 LT2 至 4mL LB 液体培养基中,37℃振荡培养过夜。

(2) 用 λdil 缓冲液将 P22 裂解液做适当稀释。

(3) 在每个 LB+Amp 的平板上放 0.1mL LT2 过夜培养物和 0.1mL 稀释的 TT10914 P22 裂解液(菌数:噬菌体数≈1:1),涂布均匀后置 37℃培养 24h,以形成 Amp^r 转导子菌落。

3. Amp^r 转导子的纯化和无 P22 噬菌体的检查

(1) 挑取转导子菌落在绿色指示平板上划线分离单菌落,蓝色菌落表明含噬菌体,黄色菌落表明或无噬菌体或为 P22 溶原菌。

(2) 另取一个绿色指示平板,用 0.1mL 移液枪吸取 H5 的 LT2 裂解液,并沿平板划一直线,为确保 H5 裂解液浸入培养基中,室温下放置 20min。

(3) 从上述绿色指示平板上挑取 5 个黄色菌落,分别沿与 H5 划线垂直方向从左到右划一条线,将平板置于 37℃条件下培养过夜。

(4) 观察结果,不含 P22 噬菌体的菌对 H5 敏感,在未接触 H5 的左边生长,接触了 H5 的右边生长很差或不长,溶原菌则在 H5 划线的两侧均生长良好。

(5) 将确定为不含噬菌体的菌,从细胞划线的最左端(确保未接触到 H5)挑取少数接种至 LB 平板上,供进一步鉴定和保存。

4. Mini-Tn10 插入突变体库的制备

(1) 以不含噬菌体、表型为 Amp^r 的转导子为出发株,接种到补加氨苄青霉素的 LB 液体培养基中,37℃振荡培养过夜。

（2）制备 20 个 LB＋Amp＋Tet 平板，在每个 LB＋Amp＋Tet 平板上混合0.1mL 上述菌的过夜培养物和 0.1mL 适当稀释的带 F′Tn10-tet 的 P22 裂解液（以每个平板上出现 500 个转导子为宜），充分涂匀后，置 37℃温箱培养 24h，选择四环素抗性转导子。

（3）在长有 Tet^r 转导子的平板上加少许 LB 液体培养基，用刮子将所有菌落刮下，制成细胞悬浮液。

（4）合并所有平板的菌悬液（至少包含 5000 个菌落），充分混合后吸取 0.1mL至 10mL 新鲜的 LB 液体培养基内，置 37℃振荡培养过夜。

（5）按常规取 5mL 上述过夜培养液至 20mL P22 肉汤中，37℃振荡培养 12h左右。

（6）取上述裂解液，4000r/min 离心 30min，收集上清液，此即为 Mini-Tn10 插入突变体库。按照 1.（5）的方法测定效价。

注意事项

1. P22 噬菌体裂解液效价一般为 $10^{10} \sim 10^{11}$ pfu/mL，效价过低会导致转导失败。可根据效价和受体菌的数量，确定适宜的裂解液稀释倍数，保证转导时菌数∶噬菌体数≈1∶1。
2. 测定噬菌体效价时，TS-软琼脂以不烫手为宜，温度过高会烫死噬菌体，温度过低，琼脂凝固，不宜铺平，影响测定。
3. 为保证 Mini-Tn10 插入位点的随机性和普遍性，Mini-Tn10 插入突变体菌落库应至少包含5000 个菌落，效价一般为 $10^{10} \sim 10^{11}$ pfu/mL。

想一想，试一试

1. Mini-Tn10 转座所需的必要条件是什么？
2. 为什么要对 Amp^r 转导子进行无 P22 噬菌体的检查？
3. 构建 Mini-Tn10 插入突变体库的含义是什么？
4. 利用 Mini-Tn10 插入突变体库，构建目的基因的缺失突变体。
5. 利用 Mini-Tn10 插入突变体库，对目的基因进行精确定位。

实验报告

1. 计算 TT10914 菌株 P22 裂解液的效价。
2. 计算 TT10914 的 P22 裂解液对 LT2 的转导频率。
3. 分析 Amp^r 转导子无 P22 噬菌体的检查结果。
4. 计算带 F′Tn10-tet P22 裂解液对 Amp^r 转导子的转导频率。
5. 计算 Mini-Tn10 插入突变体库的效价。

研究实例

1. Kamoun F, Fguira I B, Tounsi A, et al. 2009. Generation of Mini-Tn10 transposon insertion

mutant library of Bacillus thuringiensis for the investigation of genes required for its bacteriocin production,FEMS Microbiology Letters,294(2):141-149

苏云金芽孢杆菌 BUPM4 可以合成细菌素 BF4,这种细菌素可以抑制一些革兰氏阳性细菌的生长。本研究利用转座子插入突变技术,鉴定与 BF4 合成有关的基因。首先,采用 mini-Tn10 转座子构建苏云金芽孢杆菌基因突变体库。为了寻找 BF4 合成受到影响的突变体,筛选了 20000 个克隆。通过分子杂交,证明 mini-Tn10 插入在基因组的不同位点。克隆 MB1 含有一个 mini-Tn10 拷贝,这一克隆失去 BF4 合成的能力,但具有对 BF4 的免疫力。通过对 mini-Tn10 的侧翼序列进行测序和同源分析,结果表明该基因与噬菌体尾部蛋白相类似。因此,我们推测 BUPM4 细菌素是一种噬菌体尾部蛋白的类似物。

2. Salvetti S,Celandroni F,Ceragioli M,et al. 2009. Identification of non-flagellar genes involved in swarm cell differentiation using a Bacillus thuringiensis mini-Tn10 mutant library. Microbiology,155:912-921

群游是一种运动性细菌沿固体表面一起游动的社会性现象。调控这一过程的分子机制目前还不太清楚。采用 mini-Tn10 转座子插入突变技术,对群游性相关的新基因进行了分析鉴定。研究表明,在 67 个不具有群游性的突变体中,有 6 个在鞭毛组装、趋化性和生长速率上不具有缺陷。对这些突变体的转座子插入位点的侧翼序列进行分析,发现这些基因编码肌氨酸氧化酶、过氧化氢酶-2、氨基酸通透酶、ATP 结合转运蛋白、dGTP 三磷酸水解酶或乙酰转移酶。对其中两个突变体进行功能分析,表明群游行为的差异依赖于甜菜碱的胞内水平。本研究揭示出多种生理活性蛋白质在苏云金芽孢杆菌的群游性中发挥作用。

附录(所需试剂和药品的配置)

1. P22 培养基

LB 液体培养基	100mL
50×E 溶液	2mL
20% 葡萄糖	1mL
P22 HT/int($10^{10} \sim 10^{11}$ pfu/mL)	0.1mL

混匀,存放在 4℃ 备用。

2. 50×E 溶液

$MgSO_4 \cdot 7H_2O$	0.5g
柠檬酸	5g
$K_2HPO_4 \cdot 3H_2O$	32.75g
NH_4Cl	3.02g

3. TS-top agar

胰蛋白胨	1g
NaCl	0.8g
琼脂	0.5g
蒸馏水	100mL

灭菌后,存放在 4℃ 备用。

4. λdil 缓冲液(SM)

NaCl	1.45g
MgSO$_4$ · 7H$_2$O	0.5g
1mol/L Tris-HCl(pH 7.5)	12.5mL
2%明胶	1.25mL

加蒸馏水定容至 250mL。灭菌后,按 50mL 分装贮存。用于噬菌体的保存和稀释。

5. **绿色指示培养基**(1L)

胰蛋白胨	8g
酵母提取物	1g
NaCl	15g
琼脂粉	15g

灭菌后,补加:

40%葡萄糖	34mL
2.5%茜素黄(alizarin yellow)	25mL
2%苯胺蓝(aniline blue)	6.6mL

茜素黄在室温下不溶,用前加热,溶解后使用。

实验二十七　粗糙链孢霉的杂交

一、实验目的

1. 通过对粗糙链孢霉杂交后代表现型的分析,掌握顺序排列四分子的遗传分析技术。

2. 学会着丝粒距离的计算和作图方法。

二、实验原理

属于真菌类子囊菌纲的粗糙链孢霉(*Neurospora crassa*),是一种分枝丝状真菌,菌丝分隔,每隔有近百个单倍体的核($n=7$);通常进行无性生殖,其间菌丝体顶端长出无性的单核小分生孢子和多核大分生孢子,孢子萌发长出新菌丝。另外,还可以通过菌丝体的片段萌发长出新的菌丝体实现无性生殖。

粗糙链孢霉有2种没有形态上的差异、只有生理上的不同的接合型(交配型,mating type)——A和a(或mt^+和mt^-)。不同接合型生长在一起,就可以进行有性生殖。有性生殖又分为2种情况。

(1)菌丝在杂交培养基上增殖,可产生许多内部附有产囊体的原子囊果,如果另一种接合型的分生孢子落在原子囊果的受精丝上,其细胞核就可以自受精丝进入,直到产囊体中,两种接合型的细胞核形成异核体。通过核分裂、进入产囊菌丝、形成钩状细胞(原子囊)等过程后,产生合子核;合子核进行减数分裂,成为4个单倍体核(四分体);四分体进行有丝分裂形成8个核,在一个子囊中顺序排列。成熟的子囊果由原子囊果在受精后增大、变黑后形成,其中集中着30~40个子囊;子囊孢子成熟后,长30~40μm,呈橄榄球状,比其分生孢子(3~5μm)大得多。如在60℃下处理1~2h,子囊孢子便会萌发出菌丝,开始无性繁殖过程(图27.1)。

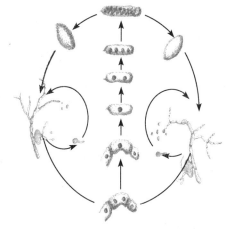

图27.1　粗糙链孢霉生活周期及其减数分裂过程

(2)不同接合型菌株的菌丝连接,发生两种接合型细胞核的融合,所产生的合子形成子囊果。

由粗糙链孢霉的子囊孢子萌发的菌丝体是单倍体,一对等位基因决定的性状在杂交子代中得以分离。由于一次减数分裂产物包含在一个子囊中,四分体中一对基因的分离可以被直观地观察到;由于8个子囊孢子的顺序排列,可以测定着丝粒距离

(定义见后)并发现基因转变情况。具有某一遗传性状差异的两个亲代菌株,杂交后所形成的每一子囊中,必定有 4 个孢子属于一种类型,4 个属于另一类型(1∶1 分离),并且按一定顺序排列。(图 27.2)这就使得它成为进行遗传学分析的好材料。本实验所用的赖氨酸缺陷型(记作 Lys⁻)同野生型(记作 Lys⁺)的杂交,得到 4 黑色(＋)、4 灰色(－)的子囊孢子分离结果。野生型孢子是黑色的,而赖氨酸缺陷型孢子因成熟晚而呈现灰色表型。在显微镜下可以直接观察到子囊孢子的不同排列方式。

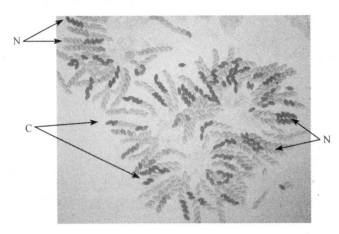

图 27.2　子囊中的子囊孢子
N:非交换型;C:交换型

根据子囊中野生型黑色孢子和缺陷型灰色孢子的排列次序,可分为 6 种子囊类型,据此可以进行着丝粒作图,确定某一基因与着丝粒之间的位置关系。

$$着丝粒和基因位点间的重组值(RF) = \frac{第二次分裂分离子囊数}{子囊总数} \times \frac{1}{2} \times 100\%$$

重组值除去％号,即作为着丝粒距离。

另外,由于发生基因转换,子囊中子囊孢子可出现 3∶1∶1∶3 或 5∶3 等异常分离比。基因转变的频率一般在 1％左右(参考遗传学教材)。

三、实验材料

粗糙链孢霉,野生型菌株 Lys⁺,接合型 α;赖氨酸缺陷型菌株 Lys⁻,接合型 a。

四、实验器具和药品

1. 器具:显微镜、解剖针(或内障针)、钟表镊、载玻片、接种针、培养皿、试管。
2. 培养基和药品
(1) 基本培养基(野生型可以生长,而缺陷型不能生长)(50×贮存液)

使用前,将贮存液稀释,并加 1.5％的蔗糖,调酸度为 pH 5.8。基本培养基加 2％琼脂,即成为固体基本培养基。

柠檬酸钠·$2H_2O$($Na_3C_6H_5O_7$·$2H_2O$)	125g
KH_2PO_4	250g
NH_4NO_3	100g
$MgSO_4$·$7H_2O$	10g
$CaCl_2$·$2H_2O$	5g
生物素溶液(5mg/100mL)	5mL

微量元素溶液

柠檬酸·$2H_2O$	5g
$ZnSO_4$·$7H_2O$	5g
$Fe(NH_4)_2(SO_4)_2$·$6H_2O$	1g
$CuSO_4$·$5H_2O$	0.25g
$MnSO_4$·H_2O	0.05g
H_3BO_3	0.05g
Na_2MoO_4·$2H_2O$	0.05g
蒸馏水	100mL

}5mL

氯仿	1mL
蒸馏水	1000mL
氯仿(防腐)	2～3mL

在基本培养基上补加一种或多种生长物质(氨基酸、核酸碱基、维生素等,其中氨基酸的用量通常是5～10mg/100mL),就成为补充培养基,本实验只用添加赖氨酸的补充培养基。

(2) 完全培养基

基本培养基	1000mL
酵母膏	5g
麦芽汁(亦可不加)	5g
酶解酪素	1g

维生素混合液

硫胺素	10mg
核黄素	5mg
吡哆醇	5mg
泛酸钙	50mg
对-氨基苯甲酸	5mg
烟酰胺	5mg
胆碱	100mg
肌醇	100mg
叶酸	1mg
蒸馏水	1000mL

}10mL

蔗糖	20g

(用1%的甘油代替蔗糖,可获得大量分生孢子。)

完全培养基加 2％琼脂,就成为固体完全培养基。

另外,麦芽汁培养基可以代替完全培养基,配方是:8 波美[波美(°Be)是表示溶液浓度的一种方法]麦芽汁 2 份,蒸馏水 1 份,加 2％琼脂;马铃薯培养基也可以代替完全培养基,配方是:马铃薯洗净去皮、切碎,称取 200g,加水 1000mL,煮熟后用纱布过滤并弃去残渣,在滤下的汁液中加 2％琼脂、20g 蔗糖,再煮融后,分装到试管中即可(也可以将马铃薯切成黄豆大小的小块,每支试管当中放进 3～4 块,然后加入融化好的琼脂、蔗糖即可)。

培养基都需分装到试管中,并在 0.6kg/cm² 高压下灭菌 30min,将斜面固体培养基取出斜摆待冷凝后使用。

（3）杂交培养基

1）普通杂交培养基(pH6.5)

KH_2PO_4	1g
$MgSO_4 \cdot 7H_2O$	0.5g
KNO_3	1g
NaCl	0.1g
$CaCl_2 \cdot 2H_2O$	0.13g
生物素	20mg(或 5mg/100mL 溶液 0.4mL)
微量元素溶液	1mL

(成分同基本培养基中微量元素溶液,配成 4 倍浓度的溶液稀释使用)

蒸馏水	1000mL
蔗糖	20g

加 2％琼脂即配成固体培养基。

2）玉米杂交培养基

取适量玉米粒,在水中将其浸软、破碎,每支试管中放入 2～3 粒,再加入 0.1g 左右琼脂,然后放入一小片长约 3～4cm 的折叠多次的滤纸,加上棉塞后灭菌即可(不需要摆成斜面)。

（4）其他药品

5％次氯酸钠(NaClO),5％石炭酸。

五、实验过程

1. 链孢霉菌种的活化

由于菌种活化需要数日,需提前准备,并有备用,以防菌种活性不好时来不及补救。从冰箱中取出野生型和赖氨酸缺陷型两种菌种,分别接种在两支完全斜面培养基试管中,在 28℃恒温条件下活化培养。活化培养的时间约为 5d(培养到菌丝的上部有分生孢子产生为止)。

2. 两种菌株的杂交

可采用下述方法对亲本菌株进行接种,获得杂交结果。

(1) 准备标签,写明杂交体系的亲本菌株和杂交日期。在杂交培养基(或玉米杂交培养基,下同)上同时接种两亲本菌株的分生孢子或菌丝,在25℃恒温条件下进行混合培养(5~7d)。在杂交的结果中,可以观察到许多棕色原子囊果出现,此后又变大、变黑,成为成熟子囊果。继续培养,在7~14d左右的时间,即可以用显微镜观察分析。

(2) 接种一个亲本菌株,在杂交培养基上经25℃恒温培养5~7d,即可出现原子囊果;同时准备好另一亲本菌株的分生孢子,在无菌水中制成近于白色的悬浊液,加到形成原子囊果的培养物表面(使表面基本湿润即可,每支试管约需0.5mL),继续在25℃恒温条件下培养(1d后即开始形成增大、变黑的子囊果,7d后即成熟)。

3. 菌株杂交结果的显微镜观察

(1) 加少量无菌水于长有子囊果的试管中,摇动片刻(以冲下分生孢子)后倒在空的三角瓶中,加热煮沸(以防止分生孢子飞扬出去)后弃去。

(2) 用接种针挑取子囊果放在事先滴了1~2滴5% NaClO的一个载玻片上(注意:如果在子囊果上附着的分生孢子太多,先在5% NaClO中洗涤一下再置于载玻片上)。再覆盖一张干净的载玻片,用手指压片(压破子囊果),即可用显微镜以10×15倍的放大倍数进行检查。在显微镜下用镊子把子囊果轻轻夹破,挤出子囊也可以。在镜下一般可以见到30~40个子囊。

观察子囊孢子的排列情况。如果子囊像一串香蕉一样以30~40个"串在一起",可加上一滴水,使用解剖针将它们拨开。这一过程不必实行无菌操作,但要注意勿使分生孢子溢散出来。

实验操作流程见图27.3。

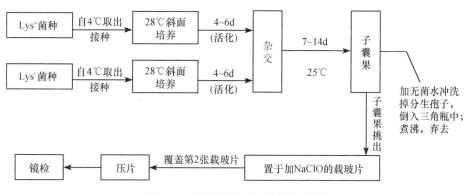

图 27.3　粗糙链孢霉杂交操作步骤

注意事项

1. 30℃以上的温度会抑制原子囊果的形成,因此菌株杂交后进行培养的温度应该控制在25℃。另外,赖氨酸缺陷型菌株有时即使在完全培养基上也生长得不好,这时可加适量的赖氨酸加以改善。

2. 注意:①如果观察时间不当,有可能看不到满意的结果(观察过早,可能所有子囊孢子均未成熟,全为灰色;观察过晚,可能赖氨酸缺陷型孢子也成熟了,全为黑色)。所以,要预先观察子囊孢子的成熟过程,选取合适的时间进行显微镜下分析。②为了避免对实验室环境的污染,用过的载玻片、解剖针和镊子等物都需要经过5%石炭酸溶液浸泡,再冲洗干净。

3. 实验前应该提前活化菌种。

实验报告

1. 根据实验结果,绘一个显微镜下观察到的杂交子囊的图。

2. 通过对一定数目子囊果的显微镜观察,记录每个完整子囊的类型填入下表,并计算 Lys 基因的着丝粒距离(参考数据:本实验用的缺陷型菌株是 Lys5,基因位于第 6 连锁群,着丝粒距离约为 14.8cM)。

子囊类型	观察数
＋＋＋＋－－－－	
－－－－＋＋＋＋	
＋＋－－＋＋－－	
－－＋＋－－＋＋	
＋＋－－－－＋＋	
－－＋＋＋＋－－	
合　计	

3. 请说明:为什么利用粗糙链孢霉不同接合型杂交实验验证孟德尔分离规律,要比利用二倍体生物更加简单?

研究实例

脉孢霉两对基因顺序四分子分析(杨先泉等,2008,遗传)

真菌和单细胞藻类四分子分析能够利用单次减数分裂的 4 个产物进行独特的遗传分析,是帮助人们直观地理解遗传机制的重要手段,已被用于高等生物遗传作图。文章运用孟德尔遗传规律、遗传重组机理与遗传作图原理,分析了两对基因杂交的子囊、子囊孢子类型间关系;推导出了两对基因顺序四分子分析的完整步骤。

第五章　数量与群体遗传学系列实验

　　遗传现象基于生物的世代延续,而生物是以群体为单位得以在一定的环境下生存和进化的。群体就是彼此有交配可能的有性生殖个体群。群体遗传学(或称种群遗传学,population genetics)又称族群遗传学,主要研究在各种演化动力的影响下,等位基因的分布和频率变化。这些进化动力包括自然选择、遗传漂变、突变以及迁移等。另外,他也研究种群的分类和种群的空间结构等,并在此基础上,解释适应和物种形成等现象的机理。群体遗传学产生于20世纪30年代,创始人是S. 赖特(S. Wright)、J. B. S. 霍尔丹(J. B. S. Haldane)和R. A. 费希尔(R. A. Fisher)。在随机交配群体中,等位基因频率和基因型频率之间具有一定的定量关系,如果没有影响群体遗传平衡的因素,则在世代传递中配子频率和基因型频率不会改变。本部分设计了常见遗传现象的基因频率估算和遗传平衡检验的代表性实验。

　　1909年,H. 尼尔松－埃勒(H. Nilsson-Ehle)提出了多基因学说,以每对微效基因的孟德尔式分离来解释数量性状的遗传;20世纪20年代,R. A. 费希尔、S. 赖特和J. B. S. 霍尔丹奠定了数量遗传学的理论基础;20世纪40年代,J. L. 勒什(J. L. Lush)和K. 马瑟(K. Mather)进一步推进了数量遗传研究,K. 马瑟把它称为生统遗传学。20世纪50年代以来,随着概率论、线性代数、多元统计和随机过程等理论的逐步应用,数量遗传学的研究内容又有了很大扩展。生物的性状分为质量性状和数量性状。对于质量性状,表型与基因型之间的关系较为简单,大多数情况下每个基因产生一种表型。质量性状的遗传容易由分离、自由组合和连锁定律来分析。数量性状的变异呈现连续状态,不能简单地用孟德尔定律进行分析,杂交子代不能按表型明显分成几类或具有一定的表型比例。针对数量性状的特点,在分析数量性状的遗传时,需要应用统计学的方法。本部分设计了数量性状分析、遗传率估计和杂种优势测定等实用性实验。

骡——马和驴杂种优势的体现者

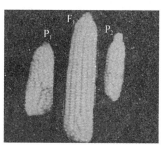

玉米杂交后代(F₁)很可能产生比任一亲本平均穗长和单穗结籽量更大

实验二十八　小麦数量性状统计和遗传率的估算

一、实验目的

1. 理解统计遗传学重要参数遗传率（heritability）的意义，掌握其估算方法。
2. 学习数量性状遗传分析基本方法，并针对小麦抽穗期、株高、株粒重、百粒重等性状进行统计分析，掌握遗传率的计算方法。

二、实验原理

性状是生物体所有特征的总和。任何生物都具有许许多多的性状。其中包括形态或结构特征（如植物的株高、果形等），生理或发育特征（如人的 ABO 血型、耳垂的有无等），而有的则是行为方式特征（如果蝇的趋光性）等。在遗传分析和育种实践当中，根据自然群体或杂交后代群体内遗传变异的规律，将生物的性状划分为质量性状和数量性状两类。其中不易受环境条件的影响、在一个群体内表现为不连续性变异的性状称为质量性状，例如豌豆籽粒形状（圆满与皱缩）、子叶颜色（黄与绿）、花的颜色（红与白）等；有些性状，如身体大小、生长速度等，可用某种尺度来测量，由数字来表示，称为数量性状或计量性状。数量性状的表型效应呈连续分布状态，其遗传学分析需要用数理统计学与遗传学结合的方法对性状的遗传变异作定量地描述，对性状的遗传动态进行研究。在不容易区分所研究的是质量性状或数量性状时，就要根据 F_1 代、F_2 代或其他相继世代的动态遗传特征进行判断。与质量性状相比，数量性状的存在更加广泛。数量性状的遗传分析是严格掌握农时、充分发挥作物生产潜力和科学配备劳动力等的依据，具有重要的理论和实际意义。

在分析数量性状时，个体表现型值（P）可用基因型值（G）与环境效应值（E）之和表示：

$$P = G + E$$

在实际研究中，遗传性状变异量以方差（variance，V）体现：

$$V = \frac{1}{n-1}\Big[\sum x^2 - \frac{(\sum x)^2}{n}\Big]$$

其中 x 为观察数据，n 为世代内抽样数据数。

如果不考虑基因型值与环境效应之间的互作影响，表现型方差（V_P）可分解为基因型方差（V_G）和环境方差（V_E）两个部分：

$$V_P = V_G + V_E$$

通过分剖结果，可以计算表示亲代性状值传递给子代的能力的重要概念——遗传率，亦称遗传力。通过计算遗传率，可为遗传育种的亲本选择提供重要的遗传信息。遗传率可以分为广义遗传率（broad sense heritability）和狭义遗传率（narrow sense heritability)。

$$\text{广义遗传率 } h_B^2 = \frac{\text{基因型方差}}{\text{表现型方差}} = \frac{V_G}{V_P} = \frac{V_G}{V_G + V_E}$$

如果基因间无连锁,又不考虑上位作用等因素,基因型方差可分解为由纯合基因型提供的加性方差和由杂合基因型提供的显性方差两部分:

$$V_G = V_A + V_D$$

这样,可得到一个更有效地表示亲代性状值传递给子代能力的概念——狭义遗传率 h_N^2,即加性方差与表现型方差之比:

$$\text{狭义遗传率 } h_N^2 = \frac{\text{加性方差}}{\text{表现型方差}}, \quad \text{即 } h_N^2 = V_A/V_P$$

根据遗传学理论课所讲授的内容,我们知道遗传率的基本估算方法应该为以下两种。

1. 广义遗传率的估算

$$h_B^2 = \frac{V_{GF_2}}{V_{F_2}} = \frac{V_{F_2} - \frac{1}{3}(V_{p_1} + V_{F_1} + V_{p_2})}{V_{F_2}}$$

2. 狭义遗传率的估算

$$h_N^2 = V_A/V_{F2} = \frac{1}{2}A/V_{F2} = \frac{2V_{F_2} - (V_{B_1} + V_{B_2})}{V_{F_2}}$$

本实验针对小麦抽穗期、株高、株粒重、百粒重等性状的统计计算遗传率,学习数量性状遗传分析基本方法。

三、实验材料

普通小麦亲本及其各种杂交世代(P_1、P_2、F_1、F_2、B_1、B_2)

四、实验场地、条件和器具

小麦试验田及考种实验室;灌溉、除草、施肥等耕作条件;天平、测量尺、小纸牌、纸袋等器具。

五、实验过程

1. 小麦的田间操作设计及播种

当年种植"实验材料"提供的各种普通小麦品系。其中不分离世代(P_1、P_2、F_1)各播种 1 行,两个回交一代(B_1 和 B_2)和杂种二代(F_2)按照小区规划进行种植:2 个回交世代各播种 5 个小区,F_2 种植 15 个小区。

2. 小麦品系的抽样考种调查

在播种的小麦抽穗之前,从 P_1、P_2 和 F_1 各随机选取 30 株;从 B_1 和 B_2 中各随机选取 50 株;从 F_2 杂种中随机选取 100 株。对选取的目标植株悬挂纸牌、编排序号。根据农时和相应小麦品系的生长规律,选择适当时期针对抽穗期、株高、株粒重、百粒重等有关性状进行考种调查。其中,株粒重、百粒重等性状可在收获后进行室内考种,其他性状应随作物的生长发育在田间观测。

注意事项

1. 数量遗传分析是以数据统计为基础的,故在种植区的划分及结果记录上应力求准确,实验结果的记录要完整。

2. 统计的标准(例如时间等)要一致,以减少误差。

3. 考种调查时的性状记录按以下标准进行:①抽穗期,麦穗顶端小穗(不算芒)露出剑叶的日期或叶鞘中上部裂开见小穗的日期;②株高:从地面起至麦穗顶端(不连芒)的高度,单位是 cm,成熟前调查;③株粒重:一个小麦植株的多个麦穗经脱粒后,所收获种子(包括秕子)的干重总量,单位是 g;④百粒重:两份 100 粒干种子(包括秕子)重量的均值。

想一想,试一试

1. 在进行作物数量遗传分析时,常遇到一块田中各处的生长状况差异悬殊的情况。请问,这时应怎样统计性状?

2. 广义遗传率和狭义遗传率的区别和反映的实际指标是什么?

3. 广义遗传率和狭义遗传率哪一个更能准确地表达性状遗传的可能性?

4. 到养鸡场或水稻、玉米等试验田实测若干生长指标,并计算遗传率。根据遗传率确定稳定遗传指标,并写出研究报告。

5. 调查人类若干慢性遗传病或遗传性状,估计遗传率,并写出研究报告。

实验报告

将本次实验的测量数据及有关结果的记录进行整理,登记到下表之中,并计算各世代的表现型方差,分别估算出各性状的广义遗传率和狭义遗传率。

世　代	性状 1(抽穗期)		性状 2(株高)		性状 3(株粒重)		性状 4(百粒重)	
	各观察值 V_P		各观察值 V_P		各观察值 V_P		各观察值 V_P	
P_1								
P_2								
F_1								
F_2								
B_1								
B_2								

研究实例

1. 普通小麦和华山新麦草衍生系 H9021 对全蚀病抗性的遗传分析(魏芳勤等,2009,麦类作物学报)

为了解普通小麦和华山新麦草衍生系 H9021 对全蚀病抗性的遗传特点,利用 IECM 算法对 H9021×96(15)F_2 分离群体的抗病性进行了估算。结果表明,H9021 对全蚀病抗性的遗传模型为 B-1,即抗性由两对主基因+多基因控制,主基因表现为加性-显性-上位性模型,两个重复中 F_2 群体控制抗性的主基因遗传率分别为 96.7% 和 94.6%。

2. 辣椒始花节位遗传研究(陈学军,2006,园艺学报)

应用植物数量性状主基因+多基因混合遗传模型和经典遗传学方法对特早熟辣椒'B9431'与'吉林长椒'杂交组合多个世代群体始花节位进行了联合分析,结果表明:'B9431'始花节位受 1 对隐性等位主基因控制,B9431×吉林长椒始花节位遗传符合 1 对主基因+多基因混合遗传模型。该杂交组合的 B_1、B_2 和 F_2 群体主基因遗传率分别为 83.72%、76.56% 和 86.63%,多基因遗传率分别为 10.96%、19.58% 和 7.94%。

实验二十九　果蝇数量性状遗传率的估算

实验目的

　　1. 深入了解遗传率的估算方法及其在生物群体数量性状遗传研究中的重要意义。

　　2. 掌握统计遗传学中常用的遗传率估算的回归法和选择法。

　　3. 进一步熟练掌握果蝇的生活史、繁育技术和遗传分析方法。

（一）果蝇数量性状遗传率的回归法估算

一、实验原理

　　在"小麦数量性状统计和遗传率的估算"实验的原理中,已经介绍到:数量性状的遗传学分析,需要数理统计学与遗传学结合的方法——统计遗传学方法。即是采用生物统计学的方法对性状的遗传变异作定量的描述,对性状的遗传动态进行研究。在不容易区分所研究的是质量性状或数量性状时,就要根据 F_1、F_2 或其他相继世代的动态遗传特征进行判断。

　　在遗传分析当中,亲代与子代间的相似程度可以用相关系数(related coefficient)或回归系数(regression coefficients)来表示。相关系数是说明两个现象之间相关关系密切程度的统计分析指标。相关系数用 γ 表示,γ 的范围在 -1 和 $+1$ 之间。$\gamma > 0$ 为正相关,$\gamma < 0$ 为负相关(一组数据增大,另一组数据反而减小)。$\gamma = 0$ 表示不相关;$|\gamma|$ 越大,相关程度越高。确定两种或两种以上变数间相互依赖的定量关系的一种统计分析方法叫回归分析(regression analysis)。回归系数就是回归分析中的一些系数,比如一元回归(只包括一个自变量和一个因变量)分析中直线的斜率就是一种回归系数。这里所说的"亲代与子代相关",包括子代与其母本的相关和子代对其父母的平均值的回归。

　　利用亲代与子代之间的相关关系,可以估算遗传率。这种方法也是最基本又简便的遗传率估算方法。如果所研究的亲代与子代在表现型方差上是相同的,而且雌雄性别之间的方差也是相同的,那么,在同一性状上亲代与子代的相关系数就等于子代对亲代的回归系数。此时,用回归系数来估算遗传率要比用相关系数来估算更加方便。

　　本实验以实验室常用的黑腹果蝇(*Drosophila melanogaster*)为材料,以较简单的操作条件在较短的时间内获得亲代与其子代的数量性状(体长)资料。以这些数据进行数理和遗传分析,进而估算出数量性状的重要遗传参数——遗传率。遗传率的估算方法不止一种,本实验利用子代对亲代的回归法,以此为手段了解遗传率的估算及其在生物群体数量性状遗传研究中的重要理论意义和实际应用价值。

遗传率估算的回归分析方法主要有雌性子代对母本的回归法、子代对双亲平均数的回归法和雄亲内子代对母本的回归法。

1. 雌性子代对母本的回归法

数量性状的规律显示,雌性子代群体的标准差与母本群体的标准差在随机交配和环境条件稳定的情况下是基本相同的。为了方便地进行运算,我们可以用雌性子代对母本的回归系数代替雌性子代对母本的相关系数。

以 P 和 O 分别表示母本的性状表现型值和雌性子代的性状表现型值,考虑到两者的标准差相等($\sigma_P = \sigma_O$),则

雌性子代对母本的相关系数 $r_{PO} = \dfrac{Cov_{PO}}{\sigma_P \cdot \sigma_O} = \dfrac{Cov_{PO}}{\sigma_P^2} = b_{OP}$

式中: b_{OP} 表示雌性子代对母本的回归系数; Cov_{PO} 表示母女协方差。

由于 $$CovG_{PO} = \frac{1}{2} V_A \text{(亲子基因型协方差)}$$

所以 $$b_{OP} = \frac{Cov_{OP}}{V_P} = \frac{CovG_{OP}}{\sigma_P^2} = \frac{\frac{1}{2} V_A}{V_P}$$

可得 $$h^2 = 2 b_{OP}$$

这里, $h^2 = h_N^2$,下同。

2. 子代对双亲平均数的回归法

这种方法的依据是:如果所研究的性状(如体长、体宽、生长率、刚毛数等)在两种性别之中都能够得以表现,那么就可以利用双亲同一性状的均值来进行遗传率的估算。

以 $\overline{O}$ 和 $\overline{P}$ 分别表示子代某一性状的均值和双亲该性状的均值。

已知: $$Cov_{OP} = \frac{1}{2} V_A , \quad V_{(\frac{1}{2}P_1 + \frac{1}{2}P_1)} = \frac{1}{2} V_P ,$$

$$b_{OP} = \frac{Cov_{OP}}{V_{(\frac{1}{2}P_1 + \frac{1}{2}P_1)}} = \frac{\frac{1}{2} V_A}{\frac{1}{2} V_P} = \frac{V_A}{V_P} = h^2$$

得 $$h^2 = b_{OP}$$

3. 雄亲内子代对母本的回归法

在运用这种遗传率估算方法时,先是在各父本内求子代对母本的回归系数,然后再进行加权平均(以母、子女配对数加权),以算得平均的回归系数。这就是所谓的"子女对母本的父本内回归"。

二、实验材料

野生型黑腹果蝇某品系。

三、实验器具和药品

1. 器具：显微镜（带推进器）、测微尺（台尺、目尺配套）、计算器、吸虫器以及果蝇实验的常规用具（同基础遗传学的"果蝇杂交实验"部分）。

2. 药品：药品参见"果蝇杂交实验"部分。

四、实验过程

1. 第1天（果蝇采集和亲本杂交实验）：自野外环境随机采集5只野生果蝇成体雄蝇，用乙醚麻醉法将其麻醉。利用带有测微尺的光学显微镜，在低倍镜下测量每一只果蝇的体长。具体操作方法是：同一方向整齐地将经过麻醉的果蝇朝纵向排列在一张干净的载玻片上，在物镜镜头筒内放进测微尺的目尺。将显微镜在低倍镜聚焦清楚，对果蝇进行观察测量；测量时，使果蝇呈侧卧的姿势，推动推进器，逐个数出从果蝇头部的触角前缘一直到其腹部末端的小格数；根据台尺刻度数据按照比例关系将小格数目折算成以毫米（mm）为单位的长度值，并列表统计。

按照处女雌果蝇培养收集方法（见"果蝇杂交实验"），随机地选取野生型果蝇处女蝇25只，按5 ♀×1 ♂随机地与上述获得的5只雄蝇配合成5个杂交组合，并在中等饲养瓶中进行正常培养，完成杂交实验。

2. 第2天以后（F_1统计和数据处理）：杂交实验进行24h后，用吸虫管逐个将各杂交组合中交配过的雌性果蝇移入小饲养瓶中，在温箱中进行培养，以获得F_1代个体。约5~7d后，按组逐个地麻醉F_1代果蝇，在带有测微尺的光学显微镜下测量它们的表现型值（体长）。确认完成测量后，将F_1代果蝇弃去。

从每个雌亲的后代群体中，随机地用吸虫器取出10 ♀和10 ♂，并逐个地在带有测微尺的光学显微镜下测量它们的体长数值，并计算其平均数的大小。将所有数据按下列表格（表29.1）的格式整理统计。

表 29.1　果蝇体长的记录数据

♂亲 ＼ ♀亲	母本编号及表型值	子代表型值
♂₁	♀₁ ♀₂ ⋮	
♂₂	♀₁ ♀₂ ⋮	

注意事项

1. 野外采集雄果蝇后分别放在不同的培养瓶中,以待交配。

2. 母本选择要以常规方式选择处女蝇(方法见果蝇遗传学系列实验)。

3. 交配24h后,将母本取出,放在不同的培养瓶中,并分别做好标记。

(二)果蝇数量性状遗传率的选择法估算

一、实验原理

遗传率的估算方法不止一种,除了上述子代对亲代的回归法以外,还可以利用选择法。动、植物数量性状的选择可使群体遗传组成发生改变,选择的效果可以利用平均数和方差来估计。遗传率大,则早期选择效果好,如禾本科作物的株高、抽穗期等性状;遗传率小,则早期选择效果差,如禾本科作物的穗数、产量等。假设群体某数量性状的平均数为$\overline{P_0}$,根据性状性质,选出一定比例的体现性状最高值(或最低值)的个体,如果中选个体所构成的群体(中选群体)有平均值$\overline{P_S}$,而该群体的后代有平均数$\overline{P_1}$,则中选群体平均数与原来亲代群体平均数之间就会有一个差值,称为选择差(ΔP):

$$\Delta P = \overline{P_S} - \overline{P_0}$$

ΔP以标准差(σ_P)为单位来表示,即$\Delta P/\sigma_P = i$(i称为标准选择差)。

中选群体后代的平均数$\overline{P_1}$与未经选择的亲代群体的平均数$\overline{P_0}$之差叫做遗传获得量(遗传进度,ΔG):

$$\Delta G = \overline{P_1} - \overline{P_0}$$

根据数量遗传学知识可以推导得知:

$$\Delta G = h^2 \Delta P = h^2 \sigma_{Pi}$$

由此可得

$$h^2 = \frac{\Delta G}{\sigma_{Pi}}$$

也就是说,在进行人工选择时,可以利用观察到的一代遗传进度(ΔG)估算出的遗传率,表示每个单位的选择差所获得的一代遗传进度。这种遗传率量值称为实现遗传率(realized heritability)。

本实验以黑腹果蝇腹生小刚毛数的测量数据为研究对象,希望实验操作者通过实现遗传率的估算,掌握数量性状遗传分析特点和遗传率估算的推理、运算方法。

二、实验材料

野外采集的黑腹果蝇,或从两个不同实验室选取的果蝇品系进行杂交,所得F_1个体再进行交配,利用F_2进行实验分析。

三、实验器具和药品

1. 器具：光学显微镜、实体解剖镜、镊子、吸虫管、麻醉瓶、白瓷板、乙醚、小指管（免疫小试管）、盛有培养基的饲养瓶及棉塞等。

2. 药品：参考"果蝇杂交实验"。

四、实验过程

1. 亲代群体与中选群体的确定：以两个近交系杂交所得的 F_2 群体作为亲代群体。从亲代群体中随机选取处女雌蝇和雄蝇各 20 只，轻度麻醉以便测量。调好光学显微镜，在镜下对果蝇第 4、5 腹板上的刚毛总数进行计数。再分别选出（上向选择）刚毛数最多的雌雄果蝇各 2 只，选出（下向选择）刚毛数最少的雌雄果蝇各 2 只。将把计数测量过的果蝇按每管 1 只放入小指管内。

将刚毛数多的和刚毛数少的均各按雌雄 2 只分别移入新的饲养瓶中，使之发生雌雄交配。第 2~3d 后，确认已经产生了蝇卵之后，将亲代果蝇移出饲养瓶，完成刚毛数多的一代和刚毛数少的一代的选择过程。

2. 后代表现型数据统计：观察杂交体系，当第二代果蝇羽化以后，分别从两个饲养瓶内随机地选取雌雄果蝇各 20 只，进行刚毛数的统计。

3. 数据整理和运算：根据统计数据，计算出亲代的刚毛数表型平均数和方差，以及高低两个方向选择系统的刚毛数表型平均数和方差。记录本系列果蝇第 4、5 腹板刚毛数进行一代选择的实验数据列于下表之中。根据所列出的全套数据，计算遗传进度（遗传获得量）等参数，最后求得遗传率。

	雌（20 只）		雄（20 只）	
	平均值	方差	平均值	方差
亲代				
子代				
向多的方向选择（H）				
向少的方向选择（L）				

假定两个方向的选择效应是相等的，那么，两个选择系统的均数差（$H-L$）是遗传进度（ΔG）的 2 倍（H、L 分别表示高低两方向的选择系统的均数）。虽然雌雄均数明显不同，但计测的雌雄数是相同的，可取其均数。

因为

$$2\Delta G = H - L$$

所以有

$$\Delta G = (H-L)/2$$

由于表现型标准差数值 σ_P 在一代的选择中基本无变化，因此，从亲代与子代的表型方差均值可估算表型标准差 σ_P。

将上表中雌雄亲代方差、向上选择雌雄子代方差和向下选择雌雄子代方差的加和平均值表示为 $\bar{V}_P$，则

$$\sigma_P = \sqrt{\bar{V}_P}$$

查表 29.2(不同选择率的标准选择差)可以得出标准选择差(i)。

表 29.2　标准选择差(i)理论值

选择率	群体大小				
	10	20	30	50	∞
0.1	1.539	1.638	1.674	1.705	1.755
0.2	1.270	1.332	1.354	1.372	1.400
0.3	1.065	1.110	1.126	1.139	1.159
0.4	0.893	0.928	0.941	0.951	0.966
0.5	0.739	0.767	0.777	0.786	0.798

在本次实验中，群体大小是 20 只，选择数量是 2 只，因此选择率为 10％。所以，根据表中的数量关系可查得：$i = 1.638$。

所以，本次实验的实现遗传率是：

$$h^2 = \frac{\Delta G}{\sigma_P i} = \frac{(H-L)/2}{\sqrt{\bar{V}_p} \times 1.638}$$

注意事项

1. 雌雄果蝇腹板的位置稍有不同,在统计时需加以辨认,以免出错。

2. 注意:像本次实验那样,对于目的是利用杂交实验材料进行数量遗传规律分析的实验,果蝇培养到幼虫期时应当避免群体过于拥挤,并且选在低温条件(20℃)下进行培养。这样,所产生的成体果蝇个体比较大,便于观察和统计。

想一想,试一试

1. 预习统计学知识,思考相关系数、回归系数的概念及求解方法。

2. 分析数量性状的遗传模型和相关数学模型,充分理解遗传分析和数学运算之间的逻辑和数量关系。

3. 果蝇的生长发育受温度等环境条件影响很大。试设计研究方案,以明显的可视性状为指标,用回归法或选择法进行遗传率评估,分析环境条件对数量性状遗传性的影响。

4. 在小区或大学校园里经常出没一定数量的流浪动物(如流浪猫)。请设计方案对它们的数量遗传性状进行调研,并分析人工干预它们的种群的可能性。

实验报告

1. 计算子女对母本的加权平均回归系数,并求出遗传率。

2. 整理检测、计算数据于实验报告纸上,比较全班同学所求得的实现遗传率,并计算其标准差,对结果进行分析。

3. 比较分析估算遗传率的回归法和选择法。各有何实际意义?

研究实例

1. 安康试验点精神发育迟滞遗传方式的探讨(张淑苗等,2006,西北大学学报·自然科学版)

为探索安康试验点精神发育迟滞的遗传方式,为该试验点精神发育迟滞儿童的综合防治提供依据。运用分离分析法和多基因阈值理论进行遗传流行病学分析。结果显示安康试验点人群中,由非特异性精神发育迟滞和神经型亚克汀病所致精神发育迟滞的遗传率分别为(86.61±11.10)%和(81.80±9.76)%,最大似然法和理论子女总数法计算结果表明,不同婚配类型子女的患病率与理论患病率均无显著性差异。以上数据说明安康试验点存在两种精神发育迟滞,它们的遗传方式可能均为具有主效基因的多基因遗传。

2. 柞水试验区精神发育迟滞多发家庭的遗传分析(张科进等,2005,西北大学学报·自然科学版)

通过遗传统计分析方法,进行分离分析和多基因阈值理论计算。结果显示非特异性精神发育迟滞为多基因遗传,其遗传率为(58.24±9.32)%。最大似然法计算结果表明,U×U婚配类型家系的子女患病率为(17.15±3.5)%,与其理论值有显著差异(P<0.05),U×A婚配类型家系的子女患病率为(67.79±14.32)%,与理论值无显著差异(P>0.05);胎儿碘缺乏型精神发育迟滞的遗传率为(61.91±9.88)%,也符合多基因遗传模型,而且最大似然法计算结果显示,不同婚配型子女的患病率与理论患病率无显著性差异。以上数据说明在柞水试验区,两种类型精神发育迟滞均为多基因遗传,但胎儿碘缺乏型精神发育迟滞可能存在主效基因。

实验三十　农作物杂种优势的测定

一、实验目的

1. 理解杂种优势的概念,通过杂交实验观察杂种的优势效应。
2. 学习作物育种和遗传分析的基本考种方法。
3. 掌握作物杂交和杂种优势的估计方法。

二、实验原理

1911 年,C. H. Shall 提出了杂种优势(hybrid vigor, heterosis)这个术语,它是指两个遗传组成不同的亲本杂交产生的杂种第一代,在生长势、生活力、繁殖力、抗逆性、产量和品质等方面比其双亲优越的现象。杂种优势较多的见于种内不同品种(品系)间的 F_1 代,但在种间也可能发生,比如马(*Equuus caballus*)×驴(*Equus asinus*)生成的骡,其许多特性明显优于双亲。作物的杂种优势尤为显著,如两种玉米品系(P_1 和 P_2)的杂交后代(F_1)很可能产生比任一亲本的平均穗长和单穗结籽量更大。

关于杂种优势的理论很多,主要包括显性学说(dominance hypothesis)和超显性学说(overdominance hypothesis)两种。由 A. B. Bruce 于 1910 年首先提出、1917 年 D. F. Jones(1890~1963)又进行补充完善的显性说对杂种优势的遗传解释主要是:杂种优势是对动植物生长发育有利的显性基因之间相互补充的结果;显性基因大都是有利于生物生长发育的,而隐性基因则一般都对生物的生长发育产生不利影响;由于显性基因的效应遮盖了隐性基因的不利作用,因而动植物在总体性状上表现出超过双亲的生长发育和生理功能上的优势。1911 年,C. H. Shall 和 E. M. East 分别独立提出的超显性学说对杂种优势的遗传解释主要是:生物遗传组成中众多等位基因的杂合状态,是在生长发育中产生杂种优势的根本原因;等位基因之间并不存在显隐性关系,处于杂合态的基因组合的作用比处于纯合态的基因组合的作用大;基因处于杂合状态的座位越多,动植物在生长发育和生理功能上所体现的杂种优势就越大。

关于显性学说和超显性假说都能找到有力的证据。但是这两种学说对杂种优势现象的解释都不够完善。此外,这两个假说均只考虑了细胞核基因互作,没有涉及母本细胞质基因及核质基间的关系。实际上许多正反交实验说明,细胞质的效应有时是相当明显的。因此,杂种优势的遗传学机理还有待于进一步分析。综观生物界杂种优势的种种表现,现在比较认可的解释主要是,由于双亲显性基因的互补、异质等位基因的互作和非等位基因间的互作,加上环境因素等多种效应的综合影响,才使生物的杂交后代体现了生长发育的优势。

杂种优势具有如下特点:第一,动植物的杂种优势,并不是某一两个性状所单独体现出来的,而是整个生物体的众多性状的综合性表现。第二,动植物所表现的杂种优势的大小,大多数都取决于双亲性状之间的相对差别和相互补充效应。基本规律是,在一定的范围内,杂交体系中双亲之间在亲缘关系、生态类型和生理特性上的差异越大,它们之间相对性状的优劣性就越能够彼此给予补偿,所获得的杂交品种(品系)的生长发育优势也就越强;反之,如果杂交体系中双亲之间的差异较小,其相对性状的优劣性就不能有效互补,杂交品种(品系)的优势就较弱。第三,生物杂种优势的大小与双亲基因型组成上的高度纯合也具有密切的关系,与环境条件的综合作用也分不开。

此外,人们所说的杂种优势还赋予了对人来说比较重要的某些内容。诸如在外部形态、内部结构、生理生化等方面都能满足育种目标的要求,从经济价值上分析杂种一代的突出优势等。因此,在作物的育种分析时,杂种优势主要从营养势、抗逆—适应性优势、生育优势、产量优势和品质优势等方面考虑。由于近交普遍造成杂种衰退(近交衰退,inbreeding depression),农牧渔业育种通常避免近交,以最大限度地发挥杂种优势。

本实验以两种最常见的农作物——小麦和玉米为研究材料,进行杂交实验研究,通过性状株高、穗长、叶宽、叶长等测量数据,分析和评估杂种优势。

三、实验材料

1. 玉米材料

不同的玉米自交系 P_1 和 P_2 及其杂交种 F_1,回交一代 B_1 和 B_2,杂种二代 F_2,对照种(CK)。测量叶宽、叶长、株高和穗长等性状。

2. 小麦材料

不同的小麦品种(或品系)P_1 和 P_2 及其杂交种 F_1,回交一代 B_1 和 B_2,杂种二代 F_2,对照种(CK)。测量抽穗期、株高、株粒重和百粒重等性状。

四、实验场地、条件和器具

1. 场地、条件

实验田,灌溉、施肥、除草等耕作条件,考种室。

2. 器具

测量尺、天平、铅笔、记录纸、计算器等。

五、实验过程

1. 播种和田间操作

(1) 分别在当年种植上述玉米和小麦实验材料。其中不分离世代(P_1、P_2、F_1)

各播种 1 行,回交一代 B_1、B_2 和杂种二代 F_2 按小区种植,具体是:B_1、B_2 各种 5 个小区,F_2 种 15 个小区。同一种作物(玉米或小麦)的实验材料的不同世代,在播种和田间操作措施上应保持一致。

(2) 在试验田里观察两个玉米亲本自交系或两个小麦亲本品种(或品系)及其杂种 F_1 的生长势、发育能力和各种性状,分析比较亲本和后代 F_1 之间在各个可测量性状上的不同表现及其表现程度。按照作物生长规律,适时安排工作进度,以亲本自交系或品种、杂种 F_1 和对照种为对象,分别选取所要观测的农艺性状进行调查分析,每一个性状要求取 20～30 个观测数据,并将这些数据的测试结果记录下来。

2. 考种及抽样分析

在作物抽穗之前,从亲本和 F_1 群体中各随机选择 30 个植株,从 B_1 和 B_2 群体中各随机选择 50 个植株,从杂种 F_2 群体中随机选择 100 个植株,分别对这些入选植株进行挂牌和编号。根据农时和作物生长发育状况,在适当的时期对所选择的各种性状进行考种分析。

考种分析时,玉米的性状记录按如下标准进行:①叶长、叶宽,指主干上部叶的长度和宽度(cm);②株高,指自根茎交界处至顶部的高度(cm);③穗长,指玉米穗的总长度(cm)。

小麦的性状记录按如下标准进行:①抽穗期,指穗部顶端小穗(不算芒)露出剑叶的日期或叶鞘中上部裂开见小穗的日期;②株高,指在成熟前调查的从地面起至麦穗的顶端(不连芒)的距离(cm);③株粒重,指一株小麦的所有穗脱粒后全部种子(包括秕籽)的干重(g);④百粒重,指 100 粒干种子(要将被抽样的种子混摊均匀,不要有意避开秕籽)秤重所得的重量(g)(数两份干种子,求其平均重量)。

3. 杂种一代优势程度的估计

完成上述测量数据的分析统计后,利用所得到的检测资料,套用下述运算公式,分别计算两种作物的各种性状杂交一代(F_1)的杂种优势程度。

(1) 平均优势——杂种一代平均值(F_1)与双亲平均值(MP)的差异率(百分数)。

$$平均优势(\%) = \frac{F_1 - MP}{MP}$$

(2) 超亲优势——杂种一代平均值(F_1)与较好的一个亲本的平均值(HP)的差异率(百分数)。

$$超亲优势(\%) = \frac{F_1 - HP}{HP}$$

(3) 对照优势——杂种一代平均值(F_1)与对照种平均值(CK)的差异率(百

分数)。

$$对照优势(\%) = \frac{F_1 - CK}{CK}$$

4. 杂种显性度的度量

(1) 显性势能(相对优势)——表示显性程度的相对大小的参数,指一对杂合基因的显性效应 d 与一对纯合基因的加性效应 a 的比值。

假定在个体中所有基因对的 a 值大小都相等,而且方向相同;同时各杂合基因对的作用值 d 也都大小相等且方向相同,那么显性势能就以下列运算结果给出:

$$h_p = \frac{[d]}{[a]} = \frac{m[d]}{m[a]} = \frac{\sum d}{\sum a} = \frac{F_1 - \frac{1}{2}(\overline{P_1} + \overline{P_2})}{\frac{1}{2}(\overline{P_1} + \overline{P_2})}$$

分析:

① h_p 在 $\pm0.05 \sim \pm0.5$,表明无显性;

② h_p 在 $\pm0.6 \sim \pm0.95$,表明为正负部分显性;

③ h_p 在 $\pm0.96 \sim \pm1.05$,表明为正负完全显性;

④ $h_p > +1.06$ 或 $h_P < -1.05$,表明为正负超显性。

(2) 平均显性度——测定显性势能时的两个条件(a 值大小相等、方向相同,同时 d 值也大小相等、方向相同)一般不能很好地满足。如果各个 d 的方向不同,则 $\sum d$ 有可能等于零,因而 $h_p = 0$,但这是正负抵消的结果,不能说明没有显性效应;同理,$\sum a$ 也可能等于零,使得 $h_p = \infty$,这是不合逻辑的。为此,设计了如下估算公式来求平均显性的程度。

$$平均显性度 = \sqrt{\frac{\sum d^2}{\sum a^2}} = \sqrt{\frac{D}{A}}$$

其中偏差平方和 A 和显性偏差平方和 D,可根据 P_1、P_2、F_1、F_2、B_1 和 B_2 的表现型值,并采用实验"小麦遗传率估算"中所提供的公式算出。

分析:

① 平均显性度 $=0$ 或 $D=0$,表明无显性;

② $0 <$ 平均显性度 < 1 或 $D < A$,表明部分显性;

③ 平均显性度 $=1$ 或 $A=D$,表明完全显性;

④ 平均显性度 > 1 或 $D > A$,表明超显性。

显性与优势实际上是生物同一种遗传现象不同程度的表现,显性度的衡量对于分析作物遗传基因的性质和育种价值具有重要意义。

注意事项

作物的杂种优势主要从营养优势、抗逆—适应性优势、生育优势、产量优势和品质优势等方面考虑。由于田间环境的异质性往往很大,采样分析时必须注意随机性、代表性,并注意统计量要符合统计学的要求。

想一想,试一试

1. 在动植物育种中,近交和远交是否各自都有一定的优越性?在改良品种时如何合理使用两者所奠基的培育策略?

2. 在实际育种或生产中,如何利用遗传学原理,保障杂种优势的实现?

3. 以上关于数量性状的遗传分析中,应用了大量的统计分析方法,实验材料多以作物的数量性状作为研究对象。可以进行综合实验设计训练,研究数量性状遗传的特点。例如进行关于遗传率和杂种优势的相关实验设计与实施,利用实验课中的材料或参照此另取材料,将遗传率的评估和杂种优势的评价结合起来,以提高综合设计和逻辑分析能力。

实验报告

1. 总结本次实验的各种数据,说明所分析的玉米和小麦的杂种 F_1 和双亲在各个检测性状的表现上有何差异?哪些性状具有明显的杂种优势?

2. 综合全体实验参加者所统计的数据资料,按照实验指导中"杂种一代优势程度的估计"和"杂种显性度的度量"中所介绍的方法,计算所分析的玉米和小麦相关性状的显性势能和平均显性度。

3. 总结迄今你所学会的数量遗传分析方法及其应用价值。

研究实例

1. 光子棉花的产量杂种优势研究(万艳霞等,2009,华北农学报)

光子是棉花种子无短绒的一种标记性状,利用综合性状较好的 5 个光子材料作亲本,与 17 个优良毛子棉花新品种(系)组配 19 个光子杂交组合,研究具有光子标记性状杂交组合的产量杂种优势表现。结果表明:光子杂交组合皮棉产量表现正向中亲优势和正向超亲优势,籽棉产量光子作母本的杂交组合杂种优势高于光子作父本的杂交组合;衣分和单铃重表现正向中亲优势,单株铃数光子作母本的杂交组合优势率高于作光子父本的杂交组合;籽指表现负向中亲优势、负向超亲优势和负向竞争优势,筛选出产量竞争优势 5% 以上、综合性状突出的优势组合 8 个,可供在农业生产上推广种植。

2. 万寿菊属 F_1 杂种优势分析(唐道城等,2009,华北农学报)

万寿菊(*Tagetes erecta*)与孔雀草(*T. patula*)同为菊科万寿菊属不同观赏种的一、二年生草本植物,因其花色丰富、花朵繁多、花期长、开花早,被全世界园林广泛应用。选用万寿菊 A、B、C 3 个雄性不育两用系与 95 个万寿菊和孔雀草自交系杂交,测定 F_1 的株高、花径、冠型指数和分枝能力,并进行超中优势和超亲优势分析,通过 F_1 各性状超亲优势的综合评价,选择出各雄性不育系恢复性强的自交系。结果表明,3-1、4-1 和 32-1 综合优势值最高,可作为"两用系"A 的恢复系,38-3、2-1、49-2 的综合优势值最高,可作为两用系 B 的恢复系,33-2、43 和 48-l 的综合优势值最高,可作为"两用系"C 的恢复系。实验结果为花卉生产提供了重要的选种依据。

实验三十一　群体遗传平衡分析和基因频率的估算

一、实验目的

1. 理解孟德尔群体遗传平衡的含义。
2. 掌握平衡群体基因频率、基因型频率的估算方法。
3. 理解群体遗传平衡检验的条件。

二、实验原理

在有性生殖的生物中,一种性别的任何一个个体都有同样的机会跟相反性别的个体进行交配的有性生殖结合方式,称为随机交配。1908 年,英国数学家 G. Hardy 和德国医生 W. Weinberg 分别独立地证明了一个事实:在一个不发生突变、迁移和选择的无限大随机交配的种群中,基因频率和基因型频率在世代繁衍中将保持恒定。这就是遗传平衡定律或 Hardy-Weinberg 平衡定律。(哈迪—温伯格定律)。

根据哈迪—温伯格定律的适用条件,这样的理想种群在自然界中很难完美地形成,基因频率总的改变是经常发生的。从本质上看,这也是生物进化在任何种群中随时发生的体现。在影响遗传平衡的主要因素中,突变的重要性首先表现在它是种群中遗传变异的主要来源,影响种群中基因的频率,为生物进化提供了原材料,通过自然选择和随机漂变等因素的作用,导致生物进化的发生;自然选择的作用实际上在于在种群中选择某些基因,淘汰掉另一些基因,也必然改变种群中基因的频率和基因型频率;迁移是一个种群的个体移入另一个能与之交配的种群中的过程,它为接纳迁移者的种群带进了新的基因,从而使种群基因频率发生变化,也使迁出一些个体的种群中可能发生基因频率的改变;遗传漂变发生在小的种群中,由于偶然的机会而造成基因频率的改变,其结果可能使中性基因(对生物生存既无利又无害的基因)保存下来或者淘汰出去,也可能使有利基因淘汰掉而保存有害基因。濒危动物的危险处境就是因为个体少,基因库变得贫乏。小种群的濒危动物,因为基因不断地随着漂变面临消失的险境,绝灭的可能时刻存在。因此,保护野生种群的一个当务之急,就是要千方百计地尽快壮大它们的种群,对抗随机的遗传漂变。

无论一个基因位点具有几个等位基因,它们在种群中都遵循哈迪—温伯格定律所描述的遗传组成变化规律。

大家可对本次参与实验的全体人员的下列性状进行调查:对苯硫脲(PTC)的尝味能力、ABO 血型、卷舌、眼睑、耳垂、发式与发旋等(图 31.1)。根据所调查的实际数据,先分别计算出控制所研究的各性状的等位基因频率和基因型频率,然后,合理地运用遗传平衡定律对该实验人群作进一步的群体遗传学分析,并讨论本次调查研究的实际价值。

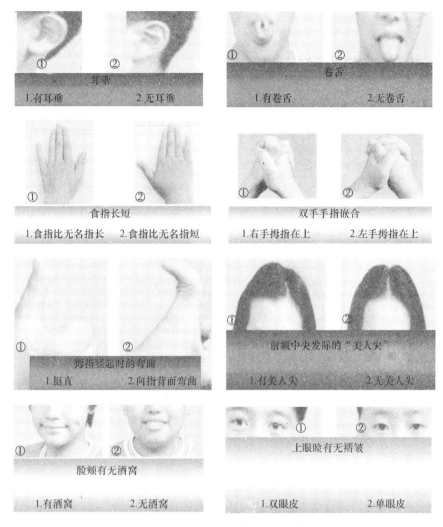

图 31.1　可用作调查对象的若干人体性状

三、实验材料

参与实验人员的各种相关性状。实验中,要注意安全、卫生;调查分析他人的性状时,要取得对方的同意,并尊重每个人的隐私权。

四、实验器具和药品

1. 用具:显微镜、计算机、双凹玻片(或普通载玻片)、天平、烧杯、容量瓶、量筒、滴管、镊子、采血针、青霉素小瓶、试管、试管架、吸管、牙签或小玻棒、记号笔、胶布、小镜子、棉球。

2. 药品：苯硫脲(phenylthiocarbamide，PTC)(白色结晶状化合物，呈苦味，对人类无毒副作用)、A型和B型血标准血清、70%酒精、0.9%生理盐水等。

五、实验过程

1. PTC 尝味能力的群体遗传分析

(1) 检测液(PTC 溶液)的制备

所有相关用品需要无菌、无毒，药品需要经过安全认定，并建议整个配制过程在有人监督的情况下进行。

称取 1.3gPTC，溶解于 1L 的蒸馏水当中，摇动、搅拌均匀，在 20℃的温度下放置 2d 以上，即可获得完全溶解的 PTC 原液。将原液(浓度为 1/750)定为 1 级。然后，按照等量对半稀释原则将原液依次稀释至 2~14 级，其中第 14 级对应的浓度为 1/6 000 000。将配置好的 14 种不同等级(浓度)的 PTC 测试液分别盛装到事先经过消毒的瓶子中。具体方法如表 31.1 所示。

表 31.1　不同浓度 PTC 溶液的配制

溶液标号	溶液配制	感受者基因型
1	称取 1.3g 的 PTC 定溶于 1L 蒸馏水	*tt*
2	取 1 号溶液 50mL，以 50mL 蒸馏水稀释一倍	*tt*
3	取 2 号溶液 50mL，以 50mL 蒸馏水稀释一倍	*tt*
4	取 3 号溶液 50mL，以 50mL 蒸馏水稀释一倍	*tt*
5	取 4 号溶液 50mL，以 50mL 蒸馏水稀释一倍	*tt*
6	取 5 号溶液 50mL，以 50mL 蒸馏水稀释一倍	*tt*
7	取 6 号溶液 50mL，以 50mL 蒸馏水稀释一倍	*Tt*
8	取 7 号溶液 50mL，以 50mL 蒸馏水稀释一倍	*Tt*
9	取 8 号溶液 50mL，以 50mL 蒸馏水稀释一倍	*Tt*
10	取 9 号溶液 50mL，以 50mL 蒸馏水稀释一倍	*Tt*
11	取 10 号溶液 50mL，以 50mL 蒸馏水稀释一倍	*TT*
12	取 11 号溶液 50mL，以 50mL 蒸馏水稀释一倍	*TT*
13	取 12 号溶液 50mL，以 50mL 蒸馏水稀释一倍	*TT*
14	取 13 号溶液 50mL，以 50mL 蒸馏水稀释一倍	*TT*

(2) PTC 尝味能力的测试

实验参与者相互检测对方的相关性状。受测者从第 14 级检测液开始，依次品尝 PTC 味道。在测试进行时，让受测者坐在稳定的椅子上，仰起头、张开口，测试人员用无菌、洁净的滴管向受测者的舌根部滴加 5~6 滴溶液(切勿滴加过猛或直接滴到咽部开口处，以免造成窒息等危险)，然后记录受测者第一次确切尝到苦味时的溶液级别。如果受试者对品尝的结果不能确认或模棱两可，则需要用无菌蒸馏水漱口后重复测试,直到确认了品尝结果,再记录其溶液等级号。

(3) 受测者 PTC 味觉基因型的确定

按表 31.2 的分级进行判断。

表 31.2 PTC 品尝者基因型和表现型的判定

品尝阈值(等级范围)	⩾11	10~7	<7
对应表现型	强味觉	中等味觉	味盲
对应基因型	TT	Tt	tt

列表统计本次实验所有参与者的 PTC 味觉测试结果,留做进一步分析之用。

2. 耳垂性状的群体遗传分析

耳垂性状也受单基因座(F-f)的控制:有耳垂为显性(基因型为 FF 或 Ff),无耳垂为隐性(基因型为 ff);有耳垂者表现型记为[F],无耳垂者表现型记为[f]。

列表统计本次实验所有参与者的耳垂性状测试结果,留做进一步分析之用。

3. 卷舌性状的群体遗传分析

卷舌性状也受单基因座(T-t)的控制:能够将舌的两侧在口腔中向上卷起呈"U"状者称为"卷舌者",受显性基因 T 控制,表现型记为[T];不能将舌的两侧在口腔中向上卷起呈"U"状者称为"非卷舌者",对应于隐性基因纯合型 tt,表现型记为[t]。该对相对性状中,卷舌对非卷舌也呈完全显性。

列表统计本次实验所有参与者的卷舌性状测试结果,留做进一步分析之用。

4. 眼睑性状的群体遗传分析

一般认为,眼睑性状也受单基因座(E-e)的控制,其中双眼皮受显性基因控制,为显性性状,而单眼皮为隐性性状。眼睑为单重睑(俗称"单眼皮")者,表现型记为[e];眼睑为双重睑(俗称"双眼皮")者,表现型记为[E]。有关研究资料对眼睑性状的遗传方式的报道还不确定,相应基因和性状的关系还有争议。

列表统计本次实验所有参与者的眼睑性状测试结果,留做进一步分析之用。

5. 发式与发旋性状的群体遗传分析

发式与发旋性状也都是单基因座位遗传性状。从全世界人口的调查来看,人类的发式有卷发和直发两种基本类型,其中直发为隐性性状,表现型记为[h];而卷发则是显性性状,表现型记为[H]。至于发旋性状,指的是在人的头顶稍后方的中线处有一螺形纹,其螺纹的方向是受到遗传基因控制的:螺纹旋向为顺时针方向是显性性状,记为[A];螺纹旋向为逆时针方向是隐性性状,记为[a]。

列表统计本次实验所有参与者的发式与发旋性状测试结果,留做进一步分析之用。

6. ABO 血型的检测群体遗传分析

(1) ABO 血型检测机理

人类的 ABO 血型由一组复等位基因(I^A、I^B 和 i)控制,共有 4 种血型(表 31.3)。

表 31.3　ABO 血型遗传特征

表现型	基因型	红细胞膜上的抗原	血清中的天然抗体
A	$I^A I^A$、$I^A i$	A	抗 B(β)
B	$I^B I^B$、$I^B i$	B	抗 A(α)
AB	$I^A I^B$	A、B	抗 A(α)、抗 B(β)
O	ii	—	—

在 ABO 血型系统中,A 抗原只能和抗 A 结合,B 抗原只能和抗 B 结合。因此,可以利用已知的 A 型标准血清(抗 B 血清)和 B 型标准血清(抗 A 血清)对未知血型进行鉴定,这就是最基本的验血方法:如果某种血液的红细胞在 A 型标准血清中发生了凝集反应,则这种血液就是 B 型血;如果血液里的红细胞在 B 型标准血清中发生了凝集反应,则这种血液就为 A 型;在两种标准血清中均发生凝集反应者为 AB 型血,相反,在两种标准血清中均不发生凝集反应,就是 O 型血的特征。

(2) 血型的玻片法测试

如果不知道被调查者的血型,可以对其进行验血测试。

1) 标准血清准备:用玻璃腊笔在一洁净的载玻片上划出 2 个方格,或取一张清洁的双凹玻片,两端上角分别用油性记号笔注明"A"和"B"以及受试者的姓名。然后分别用洁净的吸管吸取 A 型标准血清和 B 型标准血清各 1 滴,滴入相应的方格或凹槽内。

2) 样血采集:实验人员应当具备医疗消毒、止血和医用利器使用的基本技能。用 70% 酒精棉球对志愿受试者的耳垂或指端进行消毒,待酒精干后立即用无菌采血针刺破皮肤,用无菌吸管取 1~2 滴血放入盛有 0.3~0.5mL 生理盐水的青霉素小瓶之中。用吸管轻轻吹打所获得的血液—生理盐水混合液,制成约含 5% 红细胞的生理盐水血悬液。

3) 凝集实验:分别在玻片的每一方格(凹槽)内滴入 1 滴上述生理盐水血悬液(滴管不要触及标准血清),立即用牙签或细玻璃棒搅拌混合液体,使之尽快充分混匀。

4) 结果观察:在室温条件下,每隔数分钟将玻璃片凝集实验体系轻轻晃动数次,以便凝集反应能够加速进行。大约 10~30min 后,仔细观察实验体系中是否发生了凝集反应。判断是否产生凝集反应的标准如下(表31.4)。

表 31.4　凝集反应的判断

可见的现象	血清由混浊变为透明,出现大小不等的红色颗粒	血清仍呈混浊状,无颗粒出现	观察不清
凝集反应判断	红细胞已凝集	无凝集反应发生	可通过显微镜在低倍镜下观察(图31.2),进一步判断

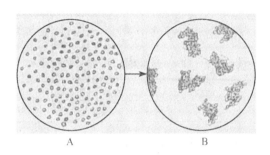

图 31.2　显微镜下可见的红细胞凝集现象
A. 无凝集;B. 凝集

　　列表统计本次实验所有参与者的 ABO 血型测试(调查)结果,留做进一步分析之用。

注意事项

1. 进行 PTC 测试时,测试的原则是:从低浓度到高浓度,每换不同等级的测试液时都要先用蒸馏水漱口;测试时,为避免受测者的臆想和猜测,还需要不断在蒸馏水和 PTC 溶液间变换,根据测试者的味觉进行测试结果的判断。

2. 注意:一个人的血型是终生重要的身份参数,虽然上述测试的原理的标准是科学的,但本次验血测试的结果只能唯一用于本实验,不能作为受试者血型鉴定的定论,有关原则遵照权威的血型鉴定规定。发现有疑问者,应到权威机构进行血型检查。

想一想,试一试

1. 调研并参阅相关文献,了解人类遗传分析的主要遗传性状,并区分一部分质量性状和数量性状,以及某些相关疾病。

2. 从实践和研究文献、临床资料等方面,总结一下人类遗传分析与其他动物遗传分析的理论和方法学区别;在计划生育、家庭规模缩小的社会中,人类群体遗传及家族性临床遗传研究的策略需要哪些改进?

3. 选择一定的居住区或其他人群相对稳定的地区,调查几种人类常见慢性病的遗传倾向(利用遗传率进行估计),并根据当地的环境、生活、经济发展和医疗卫生等状况写一个研究报告。

实验报告

1. 将本次实验所取得的各单基因对相对性状(卷舌、耳垂、眼睑、发式和发旋)的调查结果整理到下列"特定人群若干遗传性状调查表",根据这套来自所有实验参与者的测试数据,算出有关基因、基因型频率,并推算出显性表现型中纯合体与杂合体的比例;分析本实验人群的遗传平衡状态。

特定人群若干遗传性状调查表

受试群体名称＿＿＿＿＿＿＿＿＿　　　　分析调查日期＿＿＿＿＿＿＿＿＿

姓名	民族	对PTC的尝味能力			卷舌		耳垂		眼睑		发式		发旋		血型			
		TT	Tt	tt	[T]	[t]	[F]	[f]	[E]	[e]	[H]	[h]	[A]	[a]	A型	B型	AB型	O型
	总计																	

2. 假定人群处于遗传平衡状态,根据本次实验所取得的 ABO 血型的调查结果,算出有关基因的频率。查阅平衡群体资料,利用 X^2 检验,验证所有实验参与者所组成的群体是否真正是平衡群体。如果数据充足,还可以研究不同民族的差异。

研究实例

1. 河北汉族青少年苯硫脲尝味能力测定与分析(张红梅等,2009,生物学通报)

　　本论文采用阈值法测定了 1 203 名河北汉族学生对苯硫脲的尝味敏感性,统计并计算了该群体的苯硫脲味盲基因频率。结果显示该群体味盲率为 4.738%,味盲基因频率为 0.218,尝味基因频率为 0.782。

2. 黔南布依族、苗族和水族人群 ABO 血型分布及基因频率(任光祥等,2007,人类学学报)

　　本文对黔南州布依族、苗族、水族人群 ABO 血型的表现型及基因型频率进行了检测。结果显示:黔南布依族 ABO 血型分布为 O>B>A>AB;苗族、水族为 O>A>B>AB。3 个民族 ABO 血型基因频率相接近;经吻合度检测,符合 Hardy-Weinberg 平衡定律。黔南与黔东南、黔西南布依族和苗族群体间以及黔南水族男女群体间 ABO 血型分布差异均具有显著性(P<0.05 或 P<0.01),结果表明 ABO 血型分布存在民族、地区和性别差异。

附录

1. 人类常见性状的遗传机制及性状分析中应该注意的问题

　　由基因决定的性状大致可分为两大类,单基因控制的质量性状和多基因控制的数量性状。前者又可分为显性性状和隐性性状。后者的性状是由多个基因控制的,这些基因之间不存在显隐性的关系,每一个基因对性状的形成表现都有一定的累加作用,并且容易受环境的影响。本文仅就一些常见的人体性状及遗传机制列表如下,可供读者在学习及实验设计中借鉴参考。

分类	性状		遗传机制	补充说明
体表性状	身高	正常	多基因控制	身高的遗传力约为80%,说明遗传的作用大于环境的作用
		侏儒症	显性遗传	是一种遗传病,身高停留在5~6岁儿童状态,智力正常
	肤色	正常	多基因控制	白化是一种皮肤病,由单基因决定,详细介绍见"常见遗传病"
	头发的颜色	黑发	显性遗传	毛发的颜色与皮肤颜色和眼色有一定的相关性,黄种人多为褐眼黑发,白种人多为蓝眼金发
		红发	隐性遗传	
	头发的形状	卷曲	显性遗传	
		直发	隐性遗传	
	发际线	V字型发际线	显性遗传	俗话常说的美人尖
		一字型发际线	隐性遗传	
	眼睛的颜色	黑、褐色	显性遗传	眼色是由于虹膜折光率不同所致。虹膜的结构由多基因控制,但有一个主要基因起作用,所以眼色表现出单基因遗传的特点
		蓝、灰色	隐性遗传	
	眼睑形状	有眼睑	显性遗传	双眼皮
		无眼睑	隐性遗传	单眼皮
	眼的功能	近视	隐性遗传	这里所说的是指先天性的高度近视(视力在-6.0届光度以上),一般的近视是有多基因基础的,其中环境因素有重要的作用
		远视	隐性遗传	这里说的远视也指的是高度远视
		色盲	隐性遗传	致病基因位于X染色体上
		散光	多基因控制	角膜曲度不均造成散光,散光的遗传方式曾有争议,现在多数学者认为曲度受多基因控制
	耳垂的形状	有耳垂	显性遗传	
		无耳垂	隐性遗传	
	耳的功能	先天性耳聋	隐性遗传	具有遗传异质性,即这一性状由多对基因决定,其中任何一对的纯合状态都可以导致耳聋
	舌的形态	可向中间卷曲成槽状	显性遗传	
		不能卷曲成槽状	隐性遗传	
	足的形态	平足	隐性遗传	直立时脚底没有弧度
		正常足	显性遗传	直立时脚底有一定的弧度
	拇指弯曲	可以向后弯曲	隐性遗传	拇指第一节向指背弯曲>60°
		不可以向后弯曲	显性遗传	拇指直立,不能向后弯曲
	食指长短	食指较无名指长	显性遗传	
		食指较无名指短	隐性遗传	
	酒窝	有酒窝	显性遗传	
		没有酒窝	隐性遗传	
行为习惯	习惯用手	惯用左手	显性遗传	虽然惯用左手是显性的,但人群中惯用左手的人却不多。这是因为决定惯用左手的基因频率低于惯用右手的基因频率
		惯用右手	隐性遗传	
	双手嵌合状态	左手拇指在上	显性遗传	
		右手拇指在上	隐性遗传	

分类	性状		遗传机制	补充说明
生理生化	血型	A、B、AB 型	显性遗传	ABO 血型系统是受一组复等位基因(I^A、I^B、i)控制的,I^A、I^B 对 i 是显性,i 为隐性。I^A 与 I^B 为共显性,所以血型相同的人基因型可能不同
		O 型	隐性遗传	
常见遗传病	心血管疾病	先天性颅面骨发育不全	显性遗传	特征是发育性颅骨、面骨畸形,颅缝早闭,尖头或短头,额部突出眼窝变浅,眼球突出成特殊面容,又称鹦鹉头
		强直性肌营养不良	显性遗传	此病外显率高,有不同的表现度。多于青春期发病。表现为肌强直,进行性萎缩。颅骨增厚,智力减退,性机能减退
		先天性心脏病	多基因控制	
		高血压	多基因控制	大量研究表明,高血压具有明显的家族发病倾向。大多数学者认为高血压的遗传力在60%以上
		冠状动脉硬化	多基因控制	冠状动脉粥样硬化性的心脏病又称冠心病
	精神疾病	亨丁顿氏舞蹈病	显性遗传	该病有明显的家族史。患者最初表现为情绪波动,随后出现舞蹈性动作,癫痫发作,体力智力不断减退,进行性痴呆
		原发性癫痫	多基因控制	患者大部分在 30 岁以前有发病史,5~15 岁之间发病频率最高。发病时抽搐时间不到 5min,且是全身性的
		精神分裂症	多基因控制	近年来也有学者认为本症遗传方式可能是单个主基因和多基因的混合模式。该病的主要特征是精神活动贫乏,思维、情感、意志、行为间不协调,伴有逃避现实的幻觉和幻想
	血液疾病	椭圆形红细胞增多症	显性遗传	该病是由两个不同位点上的基因各自控制的,患者有 50% 或更多的红细胞呈椭圆形、卵圆形(正常人最多为 10%),在儿童时多无症状表现,但存在不同程度的溶血
		镰刀形红细胞贫血	隐性遗传	该病常认为是隐性遗传,但更像不完全显性,纯合体贫血严重,发育不良,多在幼年期死亡。杂合体大部分无症状,但有报道这种杂合体的人在体力消耗的特殊情况下,红细胞会发生镰变,甚至死亡
		血友病	伴 X 隐性遗传	是由于 X 染色体上的隐性致病基因导致血液中缺乏血浆凝血活素因子引起的一种先天性出血性疾病
	皮肤疾病	雀斑	显性遗传	通常起病于 6~7 岁或青春期,常为家族性发病。无自觉症状
		白化病	隐性遗传	患者体内不能形成酪氨酸合成酶,阻断了酪氨酸到黑色素的代谢过程,体内缺乏黑色素,全身发白,连头发和眉毛也是白色。害怕日光曝晒
		白癜风	可能是显性遗传	本病的发病机理还不清楚。除遗传因素外,有自体免疫及神经化学因子等假说

分类	性状		遗传机制	补充说明
常见遗传病	消化、呼吸系统疾病	半乳糖血症	隐性遗传	患儿缺乏 1-磷酸半乳糖尿苷转移酶,不能将半乳糖转变成葡萄糖,半乳糖在体内堆积使肝、肾及脑组织受损
	泌尿系统疾病	遗传性肾炎	伴 X 显性遗传	是连续几代发病的进行性肾炎,男性更严重。致病基因位于 Xq21.3～24。此病存在遗传异质性,即也有常染色体显性和隐性遗传
		原发性肾性尿崩症	伴 X 隐性遗传	男性患者其肾小管对抗利尿素完全不反应,女性部分不反应。表现为频频排出大量的稀释尿,极度口渴
		遗传性果糖不耐受	隐性遗传	本病是果糖-1-磷酸醛缩酶的结构缺陷,导致果糖-1-磷酸在体内积累。患者肝脏多有早期肝硬化

2. 在人类遗传分析中需要注意的几个问题

(1) 基因频率问题

在性状的表现中,常常能看到一些显性性状在人群中的数量比隐性性状在人群中的比例小(比如惯用手,惯用左手为显性性状),这主要是由群体中等位基因的频率决定的,也就是说,性状的显隐性关系并不决定其在群体中的存在多少,即显性性状并非必然比隐性性状多,显隐性关系与群体中个体基因型的比例无必然联系。

(2) 外显不全与表现度问题

常有学生或同行谈起这样一个问题,为什么某一个体的同一性状在不同的发育时期或同一发育时期的不同部位其表现是不同的呢? 最常见的就是关于人的眼睑的类型,是双眼皮还是单眼皮。如果一个人的两只眼睛表现类型相同这很好解释,但是如果一个人的两只眼睛一只是单眼皮,一只是双眼皮,如何解释呢? 首先就要分析:性状的表现是基因型与环境相互作用的结果,在基因型相同的情况下,引起这种现象的发生,就要考虑体内环境的影响作用。

其次,外显不全的发生。我们把某一显性基因(在杂合态下)或纯合隐性基因在一个群体中得以表现的百分比称为外显率。外显率为 100% 时为完全外显,低于 100% 时则为外显不全或不完全外显。外显率不是绝对不变的,他随观察者所定观察标准的不同而变化。有的是以肉眼观察为标准,有的是以借助工具观察为标准。

第三,表现度的问题。所谓表现度就是指基因在个体中的表现程度,或者说具有同一基因型的不同个体或同一个体的不同部位,由于各自遗传背景的不同,所表现的程度可有显著的差异。

注意:外显率与表现度是两个不同的概念,外显率阐述的是基因表达与否,可以说是个"质"的问题。而表现度说明的是在表达的前提下表现程度如何,是个"量"的问题。

(3) 遗传异质性问题

先天性聋哑是一种隐性遗传病,也就是说只有决定这一性状的某一基因纯合时,才能表现出这一隐性性状。一般情况下决定同一性状的纯合隐性基因的个体彼此婚配,其后代也应该是隐性表现,既两个先天性聋哑的父母生出的孩子也应是先天聋哑,但是事实并非如此。这是因为决定这一表现的基因有多对,这些基因中任何一对的纯合状态都可引起先天性聋哑。这种一个性状由多对基因决定的现象称为基因的异质性。父母虽都是聋哑但基因型不同,如母亲是 *aaBB*,父亲是 *AAbb*,孩子的基因型是 *AaBb* 时就不会是聋哑,因为对于基因 *a*、*b* 来说都没有构成纯合状态。

第六章　分子遗传学系列实验

自从 1953 年 Watson 和 Crick 提出 DNA 双螺旋模型以来,对遗传学的研究已经深入到了分子水平,利用分子手段对遗传物质及遗传性状进行直接分析已经成为可能。20 世纪 50 年代 DNA 半保留模型的提出,60 年代遗传密码的破译和质粒的发现,70 年代重组 DNA 技术的发明,异源基因在大肠杆菌中的表达以及 DNA 序列测定技术的发明,使人类对基因的理解程度达到了前所未有的高度。80 年代,DNA 体外扩增(聚合酶链式反应,PCR)技术的发明以及美国开始的人类基

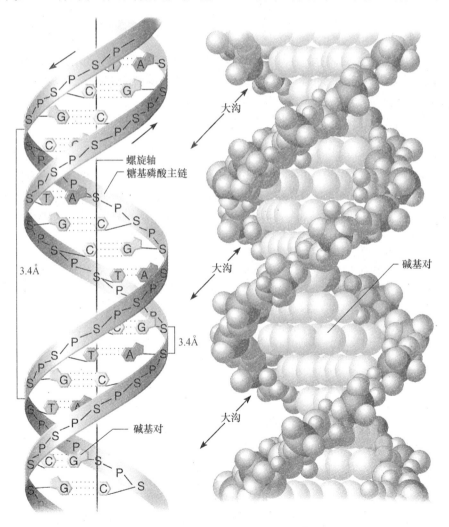

因组计划,使人类对分子遗传学的研究从单个基因走向基因组。1990 年,人类基因组计划的正式实施,更使分子遗传学的发展日新月异,成为生命科学中最具有活力、最具发展潜力和最具有挑战性研究方向。

在本部分系列实验中,以重组 DNA 技术和蛋白质检测技术为主线,共安排了 9 个实验,各实验具有一定的相关性,其中 PCR 扩增、(植物、质粒)DNA 提取和纯化、DNA 酶切和目的片段的回收以及重组质粒的筛选是重组 DNA 技术的关键与核心,是基因工程和结构与功能基因组学研究的基本实验技术。

SDS 聚丙烯酰胺凝胶电泳(SDS-PAGE)、酸性电泳以及同工酶等电聚焦电泳主要用于蛋白质检测,其中 SDS-PAGE 可用于基因工程中外源基因表达的检测以及种子蛋白的检测等。而当前生命科学中的研究热点之一——蛋白质组学,其基本的技术就是 SDS-PAGE 与等电聚焦电泳相结合的双向电泳技术。因此,通过这几个实验的学习,可以使学生掌握基本的蛋白质组研究技术。

实验三十二 人类基因组 DNA 的提取

一、实验目的

1. 掌握人基因组 DNA 提取的原理及方法。
2. 从人口腔细胞中提取基因组 DNA,为后续实验准备样品。

二、实验原理

用细胞裂解液裂解细胞膜,收集细胞核,加入 SDS 破裂核膜,用蛋白酶 K 使核蛋白降解成小片段并从 DNA 上解离下来,经苯酚、氯仿抽提去除蛋白质,无水乙醇沉淀 DNA,75％乙醇洗涤 DNA 沉淀,真空干燥后,溶解于 TE 缓冲液中即得到高相对分子质量的 DNA。

三、实验材料

漱口水。

四、实验器具和药品

1. 用具:50mL 离心管、1.5mL 离心管、离心机、旋涡振荡器等。
2. 药品:裂解缓冲液、蛋白酶 K、SDS、TE 缓冲液、无水乙醇、70％乙醇、3mol/L NaAc。

五、实验过程

1. 准备含有 10mL 漱口水的离心管,刷牙 1h 后,漱口 1min,将漱口水吐回离心管。
2. 同一天或第二天将参与者样本送回到实验室,样本或在一星期内进行实验或在－20℃保存备用。
3. 将样品转移到 50mL 离心管中,3000r/min 离心 15min。
4. 弃上清,沉淀用 25mL TE 缓冲液清洗。
5. 将悬液 3000r/min 离心 15min,弃上清。
6. 将沉淀用 700μL 裂解液重悬,转移到 2mL 的离心管中,其中含有 35μL 20mg/mL 的蛋白酶 K,混匀,58℃消化 2h。
7. 抽提:用等体积的酚：氯仿抽提,再用氯仿单独抽提,涡旋 10s,14 000r/min 离心 2min。
8. 上清 DNA 加入 3mol/L NaAc(pH 6.0,1/10 体积),再加入 2 倍体积预冷的无水乙醇,－20℃沉淀 2h。

9. 10 000r/min 离心 10min,弃上清,沉淀用 70％乙醇漂洗,吹干。

10. 用适量 TE 缓冲液重悬 DNA 沉淀。

注意事项

1. 收集口腔细胞前先清理口腔以去除部分细菌和食物残渣,避免干扰实验。

2. 为得到更好的实验结果,口腔细胞悬液尽量采用新鲜的材料,避免反复冻融。

3. 实验中使用的蛋白酶 K 及 RNase A 尽量避免反复冻融,首次使用前可进行分装。

4. 酚：氯仿抽提后吸取上清时,要避免吸到下面的沉淀,否则就达不到抽提纯化的目的,影响 DNA 的纯度。

5. 用无水乙醇沉淀 DNA 时,一定要混匀,使 DNA 分子与乙醇充分接触,能够得到浓度更高的 DNA。

6. 乙醇沉后得到的 DNA 沉淀用 70％乙醇漂洗的过程当中,避免在倒出乙醇时沉淀随乙醇流走,之后将沉淀表面的乙醇吹干,否则影响 DNA 的溶解度,另外当 DNA 沉淀完全干燥后,也比较难溶于水或 TE 缓冲液,因此要掌握适度的原则。

7. 实验操作过程中应使用无菌的离心管和枪头,避免 DNA 酶的污染。

实验报告

1. 预习作业:从细胞的结构分析,想要提取核基因组 DNA,我们应该采取哪些步骤?

2. 结果分析与讨论

（1）所得 DNA 经 0.8％琼脂糖凝胶电泳检测,如图 32.1 所示,由于 DNA 的相对分子质量较大,所以 DNA 条带在点样孔附近。

图 32.1　DNA 电泳结果

（2）测定 DNA 浓度和纯度:用紫外分光光度计在 230nm、260nm、280nm 和 310nm 波长分别读数。其中 260nm 读数用来估计样品中 DNA 的浓度,OD_{260}/OD_{280} 与 OD_{260}/OD_{230} 的值用于估计 DNA 的纯度,310nm 为背景吸收值。1 个 OD_{260} 值相当于 $50\mu g/mL$ 双链 DNA。

$$样品浓度(\mu g/mL) = (OD_{260} - OD_{310}) \times 稀释倍数 \times 50$$

对于 DNA 纯制品,其 $OD_{260}/OD_{280} \approx 1.8$,$OD_{260}/OD_{230}$ 应大于 2。$OD_{260}/OD_{280} > 1.8$ 说明有 RNA 污染;$OD_{260}/OD_{280} < 1.8$ 说明有蛋白质污染。

（3）琼脂糖凝胶电泳的结果是单一条带吗? 如果有弥散拖尾的现象说明什么?

（4）通过电泳和 OD 值的测定,看看所提取的 DNA 是否达到后续实验的要求。

想一想,试一试

1. 想想提取 DNA 时所加药品各有什么作用? 比如蛋白酶 K、无水乙醇、酚、氯仿等等。通过电泳和 OD 值的测定,各个实验步骤中所加的药品是否起了很好的作用?

2. 所提取的 DNA 可以进行哪些方面的研究?

研究实例

1. 由漱口液提取人基因组 DNA 量与质的分析(刘海军等,2009,中国老年学杂志)

为了评价一种新的用于大样本遗传学研究的基因样本获取办法,收集某一特殊群体的漱口液共 492 份,用氯-酚法提取其中脱落的口腔上皮细胞中的 DNA,测定提取数量;通过聚合酶链反应(PCR)用提取的 DNA 扩增大分子红视蛋白 DNA 片段,并将纯化的 DNA 产物进行转化生长因子 β 诱导因子的部分片段基因测序,以评定 DNA 提取质量。结果显示每份样本的 DNA 提取量中位数为 52.63μg(10% 及 90% 界值分别为 16 和 143.25μg),其中 10~20ng 的 DNA 即可获得好的 PCR 扩增产物,并能得到清晰的基因测序结果。以上数据说明采用生理盐水做漱口液,采集口腔黏膜上皮细胞,从中提取的人类 DNA 的数量和质量均理想,在实际应用中结果可靠。

2. 北京地区人群 HLA-A、B、DRB1 的聚合酶链反应-直接测序分型研究(邓亚军等,2006,中华医学遗传学杂志)

人类白细胞抗原系统是一群与人的免疫应答反应密切相关的基因簇,定位于 6p21.31 区,长 3600kb,是目前所知人体内最复杂的遗传多态系统。HLA 准确的基因分型对器官移植的供体选择、法医学个体认定、HLA 相关疾病及人类学等研究均有重要意义。

采用静脉采血 2mL,加 EDTA 抗凝后于 −20℃ 冷冻保存,根据微量快速盐析法使用蛋白酶-K 从外周白细胞中提取基因组 DNA,使用琼脂糖凝胶电泳法收集、纯化并测定 DNA 浓度后进行 PCR 扩增,测序。检出 HLA-A、B、DRBI 的基因型数和等位基因数分别为 199 和 84、366 和 143、286 和 122,这 3 个基因座分布均符合 Hardy-Weinberg 平衡定律(P>0.05)。该结论从基因水平分析了北京地区 HIA-A、B、DRBI 基因座的群体分布特征,提供了一套比较完整准确的 HLA-A、B、DRBI 等位基因频率、基因型频率,为器官移植的供体选择、法医学个体认定、HLA 与疾病相关性及人类学等研究提供了重要的参考数据。

附录

1. 裂解缓冲液

10mmol/L Tris(pH 8.0)

10mmol/L EDTA(pH 8.0)

0.1mol/L NaCl

2. 2%SDS(十二烷基硫酸钠)

称取 20g SDS 慢慢转移到约含 0.9L 水的烧杯中,用磁力搅拌器搅拌直至完全溶解。用水定容至 1L。

实验三十三 PCR 扩增目的基因

一、实验目的

1. PCR 是得到目的基因的重要手段,通过实验,加深理解 PCR 基本的实验原理及方法。

2. 掌握 PCR 扩增仪的编程和使用。

二、实验原理

聚合酶链式反应(polymerase chain reaction,PCR)是 20 世纪 80 年代发展起来的一种体外核酸扩增系统。由于其快速(数小时)、灵敏(ng 甚至 fg 级的靶 DNA)、操作简便(自动化)等优点,使其在短短的数年时间内即被广泛地应用于微生物学、考古学、法医学、体育等领域,并已普及到许多普通实验室。PCR 实际上是一个在模板 DNA、引物(模板片段两端的已知序列)和 4 种脱氧核苷酸等存在的情况下,在 DNA 聚合酶催化作用下的酶促合成反应。以欲扩增的 DNA 做模板,与模板正链和负链互补的 2 种寡聚核苷酸做引物,经过模板 DNA 的变性、模板与引物结合复性及在 DNA 聚合酶作用下发生引物链延伸反应的 3 步循环来扩增两引物间的 DNA 片段。每一循环的 DNA 产物经变性后又成为下一个循环的模板 DNA。这样,目的 DNA 的数量将以 2^n 指数形式累积,短时间内的 $30(n)$ 个循环,DNA 量就可达到原来的上百万倍。如图 33.1 所示 DNA 片段指数扩增可表示为:

$$(2^n - 2n)X$$

式中:n—PCR 循环次数;

$2n$—长度不定的初级和次级延伸产物;

X—原始模板的拷贝数。

初级延伸产物是在第一次循环时从原始模板扩增而来的,在下一次循环时,初级产物变性作为模板,线性扩增而成为长度不定的次级产物,当 PCR 进入第三次循环时,次级产物变性成为模板,扩增出具有确定长度的靶片段,在最初的 4 个循环之后,靶片段的扩增即进入指数扩增阶段。

三、实验材料

DNA 模板;对应目的基因的特异引物。

四、实验用具与药品

1. 药品:10×PCR 缓冲液;2mmol/L dNTP 混合物:含 dATP、dCTP、dGTP、dTTP 各 2mmol/L;*Taq* 酶、灭菌双蒸水等。

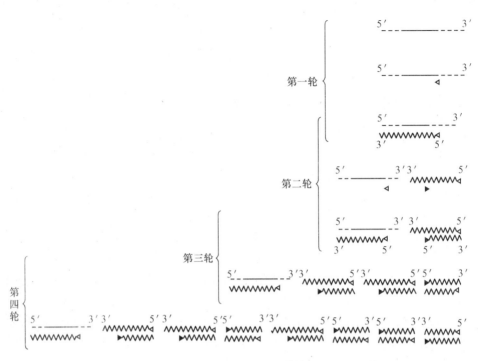

图 33.1　PCR 扩增原理模式图

2. 用具:基因扩增仪、电泳仪、紫外照相装置、0.2mL 离心管、枪头、微量移液器等。

五、实验过程

1. 在冰浴中,按以下次序将各成分加入一无菌 0.2mL 离心管中。

10×PCR 缓冲液	5μL
dNTP 混合物(2mmol/L)	4μL
引物 1(25μmol/L)	1μL
引物 2(25μmol/L)	1μL
Taq 酶(2U/μL)	1μL
DNA 模板(50ng～1μg/μL)	1μL
加双蒸水至	50μL

视 PCR 仪有无热盖,不加或添加石蜡油。

2. 调整好反应程序。将上述混合液稍加离心,立即置 PCR 仪上,执行扩增。一般在 93～95℃预变性 3～5min,进入循环扩增阶段:变性→退火→延伸(例如,95℃ 40s→58℃ 30s→72℃ 60s),循环 25～35 次,最后在 72℃保温 7～10min。

3. 结束反应,PCR 产物放置于 4℃,待电泳检测或－20℃长期保存。

4. PCR 产物的电泳检测:如在反应管中加有石蜡油,需用 100μL 氯仿进行抽提反应混合液,以除去石蜡油;否则,直接取 5～10μL 电泳检测。

注意事项

PCR 是 DNA 体外合成的反复循环的指数扩增过程,由于 PCR 时间长,温度高,许多因素不可避免地影响 PCR 结果。

1. 用于 PCR 扩增的 *Taq* DNA 聚合酶

PCR 过程中通常使用的 DNA 聚合酶是耐高温的 *Taq* DNA 聚合酶,它是从嗜热水生菌中提纯的天然酶,具有依赖于聚合作用的 $5'\rightarrow3'$ 外切酶活性,但缺乏 $3'\rightarrow5'$ 外切酶活性,因此在聚合反应中,一旦发生错配,*Taq* 酶是不能识别的。*Taq* 酶的合成速率取决于温度、Mg^{2+} 浓度、去污剂、模板的二级结构、dNTP 浓度等。

2. 用于 PCR 扩增的引物

引物是与模板 DNA 的某个区域具有互补碱基特异性的短的单链 DNA 片段。至少要含有 16 个核苷酸,最好长达 20～24 个核苷酸。这样短的寡核苷酸,在聚合反应温度(通常是 72℃)下,不会形成稳定的杂和体。引物浓度通常是 1μmol/L,这一浓度足以完成 30 个循环的扩增反应,更高的浓度可能导致异位引导,其结果是出现意外的非靶序列的扩增。反之,如果引物浓度不足,则 PCR 的效率极低。

3. 用于 PCR 扩增的 dNTP

dNTP 有 4 种,即 dATP、dGTP、dCTP、dTTP,4 种 dNTP 的用量应该平衡,否则将减少 *Taq* 酶合成的忠实性,增加错配率。最适 dNTP 浓度与下面因素有关:扩增产物的长度、Mg^{2+} 的浓度、引物浓度、反应强度(即产物的产量)。高浓度的 dNTP 会对扩增反应起抑制作用。

4. 用于 PCR 的缓冲液

用于 PCR 的标准缓冲液含:50mmol/L KCl,10mmol/L Tris-HCl(pH 8.3,室温),1.5mmol/L $MgCl_2$。72℃温浴时,pH 将下降一个多单位,致使缓冲液的 pH 接近 7.2。Mg^{2+} 的存在至关重要,它能增强酶蛋白的稳定性而且是维持酶活性的重要辅因子;能增加 dsDNA 的 Tm 值,提高了融合温度;能与游离的 dNTP 形成可溶性复合物,有利于 dNTP 的掺入。Mg^{2+} 的最佳浓度相当低,一般为 0.5～5mmol/L。首次使用靶序列与引物的一种组合时,尤其要将 Mg^{2+} 浓度调至最佳。dNTP 是反应中磷酸根的主要来源,其浓度的任何变化都将影响到 Mg^{2+} 的有效浓度。建议设置一组反应时,对 Mg^{2+} 浓度从 0.5～5mmol/L 进行梯度实验,找到最佳的 Mg^{2+} 浓度。

5. DNA 样品

含有靶序列的 DNA 可以单链或双链形式加入 PCR 混合液中。虽然 DNA 的大小并不是关键的因素,但当使用极高相对分子质量的 DNA(如基因组 DNA)时,如用切点罕见的限制酶先行消化,则扩增效果更好。闭环靶序列 DNA 的扩增效率略低于线状 DNA,因此用质粒作模板时最好先将其线状化。模板的纯度将影响 PCR 的效率。一般情况下,DNA 的标准用量为 100～500ng。

6. 矿物油

PCR 反应中,往往要加入适量的灭菌的矿物油,以防止反应液在高温下的蒸发并减少污染,油的用量太少,达不到要求的效果,用量太多将减低循环的效率。一般 50μL 反应体系中,加入 40μL 矿物油,25μL 中加入 30μL 矿物油。

7. 循环次数

分析性 PCR 的最适循环次数是 25～30 次,即使微量的模板经 PCR 反应后其产物也能用 EB/琼脂糖凝胶电泳检测到;而制备性 PCR 的循环次数不能超过 40 次。循环次数太多在后期往往引起引物、dNTP 和酶的浓度和比例改变,而产生非特异性产物。

8. 避免样品间的交叉污染

不仅要在进行扩增反应时谨慎认真,在样品的收集、抽提和扩增的所有环节都应该注意。试剂或样品准备过程中都要使用一次性灭菌的塑料瓶和管子,玻璃器皿应洗涤干净并高压灭菌。

操作过程中要避免反应液飞溅,打开反应管时为避免此种情况,开盖前稍离心收集液体于管底。若不小心溅到手套或桌面上,应立即更换手套并用稀酸擦拭桌面。

操作多份样品时,制备反应混和液,即先将 dNTP、缓冲液、引物和酶混合好,然后分装,这样即可以减少操作,避免污染,又可以增加反应的精确度。

最后加反应模板,加入后盖紧反应管。

9. 操作时设立阳性对照和空白对照

既可验证 PCR 反应的可靠性,又可以协助判断扩增系统的可信性。

10. PCR 的样品

应在冰浴上解冻,并且要充分混匀。

实验报告

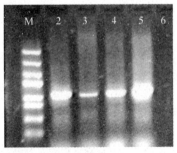

图 33.2　PCR 扩增结果图

1. 预习作业:简述 PCR 扩增的基本原理。
2. 结果分析与讨论

(1) 利用琼脂糖凝胶电泳分析扩增结果。如图 33.2 所示,扩增 nat2 基因,大小为 1 097bp。从左至右:1:marker;2、3、4、5 为扩增的 DNA 样品;6 为阴性对照

(2) PCR 的特异性表现在哪几方面? 影响 PCR 反应特异性的因素有哪些?

(3) 如何避免 PCR 反应中的污染问题?

(4) 如何解决实验中假阳性的问题?

想一想,试一试

1. 在反应循环结束后为什么还要进行一次 72℃ 延伸反应?
2. PCR 反应中引物设计应遵循哪些原则? 上网查找一段你感兴趣的序列,尝试设计引物。

研究实例

1. 中国人并多指(趾)畸形家系中 HOXD13 基因突变及产前诊断(赵秀丽等,2005,中华医学遗传学杂志)

通过对中国山东一个并多指(趾)畸形大家系进行致病基因突变的鉴定,以确定中国人并多指(趾)畸形家系中是否存在 HOXD13 基因突变;并进一步通过检测突变 HOXD13 基因对高危胎儿进行产前基因诊断。根据家族史、临床体征和手足 X 线检查进行临床诊断;采集家系成员

外周血标本及受检孕妇羊水和绒毛标本,常规提取基因组 DNA;设计并合成 1 对特异引物,通过 PCR 扩增 HOXD13 基因第 1 外显子内多聚丙氨酸链编码序列;PCR 扩增片段经琼脂糖凝胶电泳检测,异常扩增片段经 TA 克隆后测序鉴定;产前诊断中,通过 PCR 扩增、变性聚丙烯酰胺凝胶电泳和银染检查 HOXD13 基因内及基因两侧共 3 个微卫星多态标记进行单体型分析。结果显示本家系 4 代 54 人,患者 16 人(男 6 人,女 10 人);手足共同表现为:3/4 完全并指伴软组织蹼内多指,4/5 并趾伴软组织蹼内多趾。外显率为 100%,表现度变异明显。上述表现符合典型常染色体显性并多指(趾)的表型特征。对家系中 18 人(患者 9 人)进行 HOXD13 基因分析,结果显示:全部患者多聚丙氨酸链中丙氨酸残基数由正常的 15 个延长为 24 个。通过 HOXD13 基因多聚丙氨酸链延展突变检测和单体型分析,对家系中 1 女性患者两次怀孕进行产前诊断,发现胎儿均携带突变 HOXD13 基因。该研究结果首次在中国人典型并多指(趾)大家系中发现 HOXD13 基因多聚丙氨酸链延展突变;联合 HOXD13 基因多聚丙氨酸链延展突变检测和单体型分析,首次完成 2 例并多指(趾)胎儿的产前基因诊断,为优生提供了依据。

2. 中国汉族人 ATM 基因的单核苷酸多态与点突变(汤洪伟等,2004,中华医学遗传学杂志)

通过 PCR 扩增 ATM 基因第 39、61 和 63 外显子的靶片段,然后用单链构象多态性技术进行筛选,选择典型带型经全自动 DNA 测序证实,以研究中国汉族人共济失调性毛细血管扩张症基因的单核苷酸多态和点突变。研究结果显示在 ATM 基因第 39 外显子以及第 61 和 63 内含子发现 6 个新的单核苷酸多态,它们分别是第 39 外显子第 5689 位和第 5691 位的 A/T 多态,第 61 内含子第+69 位的 T/G 多态、第+94 位的 A/G 多态和第+99 位的 T/G 多态,第 63 内含子第+17 位的 G/C 多态。在 ATM 基因第 61 外显子、第 62 内含子和第 63 外显子发现 5 个新的点突变,它们分别是第 61 外显子第 8618 位的 T/G 颠换、第 62 内含子第一 13 位的 T/G 颠换、第 63 外显子第 8793 位的 T/G 颠换、第 8816 位和第 8848 位的 G/A 颠换。证实了 ATM 基因第 39 外显子第 5557 位 G/A、第 61 内含子第+104 位 T/C 和第 62 内含子第一 55 位 T/C 多态在中国汉族人中的存在。以上结果表明中国汉族人 ATM 基因的单核苷酸多态与白人存在较大差异。

实验三十四　琼脂糖凝胶电泳及目的基因片段的回收

一、实验目的

1. 掌握琼脂糖凝胶电泳鉴定 DNA 的原理及方法。
2. 掌握从凝胶中回收目的 DNA 片段的方法。

二、实验原理

琼脂糖凝胶电泳是分离和纯化 DNA 片段的常用技术。把 DNA 样品加入到一块包含电解质的多孔支持介质(琼脂糖凝胶)的样品孔中,并置于静电场上。由于 DNA 分子的双螺旋骨架两侧带有含负电荷的磷酸根残基,因此在电场中向正极移动。在一定的电场强度下,DNA 分子的迁移速度取决于分子筛效应。具有不同的相对分子质量的 DNA 片段泳动速度不一样,因而可依据 DNA 分子的大小来使其分离。凝胶电泳不仅可分离不同相对分子质量的 DNA,也可以分离相对分子质量相同,而构型不同的 DNA 分子。在电泳过程中可以通过示踪染料或相对分子质量标准参照物和样品一起进行电泳而得到检测。相对分子质量标准参照物可以提供一个用于确定 DNA 片段大小的标准。在凝胶中加入少量溴化乙锭(ethidium bromide,EB),其分子可插入 DNA 的碱基之间,形成一种络合物,在 $254\sim365nm$ 波长紫外光照射下,呈橘红色荧光,因此可对分离的 DNA 进行检测。

目的基因片段的回收有多种方法,常用的有:冻融法、玻璃奶法、透析袋洗脱法、低熔点琼脂糖法、DEAE-纤维素膜法。各种方法各有利弊,如 DEAE-纤维素膜法适用于 $0.5\sim5kb$ 的 DNA 片段,操作起来相对简便,回收 DNA 的纯度比较高;透析袋洗脱法对于大于 5kb 的片段最为有效,但操作起来不方便;低熔点琼脂糖法的优点在于酶促反应可直接在溶化的凝胶中进行,但这种方法重复性比较差等等。可根据目的片段的实际情况选择不同的回收方法。另外各种 PCR 产物回收试剂盒及凝胶回收试剂盒也基本能够满足后续酶切、连接等实验的需要。

三、实验材料

PCR 产物。

四、实验器具和药品

1. **药品**:琼脂糖、TAE 缓冲液、相对分子质量标准参照物(marker)、loading bufferl(溴酚蓝溶液)、溴化乙锭、Glassmilk kit。
2. **用具**:电泳仪、电泳槽等;凝胶成像分析系统,离心机。

五、实验过程

1. 配制 1×TAE 缓冲液。

2. 胶液的制备:称取 1g 琼脂糖,置于 200mL 锥形瓶中,加入 100mL 1×TAE 稀释缓冲液,放入微波炉里(或电炉上)加热至琼脂糖全部熔化,取出摇匀,此为 1%琼脂糖凝胶液。加热过程中要不时摇动,使附于瓶壁上的琼脂糖颗粒进入溶液。加热时应盖上封口膜,以减少水份蒸发。

3. 胶板的制备:将有机玻璃胶槽两端分别用橡皮膏(宽约 1cm)紧密封住。将封好的胶槽置于水平支持物上,插上样品梳子,注意观察梳子齿下缘应与胶槽底面保持 1mm 左右的间隙。向冷却至 50~60℃的琼脂糖胶液中加入溴化乙锭(EB)溶液使其终浓度为 0.5μg/mL(也可不把 EB 加入凝胶中,而是电泳后再用 0.5μg/mL 的 EB 溶液浸泡染色)。用移液器吸取少量融化的琼脂糖凝胶封橡皮膏内侧,待琼脂糖溶液凝固后将剩余的琼脂糖小心地倒入胶槽内,使胶液形成均匀的胶层。倒胶时的温度不可太低,否则凝固不均匀,速度也不可太快,否则容易出现气泡。待胶完全凝固后拨出梳子,注意不要损伤梳底部的凝胶,然后向槽内加入 1×TAE 稀释缓冲液至液面恰好没过胶板上表面。因边缘效应样品槽附近会有一些隆起,阻碍缓冲液进入样品槽中,所以要注意保证样品槽中应注满缓冲液。

4. 加样:将 PCR 产物与 loading buffer 混匀,用微量移液枪小心加入样品槽中。每加完一个样品要更换枪头,以防止互相污染,注意上样时要小心操作,避免损坏凝胶或将样品槽底部凝胶刺穿。

5. 电泳:加完样后,合上电泳槽盖,立即接通电源。控制电压保持在 60~80V,电流在 40mA 以上。当溴酚蓝条带移动到距凝胶前沿约 2cm 时,停止电泳。

6. 染色:未加 EB 的胶板在电泳完毕后移入 0.5μg/mL 的 EB 溶液中,室温下染色 20~25min。

7. 观察和拍照:在波长为 254nm 的长波长紫外灯下观察染色后的或已加有 EB 的电泳胶板。DNA 存在处显示出肉眼可辨的橘红色荧光条带。

8. DNA 片段的回收:如果选用试剂盒回收 DNA,具体方法参照试剂盒使用说明书。下面简单介绍一下玻璃奶法从凝胶中回收 DNA 的操作方法。

(1) 将 PCR 或酶切产物在 0.8%~1%琼脂糖凝胶中电泳到适当位置。

(2) 紫外灯下迅速切下目的条带,放入离心管中。

(3) 加入 3 倍体积的凝胶裂解缓冲液,混匀。60℃水浴 5min,以熔化凝胶。

(4) 加入 10μL 玻璃奶混匀,室温静置 5min。

(5) 8000r/min 离心 1min,弃上清。

(6) 加入 125μL 漂洗液,8000r/min 离心 30s,弃上清。重复两次。

(7) 沉淀中加入适量无菌双蒸水混匀后,于 60℃水浴 5min。

(8) 15 000r/min 离心 2min,回收上清,取 1μL 电泳检测。

注意事项

1. 观察 DNA 离不开紫外透射仪,可是紫外光对 DNA 分子有切割作用。从胶上回收 DNA 时,应尽量缩短光照时间并采用长波长紫外灯(300~360nm),以减少紫外光切割 DNA。

2. 紫外光灯下观察时应戴上防护眼镜或有机玻璃面罩,以免损伤眼睛。

3. EB 是强诱变剂并有中度毒性,配制和使用时都应戴手套,并且不要把 EB 洒到桌面或地面上。凡是沾污了 EB 的容器或物品必须经专门处理后才能清洗或丢弃。

实验报告

1. 预习习题

(1) 纯化回收 DNA 的目的是什么?

(2) 琼脂糖凝胶电泳为什么能达到分离 DNA 的目的?

2. 结果分析与讨论

PCR 产物如果不是单一条带,如何分离和筛选?

想一想,试一试

1. 电泳前 DNA 为什么要与 loading buffer 混合? loading buffer 有什么作用?

2. 除琼脂糖凝胶电泳外,你还知道哪些手段可以分离筛选 DNA?

研究实例

一种简便有效的 PCR 扩增片段直接回收克隆方法(康耀霞等,2009,四川大学学报·自然科学版)

作者提供一种简便快速的克隆方法,即直接对琼脂糖凝胶电泳分离的 PCR 产物进行克隆,可获得较高的阳性克隆率。结果显示:300~700bp 大小的片段阳性克隆率为 70.72%,300bp 以下和大于 700bp 的片段阳性克隆率分别达到 60.38% 和 45.33%。该方法适用于含有大量不同大小 DNA 片段的 PCR 产物并需要同时对其进行回收和克隆的样品,不仅可以大大简化实验过程,也可以降低假阳性出现的机会。

附录

1. 50×TAE 缓冲液

2mol/L Tris-乙酸,0.05mol/L EDTA(pH 8.0)配制成 1000mL 缓冲液。

Tris 242g

冰乙酸 57.1mL

0.5mol/L EDTA 100mL

加入 600mL 去离子水后搅拌溶解,将溶液定容至 1L 后,高温高压灭菌,室温保存。

2. 1×TAE 缓冲液

称量 20mL 的 50×TAE 缓冲液,再加入 980mL 的去离子水。

3. 溴化乙锭贮存液

10mg/mL 溴化乙锭。配制(100mL)方法如下:

称取 1g 溴化乙锭,置于 100mL 烧杯中,加入 80mL 去离子水后搅拌溶解。将溶液定容至 100mL 后,转移到棕色瓶中。室温保存。

4. 6×loading buffer

0.25%溴酚蓝,0.25%二甲苯青 FF,30%甘油。配制(10mL)方法如下:

溴酚蓝	25mg
二甲苯青 FF	25mg
甘油	3mL

用 6×TAE 缓冲液定溶至 10mL,分装成 1mL/管。−20℃保存。

实验三十五　限制性内切核酸酶酶切及结果分析

一、实验目的

掌握限制性内切核酸酶的工作原理及方法；对 PCR-RFLP 结果进行分析，判断等位基因类型并进行基因频率的计算。

二、实验原理

限制性内切核酸酶（restriction endonuclease，简称限制酶）是一类能识别双链 DNA 分子中特异核苷酸序列的 DNA 水解酶，主要存在于原核细胞中，具有重要的生物学功能。到目前为止，已从 350 种不同微生物中，发现了大约 400 种限制酶，所有这些酶都以双链 DNA 作底物，需要 Mg^{2+} 作辅因子，有特异的识别序列，但不同酶有许多差别，根据限制酶的结构，辅因子的需求以及切位与作用方式，可将限制酶命名为Ⅰ型、Ⅱ型、Ⅲ型。Ⅰ型和Ⅲ型酶在同一蛋白质分子中兼有切割和修饰（甲基化）作用且依赖于 ATP 的存在。Ⅰ型酶结合于识别位点并随机切割识别位点不远处的 DNA，而Ⅲ型酶在识别位点上切割 DNA 分子，然后从底物上解离。Ⅱ型由两种酶组成：一种为限制酶，它切割某一特异的核苷酸序列；另一种为独立的甲基化酶，它修饰同一识别序列。Ⅱ型中的限制酶在分子克隆中得到了广泛应用，它们是重组 DNA 的基础。绝大多数Ⅱ型限制酶识别长度为 4～6 个核苷酸的回文对称特异核苷酸序列，有少数酶识别更长的序列或简并序列。Ⅱ型酶切割位点在识别序列中，有的在对称轴处切割，产生平末端的 DNA 片段（如 *Sma*Ⅰ：5′-CCC↓GGG-3′）；有的切割位点在对称轴一侧，产生带有单链突出末端的 DNA 片段，称黏性末端，如 *Eco*RⅠ切割识别序列后产生两个互补的黏性末端。许多限制酶的裂解位点已确定。例如，*Eco*RⅠ需要识别下述特异序列的 6 个碱基对

$$5'\cdots\cdots G\overset{\downarrow}{A}A T T C\cdots\cdots3'$$
$$3'\cdots\cdots C T T A A\underset{\uparrow}{G}\cdots\cdots5'$$

*Eco*RⅠ以独特的方式识别并裂解这个序列，形成两个 5′突出末端。为进一步的连接奠定了基础。

PCR-RFLP（Polymerase Chain Reaction-Restriction Fragment Length Polymorphism）分析技术是综合了 PCR 和酶切技术而发展起来的。基本原理是用 PCR 扩增目的 DNA，DNA 碱基置换正好发生在某种限制性内切酶识别位点上，使酶切位点增加或者消失，利用这一酶切性质的改变，扩增产物再用特异性内切酶消化切割成不同大小的片段，直接在凝胶电泳上分辨。此项技术大大提高了目的 DNA 的相对特异性，而且方法简便，分型时间短。应用 PCR-RFLP，可检测某一致病基因已知的点突变，进行直接基因诊断，并已广泛应用于 ABO、HLA、线粒体

DNA 等多态性比较高的序列分析中。

三、实验材料

经过纯化的 PCR 产物。

四、实验器具和药品

1. 药品:限制酶及其酶切缓冲液、BSA(牛血清白蛋白)、2%～4%琼脂糖凝胶。
2. 仪器:水浴锅、琼脂糖凝胶电泳所需仪器。

五、实验过程

1. DNA 酶切反应

将清洁干燥并经灭菌的离心管编号,用微量移液器按以下体系分别加入到微量离心管中,并用微量离心机瞬时离心,使溶液集中在管底。

小量单酶切反应体系:

DNA	$<1\mu g$
$10\times Buffer$	$2\mu L$
限制酶	$1\mu L$
BSA	$1\mu L$(根据限制酶的种类视情况需要加入)
ddH_2O	补足体积至 $20\mu L$

按顺序加入 ddH_2O、DNA、Buffer,最后加入酶。加入酶液后应尽量保持低温,以保证酶的活性。稍离心,混合。混匀反应体系后,根据不同的酶选择合适的温度水浴保温 2h。

2. 取出后用 2%～4%琼脂糖凝胶电泳分析鉴定。
3. 数据分析:通过电泳图谱,分析测试者的不同基因型及基因频率。

注意事项

1. 每种限制酶都需要特定的缓冲液,以使酶切反应在最适条件下进行。目前,缓冲液往往简单地分成 3 类:高盐、中盐和低盐缓冲液。进行双酶切时,如果两种限制酶所需的缓冲液不同,可以先用低盐缓冲液的酶进行切割,反应结束后再用高盐缓冲液的酶进行酶切,也可以选用适合两种酶的通用缓冲液。
2. 电泳时由于检测的片段比较小,因此使用浓度稍高的凝胶,一般在 2%～4%,以保证检测的条带清晰可见。
3. 琼脂糖凝胶电泳所需试剂参见实验三十四附录。

实验报告

1. 预习习题:我们要研究的目的基因有几种等位形式? 需要用哪几种限制酶酶切? 不同等位形式在人体内有哪些表型或生理功能?

2. 结果分析与讨论:根据酶切结果,判断目的基因有几种等位形式。每一种在我们测试的群体中各占多少比例? 我们的测试结果与已经发表的基因频率是否相符?

想一想,试一试

1. 酶切反应中应注意哪些问题?
2. 如果进行双酶切,在操作上与单酶切有何不同?
3. 查阅资料找出 2~3 个你感兴趣的多态性高的基因,阐述其基本的生理功能,设计引物克隆该基因,找到多态性位点进行酶切,并预测可能出现的多态类型。

研究实例

1. 汉族人维生素 D 受体基因 *Tru* I 酶切位点多态性及其对 *Bsm* I 酶切位点多态性测定的影响 (陈为坚等,2007,中华医学遗传学杂志)

本研究通过收集 80 名健康汉族人外周静脉血标本,提取基因组 DNA,用限制性片段多态性长度酶切法测定 80 名汉族人维生素 D 受体基因 *Tru* I 、*Bsm* I 酶切位点多态性;换用常规引物再次测定上述标本 *Bsm* I 酶切位点多态性;分析维生素 D 受体基因 *Tru* I 、*Bsm* I 酶切位点多态性及两次测定的 *Bsm* I 位点的一致性。结果测得 *Tru* I 基因型频率为 TT68.7%, Tt26.3%,tt5.0%;同一 PCR 片段上测得 *Bsm* I 位点基因型频率为 BB 6.2%, Bb 52.5%, bb 41.3%,多态性分布均符合 Hardy-Weinberg 平衡。换用常规引物测定同批标本 *Bsm* I 位点多态性,基因型分布为 BB20.0%, Bb26.2%, bb53.8%,不符合 Hardy-Weinberg 平衡(r = 13.29,P<0.01)。与第 1 次测定相比,有 22 个标本基因型由 Bb 型变成 BB 型或 bb 型,发生基因型丢失。以上数据说明汉族人 *VDR* 基因存在 *Tru* I 多态性,其多态性分布与其他种族不同; *Tru* I 酶切位点多态性可引起 *Bsm* I 位点多态性测定时等位基因的丢失。

2. NAT2 基因多态性与温州汉族人群炎症性肠病遗传易感性的相关性(林李森,2008,世界华人消化杂志)

本研究采用聚合酶链反应-限制性片断长度多态性方法,在 119 例 IBD 患者及 120 例健康对照者中,检测 NAT2 野生型等位基因(NAT24)和 3 种突变型等位基因(NAT2 5B,6A 和 7B)的频率,以探讨温州汉族人群中炎症性肠病(IBD)遗传易感性与 N-乙酰基转移酶 2fNAT2 基因型多态性的相关性。结果显示在 IBD 组中,NAT24,NAT25B,NAT26A 和 NAT27B 等位基因频率分别是 55.9%,6.7%,23.5% 和 13.9%,与正常对照组比较无显著差异。CD 组和 UC 组中各等位基因频率与正常对照组比较无显著差异;将 NAT2 基因型分为快型、中间型和慢型,分别为 35.3%,41.2% 和 23.5%,与正常对照组比较亦无显著差异;对 IBD 各组进一步分层,也无显著性差异。结论:NAT2 基因型多态性和炎症性肠病遗传易感性无显著性相关。

实验三十六　植物 DNA 的提取及纯化

一、实验目的

1. 理解用 CTAB 法提取植物组织 DNA 的原理。
2. 掌握 CTAB 法提取植物组织 DNA 的方法。

二、实验原理

由于植物细胞有细胞壁及其细胞内高含量的多糖物质,因此一般的提取真核细胞基因组 DNA 的方法用在植物细胞上并不十分有效。CTAB 法是常用的提取植物细胞基因组 DNA 的方法。CTAB 是一种去污剂,可溶解细胞膜,它能与核酸形成复合物,在高盐溶液中($0.7mol/L$ NaCl)是可溶的,当降低溶液盐浓度到一定程度($0.3mol/L$ NaCl)时,从溶液中沉淀,通过离心就可将 CTAB-核酸的复合物与蛋白质、多糖类物质分开。最后通过乙醇或异丙醇沉淀 DNA,而 CTAB 溶于乙醇或异丙醇而除去。

植物 DNA 的提取程序应包括以下几项:

1. 必须破碎或消化细胞壁释放出细胞内容物;
2. 必须破坏细胞膜及核膜,使 DNA 释放到提取缓冲液中,常用 CTAB(十六烷基三乙基溴化铵)一类的去污剂使细胞膜崩解;
3. DNA 粗提物中往往含有大量 RNA、蛋白质、多糖等杂质,可利用氯仿、RNase 等除去。

一旦 DNA 释放出来,其剪切破坏的程度必须要降到最低。CTAB 法提取植物 DNA,方法比较简单,适用于大多数植物。虽然得到的 DNA 纯度不是很高,但仍能满足限制酶分析或 PCR 扩增的要求。

三、实验材料

新鲜的植物组织材料或 $-80℃$ 冻存的材料。

四、实验器具和药品

1. 药品:CTAB、Tris、EDTA、PVP、氯仿/异戊醇、乙醇或异丙醇、β-巯基乙醇。
2. 用具:水浴锅、研钵、离心机、紫外分光光度计、电泳仪、电泳槽。

五、实验过程

1. 在 $1.5mL$ 离心管中,加入 $500\mu L$ 的 $2\times$CTAB 溶液,65℃预热,用前加入

$20\mu L\beta$-巯基乙醇。

2. 取幼嫩的植物组织材料 1～2g,用蒸馏水冲洗干净,再用灭菌 ddH_2O 冲洗 2 次,放入经液氮预冷的研钵中,加入液氮研磨至粉末状,用干净的灭菌不锈钢勺转移粉末到预热的离心管中,总体积达到 1mL,混匀后置 65℃ 水浴中保温 45～60min,并不时轻轻转动试管。

注:冻存材料直接研磨,绝对不能化冻。而且粉末应在化冻前转移,否则内源性 DNase 有可能降解基因组 DNA。

3. 加等体积的氯仿/异戊醇,轻轻地颠倒混匀,室温下 10 000r/min 离心 10min,转移上清至另一新管中。

4. 加入 2 倍体积的 100% 乙醇或 0.7 倍体积异丙醇,混合均匀,－20℃ 放置 30min 以上,室温 12 000r/min 离心 10～15min 回收 DNA 沉淀。

5. 弃上清,用 70% 乙醇清洗沉淀 2 次,超净台中吹干后溶于适量的灭菌 ddH_2O 或 TE 缓冲液中。

6. 用紫外分光光度计在 230nm、260nm、280nm 和 310nm 波长分别读数。其中 260nm 读数用来估计样品中 DNA 的浓度,OD_{260}/OD_{280} 与 OD_{260}/OD_{230} 的值用于估计 DNA 的纯度,310nm 为背景吸收值。1 个 OD_{260} 值相当于 $50\mu g/mL$ 双链 DNA。

$$样品浓度(\mu g/mL) = (OD_{260} - OD_{310}) \times 稀释倍数 \times 50$$

对于 DNA 纯制品,其 $OD_{260}/OD_{280}\approx1.8$,$OD_{260}/OD_{230}$ 应 >2。$OD_{260}/OD_{280}>1.8$ 说明有 RNA 污染;$OD_{260}/OD_{280}<1.8$ 说明有蛋白质污染。

7. 用 0.8% 琼脂糖凝胶电泳检测基因组 DNA 的完整性。

注意事项

1. 选用幼嫩植物组织,可减少淀粉类的含量。

2. 植物材料含有大量酚类化合物,会与 DNA 共价结合,使 DNA 呈棕色,并抑制 DNA 的酶切反应。为防止此情况出现,可在加入 $2\times CTAB$ 的同时加入 $2\%～5\%$ 的 β-巯基乙醇,或者加入亚精胺($100\mu L$ DNA 加 $5\mu L$ 0.1mol/L 的亚精胺)。

3. 如果 DNA 沉淀呈白色透明状而且溶解后成黏稠状,说明 DNA 含有较多的多糖类物质,可以在取材前将植物放暗处 24h,以达到去除淀粉等多糖类物质的目的。

4. 沉淀 DNA 用 70% 乙醇清洗 2 次或更多次,以除去 DNA 中含有的多糖或盐类。

5. 注意乙醇一定要吹干,否则电泳点样时,样品上漂。

6. 若样品用于 PCR 扩增时,最好用灭菌的双蒸水溶解,以免 TE 缓冲液中的成分影响 PCR。

实验报告

1. 预习习题

(1) 植物 DNA 提取之前应做哪些方面的准备?

（2）植物 DNA 与动物 DNA 提取从方法上有哪些不同？

2. **结果分析与讨论**

（1）除琼脂糖凝胶电泳和紫外分光光度计检测 DNA 的方法外，二苯胺（DPA）指示剂能够证明 DNA 的存在。在酸中加热后，含有脱氧糖的 DNA 水解，2-脱氧核糖转变为 ω-羟基菊芋糖醛（ω-hydroxylevulinyl aldehyde），与二苯胺反应，产生蓝色的化合物。

（2）如果电泳检测 DNA 时条带呈弥散状说明样品已降解，试分析什么原因造成样品降解？实验时应如何避免这种情况发生？

想一想，试一试

1. CTAB 提取缓冲液中，每种成分的作用是什么？

2. 无水乙醇和异丙醇沉淀 DNA 各有什么优点？ 如何去除 DNA 粗提物中的杂质？

3. 不同植物材料在提取 DNA 时采取的策略有所不同。查阅资料，象藓类、藻类等植物，在提取方法上有哪些步骤的改进？

研究实例

1. 玉米微量 PCR 反应体系研究（王帮太等，2009，玉米科学）

聚合酶链式反应（PCR）可以体外扩增特异 DNA 片段，具有操作简便、在短时间内获得数百万个特异性 DNA 序列的作用。基于 PCR 技术的分子标记已广泛应用到分子克隆、遗传病诊断、法医学、考古学等分子生物学的各个领域，并逐渐成为分析生物遗传多样性、构建品种指纹图谱和分子标记辅助育种的有力工具。

借鉴不同作物分子标记技术的研究成果，通过对玉米分子标记技术体系中组织 DNA 提取步骤、PCR 扩增、电泳检测等环节的优化，初步建立了以 $5\mu L$ 反应体系为基础的 PCR 检测方法。该方法可以加快玉米重要性状的分子标记检测速度，降低玉米分子标记检测过程中的消耗。

2. 魔芋 DNA 快速微量提取及其 ISSR-PCR 扩增（杨朝柱等，2009，基因组学与应用生物学）

魔芋属天南星科魔芋属草本植物，其组织富含多糖和多酚等次生物质，这类物质的存在不仅使 DNA 提取变得困难，还会影响下游的分子生物学操作。采用改进的提取方法，主要包括在 2mL Eppendorf 离心管中液氮研磨，CTAB-SDS 裂解细胞，β-巯基乙醇浓度从 2％提高到 5％和添加 PVP 抑制多酚氧化，缓冲液去多糖等步骤，成功的提取了魔芋鲜叶的高质量 DNA，其 A260/A280 位于 $1.80\sim2.00$ 之间，产率超过 $470\mu g/g$，ISSR-PCR 扩增效果好。该方法具有快速、低廉、微量、稳定等特点，为深入研究魔芋资源遗传多样性、标记辅助育种和种芋纯度的鉴定奠定了基础。

附录

$2\times$CTAB 溶液（如下配制，灭菌备用。灭菌前呈黏稠状，灭菌后变成清亮的溶液。）

CTAB(W/V)	2％
Tris-HCl	100mmol/L(pH 8.0)
EDTA	20mmol/L(pH 8.0)
NaCl	1.4mol/L
PVP	1％

实验三十七　Trizol 法提取总 RNA

一、实验目的

1. 了解 Trizol 法提取总 RNA 的原理。
2. 熟练掌握 Trizol 法提取总 RNA 的方法及注意事项。

二、实验原理

提取 RNA 包括破碎细胞,用酸性酚、SDS 等蛋白变性剂将 RNA 与蛋白质分开,抑制内源的 RNA 酶,同时去除 DNA、糖类、盐类等杂质,最后纯化出 RNA 等步骤。由于绝大多数 RNA 与蛋白质结合成核蛋白体的形式,所以要使蛋白质变性与 RNA 分离。根据 DNA 与 RNA 在不同 pH 下稳定性不同,使提取环境保持酸性可以防止 RNA 被降解。

三、实验材料

新鲜的植物组织材料或−80℃冻存的材料。

四、实验器具和药品

1. 药品:Trizol 试剂(含酚、异硫氰酸胍和溶解剂等)、75％乙醇、DEPC 水。
2. 用具:恒温水浴锅,低温高速离心机。

五、实验过程

1. 将组织在液氮中磨成粉末后,按照 1mL Trizol /50～100 mg 组织加入 Trizol,注意样品总体积不能超过所用 Trizol 体积的 10％。

2. 将研磨液在冰上放置 10min,然后以每 1mL Trizol 液加入 0.2 mL 的比例加入氯仿,盖紧离心管,用手剧烈摇荡离心管 15s。

3. 4℃,12 000r/min 离心 15min,取上层水相于一新的离心管,加入等体积的异丙醇混匀,−20℃沉淀 30min。4℃,12 000r/min 离心 10min 回收 RNA。

4. 弃去上清液,按每毫升 Trizol 液加入至少 1mL 的比例加入 75％乙醇,4℃,12 000r/min 离心 5min。

5. 小心弃去上清液,然后室温或真空干燥 5～10min,注意不要干燥过分,否则会降低 RNA 的溶解度。然后将 RNA 溶于 RNase-free ddH$_2$O 中,必要时可 55～60℃助溶 10min。

6. 取 1μL 电泳检测 RNA 的完整性,其余样品于−80℃保存备用。

完整的 RNA 的甲醛电泳可明显地观察到 28S 和 18S 两条带,并且 28S 大约是 18S 的两倍宽。如图 37.1。普通琼脂糖凝胶电泳如图 37.2 所示。

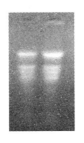

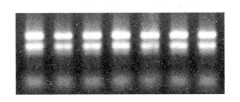

图 37.1　烟草叶片总 RNA 甲醛变性琼脂糖凝胶电泳图谱

图 37.2　烟草叶片总 RNA 普通琼脂糖凝胶电泳图谱

7. 定量测定 RNA,应选 260nm、230nm、280nm 和 310nm 波长读数。其中 260nm 读数用来估算样品中核酸浓度,310nm 为背景吸收值。1 个 OD_{260} 值相当于 $40\mu g/mL$ 单链 RNA。

$$样品浓度(\mu g/mL) = [OD_{260} - OD_{310}] \times 稀释倍数 \times 40$$

OD_{260}/OD_{280} 的比值用于估计 RNA 纯度,OD_{260}/OD_{230} 估计去盐的程度。对于 RNA 纯制品,其 $OD_{260}/OD_{280} \approx 2.0$,$OD_{260}/OD_{230}$ 应大于 2。$OD_{260}/OD_{280} < 2.0$ 可能是蛋白污染所致,可以增加酚抽提;$OD_{260}/OD_{230} < 2$ 说明去盐不充分,可以再次沉淀和 70% 乙醇洗涤。

注意事项

所有 RNA 实验中,最关键的因素是分离得到全长的 RNA。而实验失败的主要原因是核糖核酸酶(RNA 酶)的污染。由于 RNA 酶广泛存在而稳定,一般反应不需要辅助因子,因而 RNA 制剂中只要存在少量的 RNA 酶就会引起 RNA 在制备与分析过程中的降解,而所制备的 RNA 的纯度和完整性又可直接影响 RNA 分析的结果,所以 RNA 的制备与分析操作难度极大。因此实验中,一方面要严格控制外源性 RNA 酶的污染,另一方面要最大限度地抑制内源性的 RNA 酶。RNA 酶可耐受多种处理而不被灭活,如煮沸、高压灭菌等。

外源性的 RNA 酶存在于操作人员的手汗、唾液等,也可存在于灰尘中。在其他分子生物学实验中使用的 RNA 酶也会造成污染。这些外源性的 RNA 酶可污染器械、玻璃制品、塑料制品、电泳槽、研究人员的手及各种试剂。而各种组织和细胞中则含有大量内源性的 RNA 酶。

1. **防止 RNA 酶污染的措施**

(1) 所有的玻璃器皿均应在使用前于 180℃ 的高温下干烤 6h 或更长时间。

(2) 塑料器皿可用 0.1% DEPC 水浸泡或用氯仿冲洗(注意:有机玻璃器具因可被氯仿腐蚀,故不能使用)。

(3) 有机玻璃的电泳槽等,可先用去污剂洗涤,双蒸水冲洗,乙醇干燥,再浸泡在 3% H_2O_2

室温 10min,然后用 0.1%DEPC 水冲洗,晾干。

(4) 配制的溶液应尽可能的用 0.1%DEPC,在 37℃处理 12h 以上。然后用高压灭菌除去残留的 DEPC。不能高压灭菌的试剂,应当用 DEPC 处理过的无菌双蒸水配制,然后经 0.22μm 滤膜过滤除菌。

(5) 操作人员戴一次性口罩、帽子、手套,实验过程中手套要勤换。操作过程在超净台中进行。钢匙、镊子用前要用酒精灯稍微烘烤,在开启离心管时要用镊子夹开,不要用手触碰。

(6) 设置 RNA 操作专用实验室,所有器械等应为专用。

2. 常用的 RNA 酶抑制剂

(1) 焦磷酸二乙酯(DEPC):是一种强烈但不彻底的 RNA 酶抑制剂。它通过和 RNA 酶的活性基团组氨酸的咪唑环结合使蛋白质变性,从而抑制酶的活性。

(2) 异硫氰酸胍:目前被认为是最有效的 RNA 酶抑制剂,它在裂解组织的同时也使 RNA 酶失活。它既可破坏细胞结构使核酸从核蛋白中解离出来,又对 RNA 酶有强烈的变性作用。

(3) 氧钒核糖核苷复合物:由氧化钒离子和核苷形成的复合物,它和 RNA 酶结合形成过渡态类物质,几乎能完全抑制 RNA 酶的活性。

(4) RNA 酶的蛋白抑制剂(RNasin):从大鼠肝或人胎盘中提取得来的酸性糖蛋白。RNasin 是 RNA 酶的一种非竞争性抑制剂,可以和多种 RNA 酶结合,使其失活。

(5) 其他:SDS、尿素、硅藻土等对 RNA 酶也有一定的抑制作用。

实验报告

1. 预习:植物 RNA 提取之前应做哪些方面的准备?
2. 结果分析与讨论:通过电泳结果可以定性地判断 RNA 的完整性。如果电泳条带不明显,则说明 RNA 部分降解,可能的原因是污染了 RNase,或操作过于剧烈造成 RNA 剪切。

想一想,试一试

1. DNA 和 RNA 相比,为什么说提纯植物细胞的 mRNA 是研究结构基因更关键的一步?
2. 影响 RNA 提取和纯化的因素有哪些?
3. 提取植物 RNA 可以做哪些方面的研究?

研究实例

1. 白菜总 RNA 的高效提取方法及常见问题分析(王海玮等,2009,安徽农业科学)

通过增加高速离心时间,用 3%H_2O_2 处理试验器皿等措施对 Trizol 试剂法进行优化,建立了一种简单、快捷、经济、高效的 RNA 提取方法。结果显示在 1.5h 左右可得到高质量的总 RNA,经琼脂糖凝胶电泳、蛋白核酸分析仪检测,提取的总 RNA 具有清晰的 28S、18S、5S3 带,且 28S 的宽度是 18S 的 2 倍左右,OD_{260}/OD_{280} 比值为 1.90~2.16。进一步以提取的总 RNA 为模板成功进行了单链 cDNA 的合成和 LD-PCR。以上结果表明改良的 Trizol 试剂法所提取的 RNA 纯度和完整度极高,可用于 LD-PCR、SRAP、基因克隆及表达分析等后续分子生物学试验。

2. 大赖草总 DNA 转化小麦叶片 mRNA 差异显示技术中总 RNA 提取和反转录活性研究(李静等,2009,安徽农业科学)

在大赖草总 DNA 转化小麦幼苗叶片 mRNA 差异显示相关试验中,利用改进的 Trizol 法,从幼苗叶片中提取总 RNA,紫外光谱分析,1.2%琼脂糖电泳检测,并进行随机引物 RT-PCR 扩增。结果显示 OD_{260}/OD_{280} 比值为 1.95~1.98;总 RNA 和 RT-PCR 电泳条带均表现出整齐、清晰。结果表明获得的总 RNA 质量好、纯度高,有很高的反转录活性,完全适合于进一步的分子生物学研究。

附录

1. DEPC 水:吸出 1mL 放在 1000mL 双蒸水中配成 1‰DEPC 水,放在 1000mL 容量瓶中静置 4h 备用。

2. 75%乙醇:用无水乙醇和 DEPC 水配制,然后放-20℃保存(其中 DEPC 水需先高压灭菌)。

3. 异丙醇:放入棕色瓶中。

4. 氯仿:放入棕色瓶中。

实验三十八　RNA反转录扩增cDNA(RT-PCR)

一、实验目的

掌握RT-PCR的原理及应用。

二、实验原理

逆转录—聚合酶链式反应(reverse transcription-polymerase chain reaction，RT-PCR)是将RNA的反转录(RT)和cDNA的聚合酶链式反应(PCR)相结合的技术。首先采用Oligo(dT)或随机引物利用逆转录酶反转录成cDNA，再以cDNA为模板，扩增合成目的片段，从而使RNA检测的灵敏性提高了几个数量级。RT-PCR技术灵敏而且用途广泛，可用于检测细胞中基因表达水平、细胞中RNA病毒的含量测定、合成cDNA探针、直接克隆特定基因的cDNA序列等。作为模板的RNA可以是总RNA、mRNA或体外转录的RNA产物。

三、实验材料

RNA样品、引物。

四、实验器具和药品

RT-PCR Kit。

五、实验过程

1. 依照所列顺序加入以下试剂以建立一个20μL的反转录反应体系。

$MgCl_2$(25mmol/L)	4μL
反转录10×缓冲液	2μL
dNTP混合物(10mmol/L)	2μL
重组的RNasin(核糖核酸酶抑制剂)	0.5μL
AMV[反转录酶(高浓度)]	15U
Oligo(dT)$_{15}$(引物或随机引物)	0.5μg
RNA样品	1μg
加入无核酸酶的水至终体积为	20μL

2. 反应的条件:45℃,25min;99℃,5min;5℃,5min。

3. PCR扩增目的基因

取5μL逆转录产物建立如下反应体系:

逆转录产物	5.0μL
10×PCRbuffer	2.5μL
dNTP 混合物	2.0μL
Primer 1	1.0μL(10pmol)
Oligo(dT)$_{12\sim18}$	1.0μL(10pmol)
ddH$_2$O	13μL
Taq 酶	0.5μL(2U)

稍离心后,放入已编好程序的 PCR 仪中。假定引物的退火温度为 55℃,目的片段长度为 1500bp,其上机的循环条件为:

94℃	预变性 5min	
94℃	变性 1 min	
55℃	复性 1min	循环 30 次
72℃	延伸 1.5min	
72℃	延伸 10min	

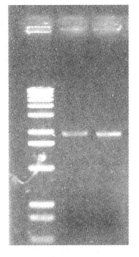

图 38.1 目的基因的
RT-PCR 产物电泳检测图

4. 用 1%琼脂糖凝胶电泳检测,结果如图 38.1 其余样品于−20℃保存。

注意事项

1. 在实验过程中要防止 RNA 的降解,保持 RNA 的完整性。在总 RNA 的提取过程中,注意避免 mRNA 的断裂。

2. 做 RT 前必须测 RNA 浓度,逆转录体系对 RNA 量有一些要求,常用 500ng 或 1μg。

3. 为了防止非特异性扩增,必须设阴性对照。

4. 内参的设定:主要为了用于靶 RNA 的定量。常用的内参有 G3PD(甘油醛-3-磷酸脱氢酶)、β-actin(β-肌动蛋白)等。其目的在于避免 RNA 定量误差、加样误差以及各 PCR 反应体系中扩增效率不均一,各孔间的温度差等所造成的误差。

5. 合成 cDNA 引物的选择

① 随机六聚体引物:当特定 mRNA 由于含有使反转录酶终止的序列而难于拷贝其全长序列时,可采用随机六聚体引物这一不特异的引物来拷贝全长 mRNA。用此种方法时,体系中所有 RNA 分子全部充当了 cDNA 第一链模板,PCR 引物在扩增过程中赋予所需要的特异性。通常用此引物合成的 cDNA 中 96%来源于 rRNA。

② Oligo(dT):是一种对 mRNA 特异的方法。因绝大多数真核细胞 mRNA 具有 3′端 poly(A+)尾,此引物与其配对,仅 mRNA 可被转录。由于 poly(A+)RNA 仅占总 RNA 的 1%～4%,故此种引物合成的 cDNA 比随机六聚体作为引物和得到的 cDNA 在数量和复杂性方面均要小。

③ 特异性引物:最特异的引发方法是用含目标 RNA 的互补序列的寡核苷酸作为引物,若 PCR 反应用 2 种特异性引物,第一条链的合成可由与 mRNA 3′端最靠近的配对引物起始。用

此类引物仅产生所需要的 cDNA,导致更为特异的 PCR 扩增。

6. 由于 PCR 的敏感度很高,所以 RNA 或者 mRNA 纯度不太高也可以用,但用 RNA 做模板应加大量。逆转录之前最好热变性 RNA 和 mRNA,以便露出 poly(A^+)的尾巴。

实验报告

1. 预习习题

(1) RT-PCR 原理是什么?

(2) 实验前我们应做哪些准备工作?

2. 结果分析与讨论

(1) 在预料的位置应该出现 DNA 条带,若没有出现,请阐述一下可能的原因。

(2) 以 cDNA 为模板和以基因组 DNA 为模板进行的 PCR 扩增,结果有何不同?

想一想,试一试

1. 如何提高 RT-PCR 的特异性?

2. 为了得到更长的或更丰富的转录本,在反转录过程中可以采取哪些措施?

3. 对于未知序列基因的克隆可以采取哪些方法?

4. RT-PCR 可应用于哪些研究中?

研究实例

1. 大豆吡哆醛激酶基因的克隆与表达分析(李雅轩等,2009,华北农学报)

以拟南芥吡哆醛激酶基因(PK)的蛋白质序列为信息探针,对大豆,EST 数据库进行同源搜索和序列拼接,获得了全长为 1 102bp 的大豆吡哆醛激酶基因的 cDNA 序列,经 RT-PCR 克隆和序列分析验证,结果表明与电子克隆序列一致(GenBank 登录号为 DQ006813)。该 cDNA 序列的开放阅读框(ORF)位于第 119~1 045 位,推测编码 308 个氨基酸。采用半定量 RT-PCR 方法研究了该基因的组织特异性表达情况和对强光逆境的反应,结果表明该基因在大豆根茎叶中都有表达,对强光逆境不敏感。将大豆 PK 基因编码的蛋白序列与马铃薯(Solanum tuberosum,AAY85186)、拟南芥(Arabidopsis thaliana,AAK94021)、水稻(Oryza sativa,ABA99785)、小麦(Triticum aestivum,AAR00318)和油菜(Brassica napus,ABE73472)的吡哆醛激酶蛋白序列进行比对,发现其一致性分别为:81%,75%,78%,79%和 76%。比对结果说明在植物中该基因编码的蛋白质存在显著的相似性。根据蛋白比对结果绘制的系统发育树基本代表了它们在经典分类上的地位。

2. 大豆吡哆醇生物合成蛋白基因(PDX)的电子克隆和进化分析(李蕊等,2007,华北农学报)

电子克隆是随着基因组计划和 EST 计划实施而发展起来的利用生物信息学手段进行基因克隆的新方法。根据物种间同源基因相对保守的特点,以拟南芥吡哆醇生物合成蛋白 cDNA 序列为信息探针,对大豆 EST 数据库进行同源搜索和序列拼接,获得了 1 280bp 长的大豆吡哆醇生物合成蛋白的基因序列(GenBank 登陆号为 DQ139265)。经过 RT-PCR 扩增、基因组 PCR 扩增、分子克隆和序列分析验证,结果表明与电子克隆序列完全一致。该基因具有完整的开放阅读框架(ORF,20~955bp),编码 311 个氨基酸。通过与水稻、日本百脉根、烟草、截形苜蓿等物种的吡哆醇生物合成蛋白序列比对,发现该基因具有高度的保守性。表明根据物种间同源基因序列,对跨物种间 EST 数据库进行同源检索、筛选、拼接,是克隆基因的有效途径。

实验三十九　重组质粒的构建、转化和蓝白筛选

一、实验目的

本实验是基因工程的中心环节,通过实验,掌握 DNA 连接技术、感受态细胞的制备和转化技术,加深理解蓝白筛选的原理。

二、实验原理

1. DNA 的连接

DNA 体外重组是将目的基因用 DNA 连接酶连接在合适的质粒载体上,以便下一步转化之用。这样重新组合的 DNA 叫做重组质粒,或重组体,因为是由两种不同来源的 DNA 组合而成,所以又称为异源嵌合 DNA。在质粒载体中进行克隆在原理上比较简单。当用一种限制酶切割质粒 DNA,然后在体外与外源 DNA 连接,再用所得到的重组质粒转化细菌,即可成功。但在实际应用上,鉴别重组体的工作并非轻而易举。如何区分插入外源 DNA 的质粒和无外源 DNA 插入而自身重新环化的载体是实际工作中面临的主要问题之一。通过调整连接反应中外源 DNA 和载体的浓度,可以将载体的自身环化限制在一定程度之下。

2. 重组 DNA 分子导入宿主细胞

转化(transformation)是指某一基因型的细胞从周围介质中吸收来自另一基因型细胞的 DNA 分子,从而使它的基因型和表型发生相应变化的现象。将质粒 DNA 导入宿主细胞时,未经特殊处理的培养细胞对重组 DNA 分子不敏感,难以转化成功。只有经氯化钙处理之后的敏感细胞才有较高的转化频率,这种细胞称为感受态细胞(competance cells)。一般而言,载体分子愈小,转化效率愈高;环状 DNA 分子比线性 DNA 分子的转化率高 1000 倍。

3. 重组质粒的细菌菌落的鉴定

蓝白筛选:现在使用的许多载体都带有一个大肠杆菌 DNA 的短区段,其中含有 β-半乳糖苷酶基因(*LacZ*)的调控序列和头 146 个氨基酸的编码信息。这个编码区中插入了一个多克隆位点,它并不破坏读框,但可使少数几个氨基酸插入到β-半乳糖苷酶的氨基端,而不影响功能。这种载体适用于可编码 β-半乳糖苷酶 C 端部分序列的宿主细胞。虽然宿主和质粒编码的片断各自都没有酶活性,但它们可以融为一体,形成具有酶学活性的蛋白质。这样,*LacZ* 基因上缺失近操纵基因区段的突变体与带有完整的近操纵基因区段的 β-半乳糖苷酶阴性的突变体之间实

现互补,这种现象叫 α 互补。由 α 互补产生的 lac^+ 细菌易于识别,因为它们在显色底物 5-溴-4-氯-3-吲哚-β-D-半乳糖苷(X-gal)存在下形成蓝色菌落。然而,外源基因片段插入到质粒的多克隆位点上,导致产生无 α 互补能力的氨基端片段。因此,带有重组质粒的细菌形成白色菌落。通过目测就可以筛选出带有重组质粒的菌落,然后通过小量制备质粒 DNA 进行限制酶切分析,就可以确证这些质粒的结构。

三、实验材料

外源 DNA 片段、载体 DNA、宿主菌:$E.\ coli$ DH5α 或 JM 系列等具有 α-互补能力的菌株、感受态细胞、载体。

四、实验器具和药品

1. 用具:恒温摇床、台式高速离心机、恒温水浴锅、琼脂糖凝胶电泳装置、电热恒温培养箱、超净工作台、微量移液器、离心管。

2. 药品:胰蛋白胨、酵母提取物、NaCl、X-gal、IPTG、CaCl$_2$、抗生素、T$_4$DNA 连接酶及缓冲液。

五、实验过程

1. DNA 的连接

(1) 建立如下反应体系:

10×连接缓冲液	1μL
载体 DNA	$x\mu$L(0.5μg)
插入片段	$x\mu$L(1.0μg)
连接酶	0.5~1μL
去离子水补足体积至	10μL

(2) 16℃保温过夜,65℃加热 10min 终止反应。

2. 感受态细胞的制备

(1) 新鲜幼嫩的细胞是制备感受态细胞和进行成功转化的关键。从 37℃培养 16~20h 的新鲜平板中挑取一个单菌落,转到一个含有 100mL LB 或 SOB 培养基的 1L 烧瓶中,于 37℃剧烈振荡培养约 3h(300r/min),为得到有效转化,活细胞数不应超过 10^8 个/mL。

(2) 将细菌转移到无菌的、冰预冷的离心管中,冰上放置 10min,使培养物冷却到 0℃。8000r/min 离心 3min,以回收细胞。倒尽培养液。

(3) 以 10mL 用冰预冷的 0.1mol/L CaCl$_2$ 重悬沉淀,放置冰浴上 20min。

(4) 8 000r/min 离心 3min,倒尽培养液,以回收细胞。

（5）每 50mL 初始培养物用 2mL 冰预冷的 0.1mol/L CaCl₂ 重悬沉淀。分成小份，冻存备用。

3. 热击转化及蓝白筛选

（1）每管中（200μL 感受态细胞）加入重组 DNA（体积≤10μL，质量≤50ng），轻轻旋转混匀内容物，冰上放置 30min。

（2）将离心管放入 42℃水浴中 90s，不要摇动试管。

（3）将管转移到冰浴中，冷却细胞 2～3min。

（4）每管加 800μL SOB 或 LB 液体培养基，然后将离心管转移到 37℃摇床上，150r/min 振摇 45min，使菌复苏，并且表达质粒编码抗生素抗性标记基因。

（5）同时在制备好的含相应抗生素的 LB 平板上先后滴加 4μL IPTG（200mg/mL）和 40μL X-gal（以 20mg/mL 的浓度溶于二甲基甲酰胺中）。用无菌的玻璃涂布器把 IPTG 溶液涂布于整个平板的表面。待 IPTG 被吸收后，再加入 X-gal。

（6）待平板表面的液体被完全吸收后，将待检细菌接种到平板上。倒置平皿于 37℃培养 12～16h。

（7）再将平皿转移到 4℃冰箱中放置数小时，使蓝色充分显现。仅含有载体自连的转化菌落为蓝色，而带有插入片段的转化菌落为白色。

4. 酶切鉴定重组质粒

用无菌牙签挑取白色单菌落接种于含相应抗生素的 5mL LB 液体培养基中，37℃下振荡培养 12h。提取质粒 DNA，再用与连接末端相对应的限制酶进行酶切检验。还可用杂交法筛选重组质粒。

注意事项

1. DNA 连接酶用量与 DNA 片段的性质有关，连接平末端时，必须加大酶量，一般使用连接黏性末端酶量的 10～100 倍。

2. 在连接带有黏性末端的 DNA 片段时，DNA 浓度一般为 2～10mg/mL；在连接平末端时，需加入 DNA 浓度至 100～200mg/mL。

3. 连接反应后，反应液在 0℃储存数天，-80℃储存 2 个月，但是在-20℃冰冻保存将会降低转化效率。

4. 黏性末端形成的氢键在低温下更加稳定，所以尽管 T₄ DNA 连接酶的最适反应温度为 37℃，在连接黏性末端时，反应温度以 10～16℃为好，平末端则以 15～20℃为好。

5. 在连接反应中，如不对载体分子进行去 5′磷酸基处理，便用过量的外源 DNA 片段（2～5 倍），这将有助于减少载体的自身环化，增加外源 DNA 和载体连接的机会。

6. X-gal 中文名 5-溴-4-氯-3-吲哚-β-D-半乳糖苷（5-bromo-4-chloro-3-indolyl-β-D-galactoside），为 β-半乳糖苷酶（β-galactosidase）的底物水解后生成的吲哚衍生物显蓝色。IPTG 是异丙基硫代半乳糖苷（isopropylthiogalactoside），为非生理性的诱导物，它可以诱导 LacZ 的表达。

7. 在含有 X-gal 和 IPTG 的筛选培养基上,携带载体 DNA 的转化子为蓝色菌落,而携带插入片段的重组质粒转化子为白色菌落,平板如在 37℃培养后放于冰箱 3~4h 可使显色反应充分,蓝色菌落明显。

实验报告

1. 预习习题

(1) 转化的原理是什么?

(2) 什么是蓝/白斑筛选,怎么进行蓝/白斑筛选? 应注意哪些问题?

2. 结果分析与讨论

计算转化频率,并简述影响转化频率的因素。

想一想,试一试

1. 在用质粒载体进行外源 DNA 片段克隆时主要应考虑哪些因素?

2. 利用 α-互补现象筛选带有插入片段的重组克隆的原理是什么?

3. 根据你要克隆的目的基因及实验目的,设计合理的实验路线,并说明理由。

研究实例

碱裂解法提取重组质粒 DNA 及 PCR 验证(都艳霞等,2009,生物技术)

采用常规的碱裂解法从大肠杆菌重组质粒中提取质粒 DNA,核酸检测仪测定提取质粒 DNA 产量和纯度,并用前期 DDRT-PCR 时采用的引物进行 PCR 验证性实验,琼脂糖凝胶电泳检测,并对电泳图谱加以分析和鉴定。结果显示利用常规的碱裂解法提取重组质粒,通过酚和氯仿的抽提,可以有效地去除蛋白质杂质,用含有 RNase 抑制剂的无菌水溶解质粒提取效果最好,得到的质粒 DNA 无 RNA 污染,纯度比较高,OD_{260}/OD_{280} 比值介于 1.8~2.0 之间,OD_{260}/OD_{230} 比值大于 2.0,经 PCR 反应验证后与预计相符。以上结果表明通过该方法获得的重组质粒纯度和浓度都比较高,筛选获得高质量质粒,可以满足后续分子生物学实验的要求,为进一步克隆、测序奠定基础。

附录

1. LB 培养基

胰蛋白胨 10g,酵母提取物 5g,NaCl 10g,用 5mol/L NaOH 调 pH 7.4,定容至 1000mL,如果是固体培养基加琼脂粉 15g/1000mL,高压灭菌。

2. X-gal

储液浓度为 20mg/mL,溶于二甲基甲酰胺中,-20℃暗处保存。

3. IPTG

取 2g 溶于 8mL 双蒸水中,定容至 10mL,过滤除菌,-20℃保存。

4. 0.1mol/L CaCl₂

5. 抗生素配制

(1) 氨苄青霉素

浓度:100mg/mL 氨苄青霉素;配制量:50mL。

配制方法：

① 称取 5g 氨苄青霉素置于 50mL 塑料离心管中。

② 加入 40mL 灭菌水，充分混合溶解之后定容至 50mL。

③ 0.22μm 滤膜过滤除菌，小份分装（1mL 一管）后，置于 −20℃保存。

（2）卡那霉素

浓度：50mg/mL 卡那霉素；配制量：50mL。

配制方法：

① 称取 2.5g 卡那霉素置于 50mL 塑料离心管中。

② 加入 40mL 灭菌水，充分混合溶解之后定容至 50mL。

③ 0.22μm 滤膜过滤除菌，小份分装（1mL 一管）后，置于 −20℃保存。

（3）利福平

浓度：50mg/mL；配制量：50mL。

配制方法：

① 称取 2.5g 利福平置于 50mL 塑料离心管中。

② 加入 40mL 甲醇，振荡充分混合溶解之后定容至 50mL。

③ 小份分装（1mL 每管）后，置于 −20℃保存。

④ 配制时每 mL 可加入 3～5 滴 10mol/L NaOH 以助溶。若以 DMSO 做溶剂，可不滴加 NaOH。

实验四十　SDS 聚丙烯酰胺凝胶电泳分离蛋白质实验

一、实验目的

1. 掌握应用 SDS 聚丙烯酰胺凝胶电泳分离蛋白质的实验方法。
2. 了解 SDS 聚丙烯酰胺凝胶电泳分离蛋白质的原理。

二、实验原理

十二烷基硫酸钠—聚丙烯酰胺凝胶电泳（sodium dodecyl sulfate-polyacrylamide gel electrophoresis，SDS-PAGE）是实验室用于蛋白质分离的一项常规技术，可对蛋白质进行量化、比较及特性鉴定，具有经济、快速、可重复等优点。该方法主要依据蛋白质的相对分子质量进行分离。SDS（sodium dodecyl sulfate）的分子式为 $H_{25}C_{12}NaSO_4$，$M = 288.38g/mol$，是一种很强的阴离子表面活性剂。SDS 能破坏蛋白质分子间的结构（尤其是在强还原剂如巯基乙醇存在下，使蛋白质分子内的二硫键还原打开），并以其疏水基和蛋白质分子的疏水区相结合，形成牢固的带负电荷的蛋白质-SDS 复合物。在一定条件下，SDS 与大多数蛋白质的结合比为 1.4g SDS/1g 蛋白质。所引入的净电荷大约为蛋白质本身净电荷的 10 倍，使得其所带电荷远超过蛋白质原有的净电荷，从而清除或大大降低了不同蛋白质之间由于所带的净电荷不同对电泳迁移率的影响。SDS 与蛋白质结合后，还引起了蛋白质构象的改变，由蛋白质-SDS 复合物的流体力学和光学性质表明，它们在水溶液中的形状，近似于雪茄烟形的长椭圆棒，不同蛋白质的SDS 复合物的短轴长度都一样，约为 10Å，而长轴则随蛋白质的相对分子质量成正比地变化。这样的蛋白质-SDS 复合物，在凝胶电泳迁移率主要取决于相对分子质量大小。

三、实验材料

不同品种的小麦种子。

四、实验器具和药品

1. 药品：异丙醇、1mol/L Tris-HCl（pH 8.0）、SDS、溴酚蓝、甘油、无水乙醇、70％乙醇、丙烯酰胺、过硫酸铵、考马斯亮蓝 R-250、冰醋酸、甘氨酸等。
2. 用具：涡旋器、离心机、水浴锅、Bio-Rad Mini-Protein Ⅱ型电泳槽，电泳仪、胶片观察灯、脱色摇床。

五、实验过程

1. 蛋白质提取

（1）半粒种子砸成粉末状放入 1mL 离心管中，加入 0.15mL 70%乙醇，涡旋 0.5～1h，13 000r/min 离心 5min，去上清。

（2）加入 0.25mL 55%异丙醇，混匀，65℃水浴 30min，13 000r/min 离心 5min，去上清并用滤纸吸干净，此步骤重复 3 次。

（3）加入 0.1mL 溶液 B（新鲜加入二硫苏糖醇达 1%），混匀，65℃水浴 30min。

（4）加入 0.1mL 溶液 B（新鲜加入 4-乙烯吡啶达 1.4%），混匀，65℃水浴 30min，13 000r/min 离心 5min。

（5）上清加入等体积的溶液 C，混匀，65℃水浴 30min，13 000r/min 离心 5min，上清用于 SDS-PAGE。

2. SDS-PAGE

（1）组装灌胶用的模具

玻璃板用 70%的乙醇擦拭干净，并且确保凝胶玻璃板、隔片的底部与一个平滑的表面紧密接触。

（2）制胶

配置分离胶溶液，混匀，小心灌入模具中，加至距短玻璃顶端 1.5cm 处，轻轻在溶液上面覆盖一层 1～5mm 的水层。等待 30～40min，使凝胶聚合。当凝胶聚合后，在分离胶和水层之间将会出现一个清晰的界面。

吸尽覆盖在分离胶上的水，配置浓缩胶溶液，混匀，小心灌入，加至玻璃板顶端，插入梳子时小心不要产生气泡。约 30min 凝胶聚合。

凝胶配方如表 40.1。

表 40.1 SDS-PAGE 电泳凝胶配制（两块胶）

凝胶	分离胶（12%）	浓缩胶（5%）
30%丙烯酰胺储液	4mL	0.67mL
1.5mol/L Tris-HCl pH 8.8	2.5mL	——
1mol/L Tris-HCl pH 6.8	——	0.5mL
ddH$_2$O	3.3mL	2.75mL
10%SDS 溶液	100μL	40μL
10%过硫酸铵	100μL	40μL
TEMED	6μL	4μL
总计	10mL	4mL

（3）电泳

制好的凝胶放到电泳槽中,加入电泳缓冲溶液,开始上样。样品上样量为5～8μL/孔,电泳条件:稳流12mA/gel,溴酚蓝指示剂到底后再延长30min。

（4）固定和染色

拨下胶,放入SDS染色液中,染色过夜。

（5）脱色

倒掉染色液,加入SDS脱色液放到摇床上进行脱色,然后在观察灯上进行观察,直至能看到清晰的蛋白质条带。

（6）对蛋白质进行鉴定

可根据对照进行亚基确定(图40.1)。

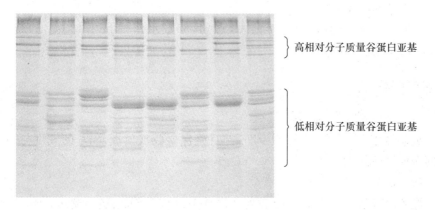

图40.1　小麦谷蛋白SDS电泳分析

注意事项

1. 玻璃板一定要清洗干净,否则在染色时会有不必要的凝胶背景。

2. 过硫酸铵要新鲜配制。40%的过硫酸铵储存于冰箱中只能使用2～3d,低浓度的过硫酸铵溶液只能当天使用。

3. 蛋白质从浓缩胶部分到分离胶部分转移时,为避免点脱尾和损失高相对分子质量蛋白,应缓慢进行(场强小于10V/cm)。

4. 用Mini-Protein Ⅲ电泳槽时,以电流为标准,开始进样的低电流为5mA/gel,待样品在浓缩胶部分浓缩成一条线后,再加大电流到10～15mA/gel;以电压为标准,开始进样的低电压为50～75V/gel,待样品在浓缩胶部分浓缩成一条线后,再加大电压到150～200V/gel。用Protein Ⅱ电泳槽时,以电流为标准,开始进样的低电流为10mA/gel,待样品在浓缩胶部分浓缩成一条线后,再加大电流到20～30mA/gel;以电压为标准,开始进样的低电压为75～100V/gel,待样品在浓缩胶部分浓缩成一条线后,再加大电压到300～400V/gel。

5. 丙烯酰胺、甲叉双丙烯酰胺是神经毒素,操作时一定要小心,不要弄到手上。

6. 灌胶时一定要细心,不要产生气泡。以免影响电泳时电流的通过。

7. 配置好30%丙烯酰胺储液后要用滤纸过滤,棕色瓶4℃冰箱保存。4℃贮存能部分防止水解,但也只能贮存 1～2 个月,可测 pH(4.9～5.2)来检查试剂是否失效。

8. 凝胶完全聚合后,必须放置 30min～1h,使其充分"老化"后,才能轻轻取出样品槽模板,切勿破坏加样凹槽底部的平整,以免电泳后区带扭曲。

9. 为防止电泳后区带拖尾,样品中盐离子强度应尽量低,含盐量高的样品可用透析法或滤胶过滤法脱盐。最大加样量不得超过 $100\mu g$ 蛋白$/100\mu L$。

10. 在不连续电泳体系中,预电泳只能在分离胶聚合后进行,洗净胶面后才能制备浓缩胶。浓缩胶制备后,不能进行预电泳,以充分利用浓缩胶的浓缩效应。

11. 电泳时,电泳仪与电泳槽间正、负极不能接错,以免样品反方向泳动,电泳时应选用合适的电流、电压,过高或过低均可影响电泳效果。

12. 不是所有蛋白质都能用 SDS-凝胶电泳法测定其相对分子质量,已发现有些蛋白质用这种方法测出的相对分子质量是不可靠的。这些蛋白质有:电荷异常或构象异常的蛋白质、带有较大辅基的蛋白质(如某些糖蛋白),以及一些结构蛋白如胶原蛋白等。因此,尽管结合了正常比例的 SDS,仍不能完全掩盖其原有电荷的影响。例如组蛋白 F_1,相对分子质量为 21 000,但由于它本身带有大量正电荷,SDS-凝胶电泳测定的结果却是 35 000,偏差较大。对于这些蛋白,至少要用两种方法来测定相对分子质量,互相验证。

实验报告

1. 预习习题:简述 SDS 电泳的实验原理。
2. 结果分析与讨论:利用结果分析小麦群体的遗传结构。

想一想,试一试

1. 简述聚丙烯酰胺凝胶聚合的原理,如何调节凝胶的孔径?
2. SDS 在 SDS-PAGE 电泳中的作用是什么?
3. 利用 SDS-PAGE 电泳分析某一群体的遗传结构或某些相关群体的亲缘关系。

研究实例

1. 引进小麦种质材料的高相对分子质量谷蛋白亚基分析(刘争辉等,2009,中国农学通报)

为了有效利用多年来引自俄罗斯及中亚地区的小麦资源,了解引进材料的遗传基础,特别是品质基础,采用 SDS-PAGE 技术对 102 份小麦材料的高相对分子质量谷蛋白亚基(HMW-GS)组成进行了分析。结果表明,参试材料中共检测到 11 种 HMW-GS 类型,Glu-A1 位点上有 1、2*、Null,Null 位点相对比较多,为 40.20%;Glu-B1 位点上有 7、7+8、7+9、6+8、17+18,以 7+9 为主要类型(59.80%);Glu-D1 位点有 2+12、2+12'、5+10 三种类型,其中 5+10 所占比例为 51.96%。参试材料共检测到 16 种亚基组合,其中"Null,7+9,2+12"所占比例较大,为 25.5%。值得一提的是,参试材料中品质评分为 10 分的材料有 22 个,9 分的有 29 个。这些材料有可能会成为比较有价值的品质改良中间材料。

2. 应用全细胞蛋白 SDS-PAGE 分子标记技术验证含羞草根瘤菌的结瘤能力(刘晓云等,2009,应用与环境生物学报)

对云南省热带及亚热带地区的含羞草根瘤菌进行了分离,选择其中 40 株菌为接种菌株,通过结瘤试验并采用全细胞蛋白 SDS-PAGE 分子标记方法研究了其结瘤能力。经过结瘤试验,发现除菌株 SWF66075 和 SWF66093 没有结瘤外,其他 38 株菌株均与含羞草植物结瘤,结瘤率为 95%。从结瘤试验所获根瘤中,分离得到结瘤菌株,采用全细胞蛋白 SDS-PAGE 分子标记对结瘤菌株与接种菌株进行了比较研究。蛋白图谱及聚类分析显示,26 株接种菌株与其结瘤菌株的全细胞蛋白分子图谱完全相同,在 100% 的相似水平上与其结瘤菌株聚在一起,说明宿主植物所形成的根瘤确系接种菌株侵入所致,因而可将这些菌株确认为根瘤菌菌株;而 SWF66012、SWF66029、SWF66044 和 SWF66058 等 12 株菌株的结瘤菌株与其各自接种菌株的全细胞蛋白图谱存在较大差异,推测这 12 株接种菌株与其结瘤菌株可能不是同一菌株,尚不能确定它们与含羞草植物的结瘤能力,这些菌株是否为根瘤菌菌株仍需进一步验证。研究结果表明,全细胞蛋白 SDS-PAGE 分子标记技术是一种快速、准确地验证根瘤菌结瘤能力的方法。该方法进一步完善了结瘤试验,并初步揭示了根瘤菌的竞争结瘤能力,适用于对大量根瘤内分离菌株进行根瘤菌的证实研究。

3. 小麦高相对分子质量谷蛋白亚基功能的体外鉴定(裴玉贺等,2008,作物学报)

通过 SDS-PAGE 方法回收纯化小麦高相对分子质量谷蛋白亚基 1Ax1、1Dx5、1Dy10、1Bx7、1By8 和 1By9,然后利用微量配粉方法将单个亚基分别添加到对照"京 411"面粉中,经过揉混仪分析单个亚基对揉面特性的影响,进而确定各个亚基的功能特性。根据揉面时间、稳定时间等参数的变化,6 个小麦高相对分子质量谷蛋白亚基对面粉品质的影响表现为 1Dy10＞1Ax1＞1Dx5＞1By8＞1Bx7＞1By9。研究结果表明,通过揉混仪进行体外配粉检测是快速鉴定高相对分子质量谷蛋白亚基功能的一种有效方法。

附录

1. 蛋白质提取时需要配制的试剂

(1) 55% 异丙醇。

(2) 溶液 B:50mL 异丙醇＋8mL 1mol/L Tris-HCl(pH 8.0)＋42mL ddH$_2$O

(3) 溶液 C:谷蛋白样品缓冲液[2% SDS、0.02% 溴酚蓝、0.08mol/L Tris-HCl(pH 8.0)、40% 甘油]。

(4) 70% 乙醇。

2. SDS-PAGE 中需要配制的试剂

(1) 1.5mol/L Tris-HCl pH 8.8。

(2) 1mol/L Tris-HCl pH 6.8。

(3) 10% SDS 溶液。

(4) 30% 丙烯酰胺储液(T＝30%,C＝2.67%)。

(5) 10% 过硫酸铵。

(6) 电极缓冲溶液(5×):Tris 15g,甘氨酸 72g,SDS 5g,加 ddH$_2$O 定容到 1L。

(7) SDS 染色液:0.1% 考马斯亮蓝 R-250、45% 乙醇、10% 冰醋酸。

(8) SDS 脱色液:10% 乙醇、10% 冰醋酸。

实验四十一 酸性聚丙烯酰胺凝胶电泳的蛋白质分析

一、实验目的

1. 学习酸性聚丙烯酰胺凝胶电泳的实验原理和实验方法。
2. 利用酸性聚丙烯酰胺凝胶电泳分析小麦群体的遗传结构。

二、实验原理

酸性聚丙烯酰胺凝胶电泳(acid polyacrylamide gel electrophoresis,A-PAGE)是另外一种分离蛋白的电泳方法。蛋白质在酸性条件下带正电荷,其在凝胶中的迁移率不仅取决于蛋白质相对分子质量大小,还取决于蛋白质分子本身所带的电荷量。

三、实验材料

不同品种的小麦种子。

四、实验器具和药品

1. 用具:0.5mL 离心管、移液器、枪头、吸水纸、小烧杯、试剂瓶、涡旋器、离心机、水浴锅、Bio-Rad Mini-Protein Ⅱ型电泳槽、电泳仪、胶片观察灯、脱色摇床。

2. 药品:乙醇、异丙醇、SDS、甘油、溴酚蓝、Tris、盐酸、二硫苏糖醇、4-乙烯吡啶、丙烯酰胺、甲叉双丙烯酰胺、尿素、抗坏血酸、硫酸亚铁、H_2O_2、三氯乙酸、甘氨酸、考马斯亮蓝、冰乙酸。

3. 药品配制

(1) 蛋白质提取时需要配制的试剂

1) 55%异丙醇。

2) 溶液 B:50mL 异丙醇 + 8mL 1mol/L Tris-HCl(pH 8.0) + 42mL ddH$_2$O。

3) 溶液 D:15mL 甘油 + 18g 尿素 + 75μL 乙酸,加 ddH$_2$O 定容至 50mL。

4) 70%乙醇。

(2) A-PAGE 需要配制的试剂

1) A-PAGE 凝胶液:12%丙烯酰胺、0.375%双丙烯酰胺,2mol/L 尿素、0.1%抗坏血酸、0.001 4%硫酸亚铁、0.7%冰醋酸,pH 3.1。

2) 0.7%H_2O_2。

3) 电极缓冲溶液(5×):冰醋酸 18mL、甘氨酸 2g,加 ddH$_2$O 定容到 1L。

4) A-PAGE 染色液:12.5%三氯乙酸、0.14%考马斯亮蓝 R-250、20%乙醇。

五、实验过程

1. 蛋白质提取

（1）半粒种子砸成粉末状放入 1mL 离心管中，加入 0.15mL 70％乙醇，涡旋 0.5～1h，13 000r/min 离心 5min，去上清。

（2）加入 0.25mL 55％异丙醇，混匀，65℃水浴 30min，13 000r/min 离心 5min，去上清并用滤纸吸干净，此步骤重复 3 次。

（3）加入 0.1mL 溶液 B（新鲜加入二硫苏糖醇达 1％），混匀，65℃水浴 30min。

（4）加入 0.1mL 溶液 B（新鲜加入 4-乙烯吡啶达 1.4％），混匀，65℃水浴 30min，13 000r/min 离心 5min。

（5）0.1mL 上清中加入 0.5mL 冰预冷的丙酮，沉淀谷蛋白，13 000r/min 离心 5min，去上清，室温干燥。

（6）加入 0.1mL 溶液 D 重新悬浮，13 000r/min 离心 5min，上清用于 A-PAGE。

2. A-PAGE

（1）组装灌胶用的模具：玻璃板用 70％的乙醇擦拭干净，并且确保凝胶玻璃板、隔片的底部与一个平滑的表面紧密接触。

（2）制胶：5mL A-PAGE 凝胶液＋7.5μL 0.7％ H_2O_2，插入梳子后，聚合 1h，以备电泳之用。

（3）电泳：制好的凝胶放到电泳槽中，加入电泳缓冲溶液，开始上样。样品上样量为 5～8μL/孔，电泳条件：稳压 500V，电泳 20～40min。

（4）固定和染色：拨下胶，放入 A-PAGE 染色液中，染色过夜。

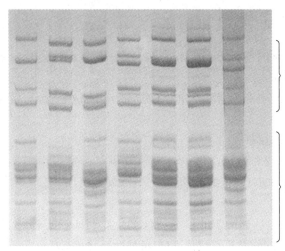

高相对分子质量谷蛋白亚基

低相对分子质量谷蛋白亚基

(5) 脱色:倒掉染色液,加入蒸馏水放到摇床上进行脱色,然后在观察灯上进行观察,直至能看到清晰的蛋白质条带。

(6) 对蛋白质进行鉴定。

注意事项

1. 丙烯酰胺、甲叉双丙烯酰胺是神经毒素,操作时一定要小心,不要弄到手上。
2. 灌胶时一定要细心,不要产生气泡。

实验报告

1. 预习习题:请绘制本实验的实验流程图,明确各步骤的作用原理及注意事项。
2. 结果分析与讨论:分析所做小麦群体的遗传结构。

想一想,试一试

1. 酸性聚丙烯酰胺凝胶电泳的原理是什么?
2. 选择适当的实验材料,试利用酸性聚丙烯酰胺凝胶电泳分析其蛋白组成。

研究实例

1. 小麦和黑麦品种醇溶蛋白的比较分析(王海娟等,2008,麦类作物学报)

为了分析普通小麦醇溶蛋白和黑麦醇溶蛋白的异同,运用酸性聚丙烯酰胺凝胶电泳法和反相高效液相色谱法对 4 个普通小麦品种和 4 个黑麦品种的醇溶蛋白进行了比较分析。在酸性电泳分析方法中,4 个普通小麦品种共分离出 16 条迁移率不同的谱带,而 4 个黑麦品种共分离出 10 条谱带,每个品种在 α、β、γ、ω 四个区的分布频率也不相同。从谱带出现的频率和染色的深浅可明显看出普通小麦的醇溶蛋白含量远远大于黑麦品种。在反相高效液相色谱分析方法中,普通小麦分离出 12～18 个组分,黑麦品种分离出 6～12 个组分;普通小麦不同类型的醇溶蛋白出峰时间比较紧凑,而黑麦的出峰时间差异较大。反相高效液相色谱分析方法能很好地分离醇溶蛋白,且其更快速、简便、所需样品量少。

2. 鉴定杂交水稻品种纯度的研究(陶芳等,2007,种子)

本文研究了水稻水溶蛋白、盐溶蛋白、醇溶蛋白的提取方法和酸性电泳系统中的胶联度、离子强度、染色方法,探索出了一套适宜水稻品种纯度和真实性鉴定的酸性聚丙烯酰胺凝胶电泳系统。应用该方法对当地推广的 11 个杂交水稻组合(包括 12 个亲本和 11 个杂交 F1 代)进行了分析。结果表明,该技术较为可靠、稳定、经济、快速,鉴别亲缘关系较近的材料具有较好效果。

实验四十二　小麦同工酶的等电聚焦分析

一、实验目的

1. 学习等电聚焦电泳分析同工酶酶谱的方法。
2. 掌握等电聚焦电泳分离同工酶的原理。
3. 了解利用同工酶酶谱进行群体遗传结构分析的方法。

二、实验原理

同工酶实验技术是一项在分子水平上研究生物遗传现象的有效方法,所谓同工酶是指催化反应相同,但是结构和理化性质不同的一类酶分子类型。自从 Markert 和 Moakash 于 1957 年首次提出同工酶分析技术以来,同工酶分析方法在整个生物学的研究中应用范围在不断扩展,逐渐占有重要的地位。尤其是等电聚焦电泳的应用,使同工酶分析的灵敏度和实验的准确率进一步提高。等电聚焦电泳是 1966 年由瑞典科学家 Hryrllbe 和 Vesterbery 建立起来的一种高分辨蛋白质分离分析技术,它的原理是利用蛋白质分子或其他两性分子等电点的不同,在一个稳定的、连续的、线性的 pH 梯度中进行蛋白质的分离分析。其分离作用由蛋白质的等电点决定,是一个稳态过程,一旦蛋白质到达它的等电点位置,它就不再含有净电荷,所以就不能进一步迁移。等电聚焦电泳的最大优点就在于浓缩效应(或称为聚焦效应),所以它可以产生细窄、稳定的蛋白质带。

三、实验材料

不同品系的小麦种子。

四、实验器具和药品

1. 药品:甘油、丙烯酰胺、甲叉双丙烯酰胺、两性电解质、过硫酸铵、TEMED、I_2-KI、乙酸。
2. 用具:制胶板、LKB Bromma Power Supply、LKB Brinna Multiohor Electrophorusis。

五、实验过程

1. 凝胶的制备

从冰箱中取出储液和药品,按表 42.1 的顺序和配方进行配胶,快速混匀后灌胶。在室温下静置,凝胶进行聚合反应,一般 30~60min 内聚合完成。

表 42.1　凝胶配方

顺　序	成　分	用　量
1	16％甘油	10.95mL
2	29g 丙烯酰胺(Acr)+1g 甲叉双丙烯酰胺(Bis)+45mL 双蒸水	5mL
3	两性电解质： 酯酶(Est)：pH 3.5～9.5 淀粉酶(Amy)：pH 3.5～9.5，pH 4～6	0.6mL 0.3mL,0.6mL
4	四甲基乙二胺(TEMED)	22.5μL
5	4％过硫酸铵(AP)	97.5μL

2. 样品的制备

分别在 50 个品种中随机取一粒饱满的种子,研磨后放入离心管中。每管加入 200μL 20％蔗糖提取液混匀,在室温下孵化 1h 后离心 4min(11 000r/min)。

3. 电泳

在 8℃下进行电泳,电极缓冲液的配制见表 42.2 电泳过程如下。

（1）起胶、上胶、安改电极条后进行预电泳 30min。

表 42.2　电极缓冲液的配制

电极条	酯酶（Est）	淀粉酶（Amy）
负极电极条	0.1mol/L NaOH	0.5mol/L NaOH
正极电极条	1mol/L H_3PO_4	0.04mol/L Glu

（2）点样、去样。电泳参数见表 42.3。

酯酶(Est)：用微量进样器取 33μL 样品上清液加到点样纸上,将点样纸依次放入凝胶板阳极后即可进行电泳。

淀粉酶(Amy)：用微量进样器取 10μL 样品上清液和 25μL20％蔗糖提取液混匀后加到点样纸上,将点样纸依次放入凝胶板阴极后即可进行电泳。

电泳 30min 后揭去点样纸。

（3）去样后,再恒压 2 300V 直至电流不变。整个电泳过程约为 5～6h。

表 42.3　电泳参数设置

项　目	电压/V	电流/mA	功率/W
预电泳	2300	66	10
点样后	2300	66	10
去样后	2300	66	10

4. 染色

（1）染液配制

酯酶：取 α-醋酸萘酯和 β-醋酸萘酯各 0.075g 溶于 5mL 丙酮中,取固暗蓝 R

盐 0.15g 溶于 5mL 丙酮中,再加入 200mL 缓冲液,混匀即可(缓冲液配方:5.23g KH₂PO₄ 和 57.8g Na₂HPO₄ 定容至 1000mL)。

淀粉酶:① 浸板液的配制:4%的淀粉(称取 16g 淀粉放于 400mL 蒸馏水中,加热搅拌至透明后于室温下冷却)。

② 基础液的配制:取 1.903g I₂ 和 5.810g KI 溶于 100mL 双蒸水中。

③ 染液的配制:取 3mL 基础液、6mL 乙酸加入至 341mL 蒸馏水中混匀。

(2)染色方法

电泳完毕后,取下凝胶板,去除电极条。

淀粉酶:将凝胶板移入 4%的淀粉液中浸板,于摇床上摇动 10min 后,倾出淀粉液并用蒸馏水冲洗 2～3 次。然后加入染液,当凝胶板底色为蓝色,出现白色透明的淀粉酶同工酶谱带时,迅速倾出染液,用蒸馏水漂洗,拍照、记录(图 42.1)。

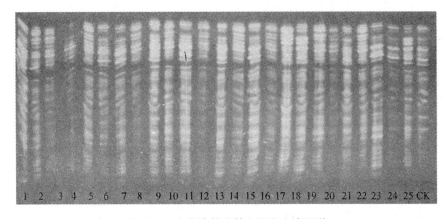

图 42.1　小麦淀粉酶等电聚焦电泳图谱

酯酶:将凝胶板移入染液中,于摇床上摇动数分钟,当出现棕红色的酯酶同工酶谱带时,迅速倾出染液,用蒸馏水漂洗,拍照、记录(图 42.2)。

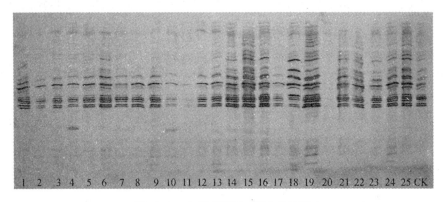

图 42.2　小麦酯酶同工酶电泳图谱

5. 数据处理

本实验结果采用数值分析中的不加权算术平均对种群分析法(UPGMA),其主要步骤如下:

(1) 对每一种电泳图谱中出现的所有条带分别按等电点从低到高顺序排列,将酶谱特征按计算机处理的需要转化为数字特征:对某品系而言,在等电点出现的条带赋值为 1,没有出现则赋值为 0,由此获得 50 个品系小麦种群的数据矩阵。

(2) 根据 Nei 的公式,计算各小麦品系间的相似系数 I 和遗传距离 D:

$$I = b/a_1 \times a_2, \quad D = -\ln I$$

其中 a_1、a_2 分别为任意两个小麦品系的条带总数,b 为这两个品系间相同的条带数。

(3) 利用相似系数 I 和遗传距离 D 按 UPGMA 方法进行遗传相似性聚类分析和构建聚类图。统计分析在 SPSS 软件下进行。

注意事项

1. 最好选用新鲜的供试材料制备酶提取液,并且及时电泳,避免造成不必要的酶活性丧失。

2. 不同的酶在材料中的含量是不同的。例如相比较酯酶而言,小麦种子中的淀粉酶含量就较高。因此在进行正式电泳之前需要设置梯度稀释度以确定酶提取液的浓度。

3. 由于等电聚焦电泳是根据酶蛋白等电点的差异来进行分辨的,因此两性电解质的选择尤为重要。两性电解质的 pH 范围既要考虑到覆盖整个酶带,又要能够将酶带比较集中的范围尽可能地拉大。

4. 在实验过程中需要注意防止酶活性的丧失和酶量的损失。第一,酶提取液制备完毕后,需要在冰浴下静置 1h,以保证酶的析出;第二,点样以及上样时要动作迅速,避免酶提取液挥发导致酶量减少;电泳要保证在低温下进行,以免酶活性丧失。

实验报告

1. 预习习题:绘制本实验的实验流程图,以保证实验的顺利进行。

2. 结果分析与讨论:利用等电聚焦电泳方法分析不同小麦品种的遗传多样性。

想一想,试一试

1. 聚丙烯酰胺凝胶电泳分离蛋白质的原理是什么?

2. 同工酶分析可以应用于哪些方面?并设计题目进行研究。

3. 等点聚焦电泳分析的原理是什么?

研究实例

1. 种子蛋白质超薄等电聚焦电泳鉴定杂交水稻种子纯度的准确性初探(严敏等,2008,植物生理学通讯)

分别用超薄等电聚焦电泳技术和田间小区种植技术鉴定杂交水稻、种子纯度和比较两者吻合程度,结果表明这两种方法鉴定的纯度完全吻合。显示超薄等电聚焦电泳技术可用于鉴定杂交水稻种子纯度。

2. 超薄层等电聚焦电泳技术检验燕麦种子的真实性(刘敏轩等,2007,草地学报)

利用种子醇溶蛋白超薄层等电聚焦电泳(UTLIEF)技术对青海和河北省燕麦属(*Avena* spp)16 个品种真实性进行了比较分析。结果表明,参试样品的种子醇溶蛋白 UTLIEF 电泳图谱共分离出 34 条不同迁移率的谱带;依据蛋白电泳图谱等电点(PI 值)为 4.8、6.55、6.9、7.7、8.4 和 8.6 等位置谱带的有无以及数目,可鉴别 16 个参试样品中的 13 个样品;对同一样品的整粒种子、1/2 粒和 1/4 粒种子,以及人工老化处理获得的同一样品不同发芽率的种子进行超薄层等电聚焦电泳,结果表明破损程度到 1/2 粒种子和不同生活力种子,甚至死种子对电泳鉴定结果基本没有影响。

主要参考文献

陈章良. 1992. 植物基因工程研究. 北京:北京大学出版社

程家蓉,关赛芳,王学励等. 2005. 从人口腔细胞获取基因组作基因多态性分析的可行性. 癌症, 24(7):893-897

戴灼华,王雅馥,粟冀玫. 2008. 遗传学. 2 版. 北京:高等教育出版社

郭平仲. 1993. 数量遗传分析. 修订版. 北京:首都师范大学出版社

郭善利,刘林德. 2005. 遗传学实验教程. 北京:科学出版社

何俊琳,王应雄. 2004. 遗传与优生学实验指导. 重庆:重庆大学出版社

何路军. 2004. 河北汉族人群 NAT2 基因多态性分析. 中国输血杂志,17(5):322-324

斯佩克特 DL,戈德曼 RD. 2001. 细胞培养指南. 黄培堂等译. 北京:科学出版社

姜泊. 1995. 分子生物学常用实验方法. 北京:人民军医出版社

金波,陈光荣. 1998. 遗传毒理与环境检测. 武汉:华中师范大学出版社

梁国栋. 2001. 最新分子生物学实验技术. 北京:科学出版社

梁彦生. 1989. 遗传学实验. 北京:北京师范大学出版社

林万明. 1995. PCR 技术操作和应用指南. 北京:人民军医出版社

马利加 P,克莱森 DF. 2002. 植物分子生物学实验指南. 刘进元,吴庆余等译. 北京:科学出版社

刘祖洞,江绍慧. 1991. 遗传学实验. 北京:高等教育出版社

卢龙斗,常重杰,杜启艳等. 1996. 遗传学实验技术. 合肥:中国科学技术大学出版社

卢圣栋. 2001. 现代分子生物学实验技术. 北京:高等教育出版社

万伯健. 1987. 遗传毒理基础知识. 北京:科学出版社

夏其昌. 1997. 蛋白质化学研究技术与进展. 北京:科学出版社

鄢慧民,袁文静. 1994. 遗传学实验. 武汉:武汉大学出版社

杨大翔. 2004. 遗传学实验. 北京:科学出版社

张飞雄. 2004. 普通遗传学. 北京:科学出版社

张贵友. 2003. 普通遗传学实验. 北京:清华大学出版社

朱英,陶刚,刘作易等. 2004. 琼脂糖凝胶电泳操作中值得注意的几个问题. 贵州农业科学,6:27-28

Abasht B,Pitel F,Lagarrigue S,et al. 2006. Fatness QTL on chicken chromosome 5 and interaction with sex. Genet Sel Evol,38(3):297-311

Annette Lum,et al. 1998,A simple Mouthwash method for obtaining genomic DNA in molecular epidemiological studies. Cancer Epidemlogy,7(8):719-724

Bradford LD. 2002. CYP2D6 allele frequency in European Caucasians,Asians,Africans and their descendants. Pharmacogenomics,3(2):229-243

Cadwell RC. 1994. Mutagenic PCR . New York:Cold Spring Harbor Laboratory Press

Chang AS. 2004. Conspecific sperm precedence in sister species of Drosophila with overlapping ranges. Evolution,58(4):781-789

Chen C,Ridzon DA,Broomer AJ,et al. 2005,Real-time quantification of microRNAs by stem-loop RT-PCR . Nucleic Acids Research,33(20):179

Chen X,Li M,Shi J,et al. 2008. Gene expression profiles associated with intersubgenomic heterosis in Brassica napus. Theor Appl Genet,117(7):1031-1040

Clack MS. 1998. 植物分子生物学实验手册. 北京:高等教育出版社,119-155

Burke D,Dwson D,Stearns T. 2002. Metods in Yeast Genetics(酵母遗传实验方法——冷泉港实验课手册). 北京:清华大学出版社

Dellaporta S L,Wood J,Hicks J B. 1983. A plant DNA mini-preparation. Plant Biol Rep,1(4):19-21

Dixon SM,Coyne JA,Noor MA. 2003. The evolution of conspecific sperm precedence in Drosophila. Mol Ecol,12(5):1179-1184

Ausubel F. 1998. 精编分子生物学指南. 王海林译. 北京:科学出版社

Foncéka D,Hodo-Abalo T,Rivallan R,et al. 2009. Genetic mapping of wild introgressions into cultivated peanut:a way toward enlarging the genetic basis of a recent allotetraploid. BMC Plant Biol,9:103

Forester E. 1995. An improved general method to generate internal standards for competitive PCR. Biotechniques,16:18-20

萨姆布鲁克 J. 1999. 分子克隆实验指南. 2 版. 北京:科学出版社

Kessler C, et. al. 1985. Recognition sequences of restriction endonucleases and methylasesa review. Gene,33:1-102

Meselson M,Yuan R. 1968. DNA restriction enzyme from E. coli. Nature,217:1110-1114

Mullis KB,Faloona FA. 1987. Specific synthesis of DNA in vitro via a polymerase-catalyzed chain reaction . Methods Enzymol,155:335-351

Murray H G. Thomspon W F. Rapid isolation of higher weight DNA. Nucleic Acid Res. 1980. 8

Paolella P. 2002. Introduction to Molecular Biology. 北京:清华大学出版社

Reich D,Thangaraj K,Patterson N,et al. 2009. Reconstructing Indian population history. Nature,461(7263):489-494

Rogers S O,Bendch A J. 1988. Extraction of DNA from plant tissues. Plant Molecular Biology Mannul

Siebert PD,Larrick W. 1992. Competive PCR. Nature,359:557-558

Song S,Huang Y,Wang X,et al. 2009. HRGD:a database for mining potential heterosis-related genes in plants. Plant Mol Biol,69(3):255-260

Takahashi H,Yang D,Sasaki O,et al. 2009. Mapping of quantitative trait loci affecting eggshell quality on chromosome 9 in an F(2) intercross between two chicken lines divergently selected for eggshell strength. Anim Genet,40(5):779-782

Wilson GG,Murray NE. 1991. Restriction and Modification Systems. Annu Rev Genet,25:585-627

附　　录

一、常用培养基的配制

1. 生物实验常用培养基

(1) L-肉汤液体培养基(LB 培养基)

胰蛋白胨	10g
酵母抽提物	5g
NaCl	10g
葡萄糖	1g
蒸馏水	1000mL

上述成分完全溶解后,用 5mol/L NaOH 调 pH 至 7.2。

(2) L-肉汤固体培养基

L-肉汤	1000mL
琼脂	20g

(3) L-肉汤半固体培养基

L-肉汤	1000mL
琼脂	8g

(4) 0.3%肉汤软琼脂

L-肉汤	1000mL
琼脂	3g

(5) By 培养基

牛肉膏	5g
酵母膏*（国产）	5g
蛋白胨	10g
NaCl	5g
葡萄糖	5g
蒸馏水	1000mL

用 NaOH 调 pH 至 7.5。

　　* 称取酵母膏(国产)5g,溶于少量水中,将酵母浸出液煮沸,待浸出液冷却后,以 3000r/min 离心 5min,弃沉淀,将上清液再煮沸离心,经过净化后的酵母浸出液才可配制 By 培养基。固体培养基加琼脂 20g。

(6) Z-肉汤培养基

胰蛋白胨	20g
牛肉膏	6g
葡萄糖	2g
蒸馏水	2g

用 NaOH 调 pH 至 7.5。

(7) 10×A 缓冲液

K_2HPO_4	105g
KH_2PO_4	45g
$(NH_4)_2SO_4$	10g
柠檬酸钠($Na_3C_6H_5O_7 \cdot 2H_2O$)	10g
加蒸馏水至	1000mL

调 pH 7.0

(8) 基本固体培养基

各种成分混合比例如下：

10×A 缓冲液	100mL
20%糖	20mL
1mg/mL 硫胺素(维生素 B_1)	4mL
0.25mol/L $MgSO_4 \cdot 7H_2O$	4mL
2%琼脂	880mL
各种氨基酸(10mg/mL)	4mL
链霉素(50mg/mL)	4mL
利福平*(25mg/mL)	4mL
卡那霉素(5mg/mL)	4mL

* 配制利福平时,可先加少许甲醇溶解,再加无菌水至所需的量。

(9) 伊红美蓝(EMB)培养基

糖	10g
胰蛋白胨	8g
NaCl	5g
K_2HPO_4	2g
伊红 Y(曙红)	0.4g
美蓝	0.065g
琼脂	20g
加蒸馏水	1000mL

在加伊红 Y 和美蓝前调 pH 至 7.2

(10) Mg 培养基

Na$_2$HPO$_4$	6g
KH$_2$PO$_4$	3g
NaCl	0.5g
NH$_4$Cl	1g

用 NaOH 调 pH 至 7.4,高压灭菌 20min,冷却后加:

1mol/L MgSO$_4$	2mL
20%葡萄糖	10mL
1mol/L CaCl$_2$	0.1mL

上述三种溶液分别灭菌或消毒。

(11) YEPD 培养基

酵母粉	10g
胰蛋白胨	20g
葡萄糖	20g
蒸馏水	1000mL

(12) YEPDS 培养基

YEPD 培养基加山梨醇至浓度 0.8mol/L

(13) YNB 培养基

每升培养基含:

大量元素	葡萄糖	20g
	(NH$_4$)$_2$SO$_4$	5g
	KH$_2$PO$_4$	0.85g
	K$_2$HPO$_4$	0.15g
	MgSO$_4$ · 7H$_2$O	0.5g
	NaCl	0.1g
	CaCl$_2$ · 2H$_2$O	0.1g
微量元素	H$_3$BO$_3$	500μg
	CuSO$_4$ · 5H$_2$O	40μg
	KI	100μg
	FeCl$_3$ · 6H$_2$O	200μg
	MnSO$_4$ · H$_2$O	400μg
	Na$_2$MoO$_4$ · 2H$_2$O	200μg
	ZnSO$_4$ · 7H$_2$O	400μg

$$\text{维生素}\begin{cases}\text{生长素} & 2\mu g \\ \text{泛酸钙} & 400\mu g \\ \text{肌醇} & 2000\mu g \\ \text{烟酸} & 400\mu g \\ \text{对氨基苯甲酸} & 200\mu g \\ \text{硫胺素} & 400\mu g \\ \text{核黄素} & 200\mu g \\ \text{吡哆醇} & 400\mu g \end{cases}$$

(14) YNBS 培养基

YNB+ade、YNB+ura、YNB+his 和 YNB+trp 培养基在 YNB 培养基中加入 20mg 必需营养物。

(15) 0.8%半固体琼脂培养基

琼脂	0.8g
蒸馏水	100mL

2. 植物组织和细胞培养常用培养基

(1) 改良怀特(White)培养基(pH 5.6~5.8)(mg/L)

$MgSO_4$	720	H_3BO_3	1.5
$Ca(NO_3)_2$	300	$MnSO_4$	4.5
Na_2SO_4	200	$Fe_2(SO_4)_3$	2.5
KNO_3	80	维生素 B_1	0.1
KCl	65	维生素 B_6	0.1
NaH_2PO_4	16.5	烟酸	0.3
$CuSO_4 \cdot 5H_2O$	0.001	甘氨酸	3.0
$ZnSO_4$	3	蔗糖	20 000
$Na_2MoO_4 \cdot 2H_2O$	0.0025	肌醇	100
KI	0.75		

(2) MS 培养基(Murashige, Skoog)(pH 5.6~5.8)(mg/L)

NH_4NO_3	1650	KI	0.83
KNO_3	1900	$FeSO_4 \cdot 7H_2O$	27.8
$CaCl_2 \cdot 2H_2O$	440	$Na_2EDTA \cdot 2H_2O$	37.3
$MgSO_4 \cdot 7H_2O$	370	维生素 B_1	0.4
KH_2PO_4	170	维生素 B_6	0.5
H_3BO_3	6.2	烟酸	0.5
$MnSO_4 \cdot 4H_2O$	22.3	肌醇	100

$CoCl_2 \cdot 6H_2O$	0.025	甘氨酸	2.0
$CuSO_4 \cdot 5H_2O$	0.025	蔗糖	30 000
$ZnSO_4 \cdot 7H_2O$	8.6		
$Na_2MoO_4 \cdot 2H_2O$	0.25		

(3) B_5 培养基(Gamborg)(pH 5.5)(mg/L)

$NaH_2PO_4 \cdot H_2O$	150	Na_2MoO_4	0.25
KNO_3	2500	$KI\ 2H_2O$	0.75
$(NH_4)2SO_4$	134	Na-Fe-EDTA	28.0
$MgSO_4 \cdot 7H_2O$	250	维生素 B_1	10.0
$CaCl_2 \cdot 2H_2O$	150	维生素 B_6	1.0
H_3BO_3	3.0	烟酸	1.0
$MnSO_4 \cdot H_2O$	10.0	肌醇	100
$CoCl_2 \cdot 6H_2O$	0.025	蔗糖	20 000
$CuSO_4 \cdot 5H_2O$	0.025		
$ZnSO_4 \cdot 7H_2O$	2.0		

(4) SH 培养基(Schenk,Hildebrandt)(pH 5.9)(mg/L)

KNO_3	2500	$F_3SO_4 \cdot 7H_2O$	15.0
$MgSO_4 \cdot 7H_2O$	400	$Na_2EDTA \cdot 2H_2O$	20.0
$CaCl_2 \cdot 2H_2O$	200	维生素 B_1	5.0
$NH_4H_2PO_4$	300	维生素 B_6	0.5
$MnSO_4 \cdot H_2O$	10	烟酸	5.0
H_3BO_3	5.0	肌醇	100
$ZnSO_4 \cdot 7H_2O$	1.0	2,4-D	0.5
KI	1.0	P-氯苯氧基醋酸	2.0
$CuSO_4 \cdot 5H_2O$	0.2	激动素	0.1
$Na_2MoO_4 \cdot 2H_2O$	0.1	蔗糖	30 000
$CoCl_2 \cdot 6H_2O$	0.1		

上述(1)～(4)四种培养基一般适用于组织培养。

(5) NT 培养基(Nagata,Takebe)(pH 5.8)(mg/L)

NH_4NO_3	825	$CoSO_4 \cdot 7H_2O$	0.03
KNO_3	950	$Na_2EDTA \cdot 2H_2O$	37.3
$CaCl_2 \cdot 2H_2O$	220	$FeSO_4 \cdot 7H_2O$	27.8
$MgSO_4 \cdot 7H_2O$	1233	肌醇	100
KH_2PO_4	680	维生素 B_1	1.0
H_3BO_3	6.2	萘乙酸	3.0

$MnSO_4 \cdot 4H_2O$	22.3	6-苄基氨基嘌呤	1.0
$ZnSO_4 \cdot 4H_2O$	8.6	蔗糖	10 000
KI	0.83	甘露醇	0.7mol/L
$Na_2MoO_4 \cdot 2H_2O$	0.25		
$CuSO_4 \cdot 5H_2O$	0.025		

(6) Nitsch,Ohyama 培养基(pH 5.6)(mg/L)

$CaCl_2$	1000	肌醇	100
KNO_3	500	烟酸	5.0
$MgSO_4 \cdot 7H_2O$	250	维生素 B_1	0.5
KH_2PO_4	25	维生素 B_6	0.5
$MnSO_4 \cdot 4H_2O$	2.5	叶酸	0.5
H_3BO_3	1.0	甘氨酸	2.0
$ZnSO_4 \cdot 7H_2O$	1.0	生长素	0.05
$Na_2MoO_4 \cdot 2H_2O$	0.025	2,4-D	1.0
$CuSO_4 \cdot 5H_2O$	0.0025	6-苄基氨基嘌呤	1.0
$FeSO_4 \cdot 47H_2O$	27.8	甘露醇或蔗糖	0.6mol/L
Na_2-EDTA	37.3		

(7) D_2 培养基(pH 5.8)(mg/L)

成分			D_{2a}	D_{2b}
$NH4NO_3$	270	肌醇	100	100
KNO_3	1480	烟酸	4.0	4.0
$CaCl_2 \cdot 2H_2O$	900	维生素 B_1	4.0	4.0
$MgSO_4 \cdot 7H_2O$	900	甘氨酸	1.4	1.4
KH_2PO_4	80	维生素 B_6	0.7	0.7
$FeSO_4 \cdot 7H_2O$	27.8	叶酸	0.4	0.4
Na_2EDTA	37.3	生物素	0.04	0.04
H_3BO_3	2.0	NAA	1.5	1.5
$MnSO_4 \cdot 4H_2O$	5.0	6-BAP	0.6	0.6
$ZnSO_4 \cdot 4H_2O$	1.5	椰子乳	5%	5%
KI	0.25	2,4,5-T	0.5	0.5
$Na_2MoO_4 \cdot 2H_2O$	0.10	葡萄糖	0.4mol/L	—
$CuSO_4 \cdot 5H_2O$	0.015	蔗糖	0.05mol/L	0.06mol/L
$CoCl_2 \cdot 6H_2O$	0.010	琼脂	—	4000

上述(5)~(7)三种培养基一般适于植物原生质体的培养。

(8) 常用培养基附加成分(mg/L)

药剂	MS	B5	SH
肌醇	100	100	1000
烟酸	0.5	1.0	5.0
盐酸吡哆醇	0.5	1.0	0.5
盐酸硫胺素	0.1	10.0	5.0
甘氨酸	2.0		
吲哚乙酸	1~30		
萘乙酸		1.0	
激动素	0.04~10	0.1	
2,4-D		0.1~1.0	0.5
P-氯苯氧基醋酸			2.0

3. 动物组织和细胞培养的常用溶液和培养基

(1) Hank 平衡盐溶液

$10\times$母液配方:

NaCl	80g
$MgSO_4 \cdot 7H_2O$	2g
KCl	4g
$Na_2HPO_4 \cdot 12H_2O$	1.2g
KH_2PO_4	0.6g
葡萄糖(无水)	10g
$CaCl_2{}^*$(无水)	1.4g

药物按顺序溶于全量 1000mL 双蒸馏水中,按 4mL/1000mL 加入氯仿,4℃保存。

Hank 工作液配法:取 100mL $10\times$母液加入 900mL 双蒸水和 1‰酚红** 2mL,0.6kg/cm² 高压灭菌 15min 后用 5% $NaHCO_3$*** 调 pH 7.0~7.2。

* 配 $10\times$母液时,$CaCl_2$ 应单独先用 100mL 双蒸水溶解后再合并,加 $CaCl_2$ 时要不时搅动,防止出现沉淀。

** 1‰酚红溶液应单独配制,配法如下:称取 1g 酚红,置玻璃研钵中,逐渐加入 0.1mol/L 的 NaOH 并不断研磨。直到所有颗粒完全溶解。所加 NaOH 溶液的量按每 0.1g 酚红需 2.82mL 计,总量为 28.2mL,将已溶解的溶液吸入 100mL 容量瓶中,用双蒸水洗研钵数次,均集中于容量瓶中,最后加双蒸水至 100mL,定容摇匀后保存在 4℃备用。一般以 0.02‰浓度在溶液中作为指示剂。

*** 5% $NaHCO_3$ 必须单独高压灭菌,如混入 Hank 液内则不能高压灭菌,否则易出现混浊。配制时称取 5g Na_2HCO_3 加双蒸水至 100mL,1kg/cm² 高压灭菌 15min,分装于青霉素小瓶中,4℃保存。

(2) D-Hank 液(无 Ca^{2+}、Mg^{2+} 的 Hank 液)

NaCl	8g
KH_2PO_4	0.06g
KCl	0.4g
葡萄糖	1.0g
$Na_2HPO_4 \cdot 12H_2O$	0.12g
1%酚红	2mL
双蒸水	1000mL

(3) 0.25%胰蛋白酶配制

D-Hank 液	1000mL
胰蛋白酶(Difco 1:250)	2.5g

配制时可先用少量 D-Hank 液调化胰蛋白酶,然后加入剩余的液体。因为胰酶很轻,不易溶解,且浮在水面上,可用玻棒搅拌。放冰箱内放置过夜,待慢慢溶解。也可置 37℃水浴中溶解 1h(具体时间视溶化程度而定,直至透彻清亮为止)。溶解后用除菌滤器过滤,分装或使用前以 5% $NaHCO_3$ 调 pH 至 7.2~7.4,小瓶分装,−20℃保存。

(4) 0.02%EDTA 钠盐溶液配制

EDTA	0.20g
Na_2HPO_4	0.073g
NaCl	8.00g
葡萄糖	2.00g
KCl	0.20g
1%酚红	2.00mL
KH_2PO_4	0.02g
加水至	1000mL

以 5%$NaHCO_3$ 粗调 pH 至 7.4,配制后,可分装于适宜的瓶中,经 0.6kg/cm² 高压灭菌 15min。

(5) 抗菌素液

青、链霉素(双抗):取青霉素 100 万单位,链霉素 100 万单位,溶于 100mL 灭菌的 Hank 液中,浓度为每毫升含青霉素 1 万单位和链霉素 1 万单位。使用浓度为 100mL 培养基内加 1mL,则培养基内的最终浓度为每毫升含 100 单位青霉素和100 单位链霉素。

(6) RMPI-1640 培养基

用天平称取 1640 干粉 10.5g(根据产品说明)。慢慢加入 1000mL 双蒸水,摇匀,使之溶解。再加 1mL 1%酚红,37℃水浴溶解 10~30min,通 CO_2 气体,调节 pH 至 6.0~6.3 左右(使三角瓶中溶液颜色由红转为橙黄)。除菌过滤。加 1%

青、链霉素(终浓度为 100 单位/mL),加前做无菌实验,分装。使用时根据需要配制成工作液:加 10%~20%小牛血清,再用 5% $NaHCO_3$ 调 pH 7.2~7.4。

(7) Eagle 培养基

配法 A:称取 Eagle 粉末 9.4g(根据产品说明书),溶解于 990mL 双蒸水中。另称 0.292g 谷氨酰胺溶于 10mL 双蒸水中。合并两液,无菌过滤。加 1%青、链霉素(即青、链霉素的终浓度各为 100 单位/mL 和 $100\mu g/mL$),分装。根据需要再加 10%~20%小牛血清,用 5% $NaHCO_3$ 调 pH 至 7.2~7.4,即配成了工作液。

配法 B:目前商品供应的 Eagle 干粉可供高压灭菌,按以下方法配制。

成品 Eagle 最低限度必需培养基(E-MEM)配制:称取 E-MEM 9.4g,加双蒸水至 1000mL。配好后,分装,经 $1kg/cm^2$ 灭菌 15min,冷暗保存。使用时需补加 3%谷氨酰胺,每 100mL MEM 培养液中加 1mL 3%谷氨酰胺。使用时根据需要补加适量血清以及调 pH。

(8) 果蝇培养基

果蝇培养基配方如下:

水	琼脂	蔗糖	玉米粉	正丙酸	酵母粉
1000mL	20g	180g	135g	6.6mL	适量

在配制过程中,先将蔗糖充分溶解于一半水中,加热,加热时应注意搅拌,以达到加热均匀的目的。加热过程中,将琼脂以少量水溶解,待蔗糖水加热至 60℃左右时,将溶解后的琼脂液均匀倒入蔗糖水中,继续加热煮沸。另将玉米粉溶于 40%水中,调匀,边搅拌边倒入煮沸的蔗糖—琼脂水溶液中,用剩余的约 10%的水将玉米粉全部冲入正在加热的混合液中,继续煮沸几分钟,终止加热,加入正丙酸,拌匀分装于培养瓶中,每瓶中加入量约至瓶高 1.5~2cm 即可。

配制培养基的体积数,可以根据每一个培养瓶中所用体积数乘以所需培养瓶数计算总体积,同时应适当考虑在配制过程中有可能因为挥发而造成体积数的减少,应该适当放大所需体积数量。

灭菌方法可以采用 $1kg/cm^2$ 灭菌 20min 后,冷却待用。也可以将广口瓶干热灭菌 1h,这样既可以防止真菌污染,也可以杀灭以前培养瓶中有可能残留的幼虫或蛹,以免造成污染。干热灭菌后的培养瓶就可以分装培养基了。分装后的培养基在接种前,应保证培养瓶内表面无水层,瓶壁无水滴,并在培养瓶中加入适量的酵母粉。

二、常用缓冲液的配制

1. 甘氨酸-盐酸缓冲液(0.05mol/L)

XmL 0.2mol/L 甘氨酸+YmL 0.2mol/L HCl,再加水稀释至 200mL。

甘氨酸相对分子质量 75.07。

0.2mol/L 甘氨酸溶液含 15.01g/L。

pH	X/mL	Y/mL	pH	X/mL	Y/mL
2.2	50	44.0	3.0	50	11.4
2.4	50	32.4	3.2	50	8.2
2.6	50	24.2	3.4	50	6.4
2.8	50	16.8	3.6	50	5.0

2. 柠檬酸-柠檬酸钠缓冲液(0.1mol/L)

柠檬酸 $C_6H_8O_7 \cdot H_2O$ 相对分子质量为 210.14；0.1mol/L 溶液为 21.01g/L。

柠檬酸钠 $Na_3C_6H_5O_2 \cdot 2H_2O$ 相对分子质量为 294.12；0.1mol/L 溶液为 29.41g/L。

pH	0.1mol/L 柠檬酸/mL	0.1mol/L 柠檬酸钠/mL	pH	0.1mol/L 柠檬酸/mL	0.1mol/L 柠檬酸钠/mL
3.0	18.6	1.4	5.0	8.2	11.8
3.2	17.2	2.8	5.2	7.3	12.7
3.4	16.0	4.0	5.4	6.4	13.6
3.6	14.9	5.1	5.6	5.5	14.5
3.8	14.0	6.0	5.8	4.7	15.3
4.0	13.1	6.9	6.0	3.8	16.2
4.2	12.3	7.7	6.2	2.8	17.2
4.4	11.4	8.6	6.4	2.0	18.0
4.6	10.3	9.7	6.6	1.4	18.6
4.8	9.2	10.8			

3. 乙酸-乙酸钠缓冲液(0.2mol/L)

pH(18℃)	0.2mol/L NaAc/mL	0.2mol/L HAc/mL	pH(18℃)	0.2mol/L NaAc/mL	0.2mol/L HAc
3.6	0.75	9.25	4.8	5.90	4.10
3.8	1.20	8.80	5.0	7.00	3.00
4.0	1.80	3.20	5.2	7.90	2.10
4.2	2.65	7.35	5.4	8.60	1.40
4.4	3.70	6.30	5.6	9.10	0.90
4.6	4.90	5.10	5.8	9.40	0.60

$NaAc \cdot 3H_2O$ 相对分子质量为 136.09；0.2mol/L 溶液为 27.22g/L。

4. 邻苯二甲酸-盐酸缓冲液(0.05mol/L)

XmL 0.2mol/L 邻苯二甲酸氢钾＋YmL 0.2mol/L HCl,再加水稀释到 20mL。

pH(20℃)	X/mL	Y/mL	pH(20℃)	X/mL	Y/mL
2.2	5	4.670	3.2	5	1.470
2.4	5	3.960	3.4	5	0.990
2.6	5	3.295	3.6	5	0.597
2.8	5	2.642	3.8	5	0.263
3.0	5	2.032			

邻苯二甲酸氢钾相对分子质量为 204.23;0.2mol/L 邻苯二钾酸氢钾溶液含 40.85g/L。

5. 磷酸氢二钠-柠檬酸缓冲液(McIlvaine 液)

pH	0.2mol/L Na_2HPO_4/mL	0.1mol/L 柠檬酸/mL	pH	0.2mol/L Na_2HPO_4/mL	0.1mol/L 柠檬酸/mL
2.2	0.40	19.60	5.2	10.72	9.23
2.4	1.24	18.76	5.4	11.15	8.85
2.6	2.18	17.82	5.6	11.60	8.40
2.8	3.17	16.83	5.8	12.09	7.91
3.0	4.11	15.89	6.0	12.63	7.37
3.2	4.94	15.06	6.2	13.22	6.78
3.4	5.70	14.30	6.4	13.85	6.15
3.6	6.44	13.56	6.6	14.55	5.45
3.8	7.10	12.90	6.8	15.45	4.55
4.0	7.71	12.29	7.0	16.47	3.53
4.2	8.28	11.72	7.2	17.39	2.61
4.4	8.82	11.18	7.4	18.17	1.83
4.6	9.35	10.65	7.6	18.73	1.27
4.8	9.86	10.14	7.8	19.15	0.85
5.0	10.30	9.70	8.0	19.45	0.55

Na_2HPO_4 相对分子质量为 141.98;0.2mol/L 溶液为 28.40g/L。
$Na_2HPO_4 \cdot 2H_2O$ 相对分子质量为 178.05;0.2mol/L 溶液含 35.61g/L。
$C_6H_8O_7 \cdot H_2O$ 相对分子质量为 210.14;0.1mol/L 溶液为 21.01g/L。

6. 磷酸盐缓冲液

(1) 磷酸氢二钠-磷酸二氢钠缓冲液(0.2mol/L)

pH	0.2mol/L Na$_2$HPO$_4$/mL	0.2mol/L NaH$_2$PO$_4$/mL	pH	0.2mol/L Na$_2$HPO$_4$/mL	0.2mol/L NaH$_2$PO$_4$/mL
5.8	8.0	92.0	7.0	61.0	39.0
5.9	10.0	90.0	7.1	67.0	33.0
6.0	12.3	87.7	7.2	72.0	28.0
6.1	15.0	85.0	7.3	77.0	23.0
6.2	18.5	81.5	7.4	81.0	19.0
6.3	22.5	77.5	7.5	84.0	16.0
6.4	26.5	73.5	7.6	87.0	13.0
6.5	31.5	68.5	7.7	89.4	10.5
6.6	37.5	62.5	7.8	91.5	8.5
6.7	43.5	56.5	7.9	93.0	7.0
6.8	49.0	51.0	8.0	94.7	5.3
6.9	55.0	45.0			

Na$_2$HPO$_4$·2H$_2$O 相对分子质量为 178.05;0.2mol/L 溶液为 35.61g/L

Na$_2$HPO$_4$·12H$_2$O 相对分子质量为 358.22;0.2mol/L 溶液为 71.64g/L

NaH$_2$PO$_4$· H$_2$O 相对分子质量为 138.01;0.2mol/L 溶液为 27.6g/L

NaH$_2$PO$_4$·2H$_2$O 相对分子质量为 156.03;0.2mol/L 溶液为 31.21g/L

(2) 磷酸氢二钠-磷酸二氢钾缓冲液(1/15mol/L)(Sörensen 液)

pH	1/15mol/L Na$_2$HPO$_4$/mL	1/15mol/L KH$_2$PO$_4$/mL	pH	1/15mol/L Na$_2$PO$_4$/mL	1/15mol/L H$_2$PO$_4$/mL
4.92	0.10	9.90	7.17	7.00	3.00
5.29	0.50	9.50	7.38	8.00	2.00
5.91	1.00	9.00	7.73	9.00	1.00
6.24	2.00	8.00	8.04	9.50	0.50
6.47	3.00	7.00	8.34	9.75	0.20
6.64	4.00	6.00	8.67	9.90	0.10
6.81	5.00	5.00	8.18	10.00	0
6.98	6.00	4.00			

Na$_2$HPO$_4$·2H2O 相对分子质量为 178.05;1/15mol/L 溶液为 11.876g/L。

KH$_2$PO$_4$ 相对分子质量为 136.09;1/15mol/L 溶液为 9.078g/L。

7. 磷酸二氢钾-氢氧化钠缓冲液(0.05mol/L)

xmL 0.2mol/L KH$_2$PO$_4$ + ymL 0.2mol/L NaOH,加水稀释至 20mL。

pH(20℃)	x/mL	y/mL	pH(20℃)	x/mL	y/mL
5.8	5	0.372	7.0	5	2.963
6.0	5	0.570	7.2	5	3.500
6.2	5	0.860	7.4	5	3.950
6.4	5	1.260	7.6	5	4.280
6.6	5	1.780	7.8	5	4.520
6.8	5	2.635	8.0	5	4.680

8. 巴比妥钠-盐酸缓冲液(18℃)

pH	0.04mol/L 巴比妥钠溶液/mL	0.2mol/L 盐酸/mL	pH	0.04mol/L 巴比妥钠溶液/mL	0.2mol/L 盐酸/mL
6.8	100	18.4	8.4	100	5.21
7.0	100	17.8	8.6	100	3.82
7.2	100	16.7	8.8	100	2.52
7.4	100	15.3	9.0	100	1.65
7.6	100	13.4	9.2	100	1.13
7.8	100	11.47	9.4	100	0.70
8.0	100	9.39	9.6	100	0.35
8.2	100	7.21			

巴比妥钠盐相对分子质量为 206.18;0.04mol/L 溶液为 8.25g/L。

9. Tris-盐酸缓冲液(0.05mol/L,25℃)

50mL 0.1mol/L 三羟甲基氨基甲烷(Tris)溶液与 xmL 0.1mol/L 盐酸混匀后,加水稀释至 100mL。

pH	x/mL	pH	x/mL
7.10	45.7	8.10	26.2
7.20	44.7	8.20	22.9
7.30	43.4	8.30	19.9
7.40	42.0	8.40	17.2
7.50	40.3	8.50	14.7
7.60	38.5	8.60	12.4
7.70	36.6	8.70	10.3
7.80	34.5	8.80	8.5
7.90	32.0	8.90	7.0
8.00	29.2		

三羟甲基氨基甲烷(Tris)。相对分子质量为 121.14;0.1mol/L 溶液为 12.114g/L。

$$HOCH_2 \quad CH_2OH$$
$$\backslash \quad /$$
$$C$$
$$/ \quad \backslash$$
$$HOCH_2 \quad NH_2$$

Tris 溶液可从空气中吸收二氧化碳,使用时注意将瓶盖严。

10. 硼酸-硼砂缓冲液(0.2mol/L 硼酸根)

pH	0.05mol/L 硼砂/mL	0.2mol/L 硼砂/mL	pH	0.05mol/L 硼砂/mL	0.2mol/L 硼砂/mL
7.4	1.0	9.0	8.2	3.5	6.5
7.6	1.5	8.5	8.4	4.5	5.5
7.8	2.0	8.0	8.7	6.0	4.0
8.0	3.0	7.0	9.0	8.0	2.0

硼砂 $Na_2B_4O_7 \cdot 10H_2O$ 相对分子质量为 381.43；0.05mol/L 溶液(=0.2mol/L 硼酸根)为 19.07g/L。

硼酸 H_5BO_3 相对分子质量为 61.84；0.2mol/L 溶液为 12.37g/L。

硼砂易失去结晶水，必须在带塞的瓶中保存。

11. 甘氨酸-氢氧化钠缓冲液(0.05mol/L)

xmL 0.2mol/L 甘氨酸＋ymL 0.2mol/L NaOH，加水稀释至 200mL。

pH	x/mL	y/mL	pH	x/mL	y/mL
8.6	50	4.0	9.6	50	22.4
8.8	50	6.0	9.8	50	27.2
9.0	50	8.8	10.0	50	32.0
9.2	50	12.0	10.4	50	38.6
9.4	50	16.8	10.6	80	45.5

甘氨酸相对分子质量为 75.07；0.2mol/L 溶液为 15.01g/L。

12. 硼砂-氢氧化钠缓冲液(0.05mol/L 硼酸根)

xmL 0.05mol/L 硼砂＋ymL 0.2mol/L NaOH，加水稀释至 200mL。

pH	x/mL	y/mL	pH	x/mL	y/mL
9.3	50	6.0	9.8	50	34.0
9.4	50	11.0	10.0	50	43.0
9.6	50	23.0	10.1	50	46.0

硼砂 $Na_2B_4O_7 \cdot 10H_2O$ 相对分子质量为 381.43；0.05mol/L 溶液为 19.07 g/L。

13. 碳酸钠-碳酸氢钠缓冲液(0.1mol/L)

Ca^{2+}、Mg^{2+} 存在时不得使用。

pH		0.1mol/L Na$_2$CO$_3$/mL	0.1mol/L NaHCO$_3$/mL
20℃	37℃		
9.16	8.77	1	9
9.40	9.12	2	8
9.51	9.40	3	7
9.78	9.50	4	6
9.90	9.72	5	5
10.14	9.90	6	4
10.28	10.08	7	3
10.53	10.28	8	2
10.83	10.57	9	1

Na$_2$CO$_3$·10H$_2$O 相对分子质量为 286.2;0.1mol/L 溶液为 28.62g/L。

NaHCO$_3$ 相对分子质量为 84.0;0.1mol/L 溶液为 8.40g/L。

三、部分特种缓冲液的配制

(1) 40×TAE 缓冲液

1.6mol/L Tris 193.6g

0.8mol/L NaAc·3H$_2$O 108.9g 用乙酸调 pH 至 7.2,加水至 1000mL

40mmol/L EDTA-Na$_2$·2H$_2$O 15.2g

(2) STE 缓冲液

10mmol/L Tris-HCl-1mmol/L EDTA-100mmol/L NaCl

取 1mol/L Tris-HCl 10ml

0.5mol/L EDTA 2ml 加水至 1000ml,高压灭菌后使用

5mol/L NaCl 20ml

(3) 1mol/L Tris-HCl(pH 7.5)

称 121.14g Tris,溶于 800mL 水中,并加浓 HCl 调 pH 至所需值。

pH 7.4 约加浓 HCl 70mL;pH 7.6 约加浓 HCl 60mL;pH 8.6 约加浓 HCl 42mL。

使溶液冷却至室温,对 pH 作最后的调节,将溶液体积调至 1000mL,分装,高压灭菌。

(4) TE 缓冲液

10mmol/L Tris-HCl-1mmol/L EDTA

取 1mol/L Tris 10mL,取 0.5mol/L EDTA 2mL 加水至 1000mL,高压灭菌。

(5) 0.5mol/L EDTA(pH 8.0)

称取 186.1g 乙二胺四乙酸二钠·2H$_2$O 溶于 800mL 水中,用 NaOH 调 pH

至 8.0,分装后高压灭菌。

(6) 10×*Eco*RⅠ反应缓冲液

    50mmol/L Tris-HCl(pH 7.5)

    100mmol/L NaCl

    10mmol/L MgCl$_2$

    1mmol/L DDT

(7) 10×T$_4$ DNA 连接酶缓冲液

    660mmol/L Tris-HCl(pH 7.5)

    55mmol/L MgCl$_2$

    50mmol/L DDT

    10mmol/L ATP

(8) 3mol/L NaAc 溶液

    称取无水乙酸钠 123.04g,先加水 400mL,加热搅拌溶解,再加水定容至 500mL,110kPa 灭菌 20min,置 4℃冰箱保存。

(9) 1mol/L MgCl$_2$

    取 20.3g MgCl$_2$·6H$_2$O 溶于 50mL 水中,然后稀释至 100mL,高压灭菌。

(10) 10% TCA(三氯乙酸)

    加 227mL 水到含有 500g TCA 瓶中,配成 100%TCA,稀释到 10%作为储液。

四、部分常用试剂的配制

1. 卡诺固定液

无水乙醇 3 份,冰醋酸 1 份,二者混合。也可以无水乙醇 6 份,二氯甲烷 3 份,冰醋酸 1 份,三者混合。

2. 醋酸甲醇固定液

冰醋酸 1 份,甲醇 3 份,二者混合。

3. Carnoy-Lebrum 固定液

冰醋酸 3 份,三氯甲烷 1 份,加二氯化汞至饱和为止。

4. FAA 固定液

50%乙醇 90mL,冰醋酸 5mL,甲醛 5mL。所有的固定液都应现配现用。

5. 盐酸离析液(1mol/L HCl)

取浓盐酸(比重 1.19)82.5mL,用蒸馏水定容至 1000mL。

6. 盐酸乙醇解离液

95%乙醇 1 份,浓盐酸 1 份,二者混合。

7. 1%酶液

果胶酶 1g,纤维素酶 1g,蒸馏水或缓冲液 98mL。

8. 秋水仙素溶液

秋水仙素(colchicine)为淡黄色粉末,有毒,溶于水,可用 0.85% NaCl 溶液配制工作液。最终浓度在组织细胞一般为 0.2~2μg/mL 培养液,动物为 8mg/kg 体重左右。

乙酰甲基秋水仙碱(colcemid,旧名秋水酰胺),毒性较秋水仙素大,但作用强,故用量很小,组织培养细胞常用量为 0.05~0.1μg/mL 培养液。

秋水仙素不易溶于水,可先以少量酒精助溶。

9. 0.002mol/L 8-羟基喹啉

8-羟基喹啉 0.29g,蒸馏水 100mL。

10. 漂洗液

10%偏重亚硫酸钠 5mL,1mol/L HCl 5mL,蒸馏水 90mL。

11. 低渗液(0.075mol/L KCl)

氯化钾 5.6g,蒸馏水 1000mL。

12. 等渗液

柠檬酸钠 2.2g,蒸馏水 100mL。

13. 0.25%胰蛋白酶溶液

胰蛋白酶 2.5g,用 0.85%NaCl 定容至 1000mL。

14. 生理盐水

0.85%~0.9% NaCl,适用于哺乳动物;0.75%NaCl 适用于鸟类和无脊椎动物;0.64%NaCl 适用于两栖类;0.6%~0.8%适用于昆虫类。

15. 洗液

重铬酸钾 100g,浓硫酸 100mL,水 1000mL。先将重铬酸钾溶于水中,然后慢慢加入浓硫酸,徐徐搅拌以使其不发热,若容器发热,温度很高时,可以停止加浓硫酸,待降温后再继续加入。配好后盛于密闭的玻璃容器中备用。

16. 100×Denhardt 溶液

水溶液聚蔗糖(Ficoll)	10g
聚乙烯吡咯烷酮(PVP)	10g
牛血清白蛋白(BSA)	10g

加水定容至 500mL,灭菌后分装,−20℃备用。

17. 0.15mol/L 氯化钠-0.015mol/L 柠檬酸钠缓冲液(SSC,pH 7.0)

0.15mol/L NaCl(相对分子质量 58.44)溶液为 8.77g/L。

0.015mol/L $Na_3C_6H_5O_7 \cdot 2H_2O$(相对分子质量 294.12)溶液为 4.41g/L。

SSC 中柠檬酸根能螯合 2 价阳离子,降低核酸酶活性,减少染色体或染色质的分子降解,常根据需要采用 2×SSC、6×SSC 等浓度的溶液。

18. 预杂交液(用于原位杂交)

6×SSC	3mL 20×SSC
5×Denhardt 溶液	10mL 50×Denhardt 溶液
T-DNA	1mL 10mg/mL T-DNA 溶液
0.1%SDS	1mL 10%SDS
10mmol/L Tris-HCl	1mL 1mol/L Tris-HCl,pH 7.4

加水定容至 100mL。

19. 杂交液(用于原位杂交)

6×SSC	3mL 20×SSC
5×Denhardt 溶液	1mL 50×Denhardt 溶液
0.5%SDS	0.05 mL 10%SDS
^{32}P 标记探针	50μL

加水定容至 10mL。

20. 预杂交液(用于 Southern blot)

20×SSPE	2.5mL

100%去离子甲酰胺	5.0mL
100×Denhardt 溶液	0.5mL
10mg/mL ssDNA	1.0mL
10%甘氨酸	1.0mL

21. 杂交液(用于 Southern blot)

20×SSPE	2.5mL
100%去离子甲酰胺	5.0mL
100×Denhardt 溶液	0.2mL
10%SDS	0.3mL
50%硫酸葡聚糖钠	2.0mL

22. CPW 溶液

$CaCl_2 \cdot 2H_2O$	1480.0mg
KH_2PO_4	27.2mg
KNO_3	101.0mg
$MgSO_4 \cdot 7H_2O$	246mg
$CuSO_4 \cdot 5H_2O$	0.025mg
KI	0.16mg

加水定容至 1000mL,pH 5.8。

23. T-DNA 溶液

100mg 小牛胸腺 DNA 溶于 10mL 水中,用带针头的注射器反复抽吸,沸水浴 10min,冰浴速冷,−20℃备用,用前沸水浴 10min,冰浴速冷。

24. 饱和酚

市场购来的苯酚带有红色,应重蒸馏。首先将市售苯酚置 65℃水浴中溶解,转入蒸酚瓶中重新蒸馏,收集 183℃以上的流出液,装于棕色瓶中,贮存在−20℃。使用前取一瓶重蒸酚于 65℃水浴中融化,加入等体积的 1mol/L Tris-HCl(pH 8.0)缓冲液,立即加盖,激烈振荡,并加入固体 Tris 摇匀,调 pH(一般 100mL 苯酚约加 1g 固体 Tris),分层后测上层水相 pH 至 7.6～8.0,收集下层酚相于棕色瓶中,并加一定体积 0.1mol/L Tris-HCl(pH 8.0)覆盖在酚相上,置 4℃冰箱贮存备用,酚在空气中极易氧化变红,可加入 8-羟基喹啉至终浓度为 0.1%,β-巯基乙醇至 0.2%。操作时最好戴手套。

五、实验相关统计表

附表1

χ^2 表

N	概 率										
	0.90	0.80	0.70	0.50	0.30	0.20	0.10	0.05	0.02	0.01	0.001
1	0.016	0.064	0.15	0.46	1.07	1.64	2.71	3.84	5.41	6.64	10.83
2	0.21	0.45	0.71	1.39	2.41	3.22	4.61	5.99	7.82	9.21	13.82
3	0.58	1.01	1.42	2.37	3.67	4.64	6.25	7.82	9.84	11.34	16.27
4	1.06	1.65	2.20	3.36	4.88	5.99	7.78	9.49	11.67	13.28	18.47
5	1.61	2.34	3.00	4.35	6.06	7.29	9.24	11.07	13.39	15.09	20.52
6	2.20	3.07	3.83	5.35	7.23	8.56	10.65	12.59	15.03	16.81	22.46
7	2.83	3.82	4.67	6.35	8.38	9.80	12.02	14.07	16.62	18.48	24.32
8	3.49	4.59	5.53	7.34	9.52	11.03	13.36	15.51	18.17	20.09	26.31
9	4.17	5.38	6.39	8.34	10.66	12.24	14.68	16.92	19.68	21.67	27.88
10	4.87	6.18	7.27	9.34	11.78	13.44	15.99	18.31	21.16	23.31	29.59
11	5.58	6.99	8.15	10.34	12.90	14.63	17.28	19.68	22.62	24.73	31.26
12	6.30	7.81	9.03	11.84	14.01	15.81	18.55	21.03	24.05	26.22	32.91
13	7.04	8.63	9.93	12.34	15.12	16.99	19.81	22.36	25.47	27.69	34.53
14	7.79	9.47	10.82	13.34	16.22	18.15	21.06	23.69	26.87	29.14	36.12
15	8.55	10.31	11.72	14.34	17.32	19.31	22.31	25.00	28.26	30.58	37.70
16	9.31	11.15	12.62	15.34	18.42	20.47	23.54	26.30	29.63	32.00	39.25
17	10.09	12.00	13.53	16.34	19.51	21.62	24.77	27.59	31.00	33.41	40.79
18	10.87	12.86	14.44	17.34	20.60	22.76	25.99	28.87	32.35	34.81	42.31
19	11.65	13.72	15.35	18.34	21.69	23.90	27.20	29.14	33.69	36.19	43.82
20	12.44	14.58	16.27	19.34	22.78	25.04	28.41	30.41	35.02	37.57	45.32
22	14.04	16.31	18.10	21.34	24.94	27.30	30.81	33.92	37.66	40.29	48.27
24	15.66	18.06	19.94	23.34	27.10	29.55	33.20	36.42	40.27	42.98	51.18
26	17.29	19.82	21.79	25.34	29.25	31.80	35.56	38.89	42.86	45.64	54.05
28	18.94	21.59	23.65	27.34	31.39	34.03	37.92	41.34	45.42	48.28	56.89
30	20.60	23.36	35.51	29.34	33.53	36.25	40.26	43.77	47.96	50.89	59.70

附表 2

t 分布的分位数表

df	α（单侧）								
	0.25	0.2	0.15	0.1	0.05	0.025	0.01	0.005	0.0005
1	1.000	1.376	1.963	3.078	6.314	12.706	31.821	63.657	636.619
2	0.816	1.061	1.386	1.886	2.920	4.303	6.965	9.925	31.598
3	0.765	0.978	1.250	1.638	2.353	3.182	4.541	5.841	12.924
4	0.741	0.941	1.190	1.533	2.132	2.776	3.747	4.604	8.610
5	0.727	0.920	1.156	1.476	2.015	2.571	3.365	4.032	6.859
6	0.718	0.906	1.134	1.440	1.943	2.447	3.143	3.707	5.959
7	0.711	0.896	1.119	1.415	1.895	2.365	2.998	3.499	5.405
8	0.706	0.889	1.108	1.397	1.860	2.306	2.896	3.355	5.041
9	0.703	0.883	1.100	1.383	1.833	2.262	2.821	3.250	4.781
10	0.700	0.879	1.093	1.372	1.812	2.228	2.764	3.169	4.587
11	0.697	0.876	1.088	1.363	1.796	2.201	2.718	3.106	4.437
12	0.695	0.873	1.083	1.356	1.782	2.179	2.681	3.055	4.318
13	0.694	0.870	1.079	1.350	1.771	2.160	2.650	3.012	4.221
14	0.692	0.868	1.076	1.345	1.761	2.145	2.624	2.977	4.140
15	0.691	0.866	1.074	1.341	1.753	2.131	2.602	2.947	4.073
16	0.690	0.865	1.071	1.337	1.746	2.120	2.583	2.921	4.015
17	0.689	0.863	1.069	1.333	1.740	2.110	2.567	2.898	3.965
18	0.688	0.862	1.067	1.330	1.734	2.101	2.552	2.878	3.922
19	0.688	0.861	1.066	1.328	1.729	2.093	2.539	2.861	3.883
20	0.687	0.860	1.064	1.325	1.725	2.086	2.528	2.845	3.850
21	0.686	0.859	1.063	1.323	1.721	2.080	2.518	2.831	3.819
22	0.686	0.858	1.061	1.321	1.717	2.074	2.508	2.819	3.792
23	0.685	0.858	1.060	1.319	1.714	2.069	2.500	2.807	3.767
24	0.685	0.857	1.059	1.318	1.711	2.064	2.492	2.797	3.745
25	0.684	0.856	1.058	1.316	1.708	2.060	2.485	2.787	3.725
26	0.684	0.856	1.058	1.315	1.706	2.056	2.479	2.779	3.707
27	0.684	0.855	1.057	1.314	1.703	2.052	2.473	2.771	3.690
28	0.683	0.855	1.056	1.313	1.701	2.048	2.467	2.763	3.674
29	0.683	0.854	1.055	1.311	1.699	2.045	2.462	2.756	3.659
30	0.683	0.854	1.055	1.310	1.697	2.042	2.457	2.750	3.646
40	0.681	0.851	1.050	1.303	1.684	2.021	2.423	2.704	3.551
60	0.679	0.848	1.046	1.296	1.671	2.000	2.390	2.660	3.460
120	0.677	0.845	1.041	1.289	1.658	1.980	2.358	2.617	3.373
∞	0.674	0.842	1.036	1.282	1.645	1.960	2.326	2.576	3.291
df	0.5	0.4	0.3	0.2	0.1	0.05	0.02	0.01	0.001
	α（双侧）								

附表 3

F 检验临界值表

$$P(F>F_\alpha)=\alpha$$

分母自由度 df_2	α	分子自由度 df_1															
		1	2	3	4	5	6	7	8	9	10	12	15	20	30	60	120
1	0.005	16 211	20 000	21 615	22 500	23 056	23 437	23 715	23 925	24 092	24 226	24 426	24 630	24 836	25 044	25 253	25 359
	0.010	4 052	4 999	5 403	5 624	5 763	5 859	5 928	5 981	6 022	6 056	6 106	6 157	6 209	6 261	6 313	6 339
	0.025	648.8	799.5	864.2	899.6	921.8	937.1	948.2	956.7	963.3	968.6	976.7	984.9	993.1	1 001	1 010	1 014
	0.050	161.4	199.5	215.7	224.6	230.2	234.0	236.0	238.9	240.5	241.9	243.9	245.9	248.0	250.1	252.2	253.3
2	0.005	198.5	199.0	199.2	199.2	199.3	199.3	199.4	199.4	199.4	199.4	199.4	199.4	199.4	199.5	199.5	199.5
	0.010	98.50	99.00	99.17	99.25	99.30	99.33	99.36	99.37	99.39	99.40	99.42	99.43	99.45	99.47	99.48	99.49
	0.025	38.51	39.00	39.17	39.25	39.30	39.33	39.36	39.37	39.39	39.40	39.41	39.43	39.45	39.46	39.48	39.49
	0.050	18.51	19.00	19.16	19.25	19.30	19.33	19.35	19.37	19.38	19.40	19.41	19.43	19.45	19.46	19.48	19.49
3	0.005	55.55	49.80	47.47	46.19	45.39	44.84	44.43	44.13	43.88	43.69	43.39	43.08	42.78	42.47	42.15	41.99
	0.010	34.12	30.82	29.46	28.71	28.24	27.91	27.67	27.49	27.35	27.23	27.05	26.87	26.69	26.50	26.32	26.22
	0.025	17.44	16.04	15.44	15.10	14.88	14.73	14.62	14.54	14.47	14.42	14.34	14.25	14.17	14.08	13.99	13.95
	0.050	10.13	9.552	9.277	9.177	9.014	8.941	8.887	8.845	8.812	8.786	8.745	8.703	8.660	8.617	8.572	8.549
4	0.005	31.33	26.28	24.26	23.15	22.46	21.97	21.62	21.35	21.14	20.97	20.70	20.44	20.17	19.89	19.61	19.47
	0.010	21.20	18.00	16.69	15.98	15.52	15.21	14.98	14.80	14.66	14.55	14.37	14.20	14.02	13.84	13.65	13.56
	0.025	12.22	10.65	9.979	9.604	9.364	9.197	9.074	8.980	8.905	8.844	8.751	8.656	8.560	8.461	8.360	8.309
	0.050	7.709	6.944	6.591	6.388	6.256	6.163	6.094	6.041	5.999	5.964	5.912	5.858	5.802	5.746	5.688	5.658
5	0.005	22.78	18.31	16.53	15.56	14.94	14.51	14.20	13.96	13.77	13.62	13.38	13.15	12.90	12.66	12.40	12.27
	0.010	16.26	13.27	12.06	11.39	10.97	10.67	10.46	10.29	10.16	10.05	9.888	9.722	9.553	9.379	9.202	9.112
	0.025	10.01	8.434	7.764	7.385	7.146	6.978	6.853	6.757	6.681	6.619	6.525	6.428	6.328	6.227	6.122	6.069
	0.050	6.608	5.786	5.410	5.192	5.050	4.950	4.876	4.818	4.772	4.735	4.678	4.619	4.558	4.496	4.431	4.398

续表

分母自由度 df_2	α	分子自由度 df_1															
		1	2	3	4	5	6	7	8	9	10	12	15	20	30	60	120
6	0.005	18.63	14.54	12.92	12.03	11.46	11.07	10.79	10.57	10.25	10.13	10.03	9.814	9.589	9.358	9.122	9.002
	0.010	13.75	10.92	9.780	9.148	8.746	8.466	8.260	8.102	7.976	7.874	7.718	7.559	7.396	7.228	7.057	6.969
	0.025	8.813	7.260	6.599	6.227	5.988	5.820	5.696	5.600	5.523	5.461	5.366	5.269	5.168	5.065	4.959	4.904
	0.050	5.987	5.143	4.757	4.534	4.387	4.284	4.204	4.147	4.099	4.060	4.000	3.938	3.874	3.808	3.740	3.705
7	0.005	16.24	12.40	10.88	10.05	9.522	9.155	8.885	8.678	8.514	8.380	8.176	7.968	7.754	7.534	7.309	7.193
	0.010	12.25	9.547	8.451	7.847	7.460	7.191	6.993	6.840	6.719	6.620	6.469	6.314	6.155	5.992	5.824	5.737
	0.025	8.073	6.542	5.890	5.523	5.285	5.119	4.995	4.899	4.823	4.761	4.666	4.568	4.467	4.362	4.254	4.199
	0.050	5.591	4.737	4.347	4.120	3.972	3.866	3.787	3.726	3.677	3.636	3.575	3.511	3.444	3.376	3.304	3.267
8	0.005	14.69	11.04	9.596	8.805	8.302	7.952	7.691	7.496	7.339	7.211	7.015	6.814	6.608	6.396	6.177	6.065
	0.010	11.26	8.649	7.591	7.006	6.632	6.371	6.178	6.029	5.911	5.814	5.667	5.515	5.359	5.198	5.032	4.946
	0.025	7.571	6.060	5.416	5.053	4.817	4.652	4.529	4.433	4.357	4.295	4.200	4.101	4.000	3.894	3.784	3.728
	0.050	5.318	4.459	4.066	3.838	3.688	3.581	3.500	3.438	3.388	3.347	3.284	3.218	3.150	3.079	3.005	2.967
9	0.005	13.81	10.11	8.717	7.956	7.471	7.134	6.885	6.693	6.541	6.417	6.227	6.032	5.832	5.625	5.410	5.300
	0.010	10.56	8.022	6.992	6.422	6.057	5.802	5.613	5.467	5.351	5.256	5.111	4.962	4.808	4.649	4.483	4.398
	0.025	7.209	5.715	5.078	4.718	4.484	4.320	4.197	4.102	4.025	3.964	3.868	3.769	3.667	3.560	3.449	3.392
	0.050	5.117	4.256	3.863	3.633	3.482	3.374	3.293	3.230	3.179	3.173	3.073	3.006	2.936	2.864	2.787	2.748
10	0.005	12.83	9.427	8.081	7.343	6.872	6.545	6.302	6.116	5.968	5.847	5.661	5.471	5.274	5.070	4.859	4.750
	0.010	10.04	7.559	6.552	5.994	5.636	5.386	5.200	5.057	4.942	4.849	4.706	4.558	4.405	4.247	4.082	3.996
	0.025	6.937	5.456	4.826	4.468	4.236	4.072	3.950	3.855	3.779	3.717	3.621	3.522	3.419	3.311	3.198	3.140
	0.050	4.965	4.103	3.708	3.478	3.326	3.217	3.136	3.072	3.020	2.978	2.913	2.845	2.774	2.700	2.621	2.580

分母自由度df_2	α	\multicolumn{16}{c}{分子自由度df_1}
		1	2	3	4	5	6	7	8	9	10	12	15	20	30	60	120
12	0.005	11.75	8.510	7.226	6.521	6.071	5.757	5.524	5.345	5.202	5.086	4.906	4.721	4.530	4.331	4.123	4.015
	0.010	9.330	6.927	5.953	5.412	5.064	4.821	4.640	4.499	4.388	4.296	4.155	4.010	3.858	3.701	3.536	3.449
	0.025	6.554	3.096	4.474	4.121	3.891	3.728	3.606	3.512	3.436	3.374	3.277	3.177	3.073	2.963	2.848	2.787
	0.050	4.747	3.885	3.490	3.259	3.106	2.996	2.913	2.849	2.796	2.753	2.687	3.617	2.544	2.466	2.384	2.341
15	0.005	10.80	7.701	6.476	5.803	5.372	5.071	4.847	4.674	4.536	4.424	4.250	4.070	3.883	3.687	3.480	3.372
	0.010	8.683	6.359	5.417	4.893	4.556	4.318	4.142	4.004	3.895	3.805	3.666	3.522	3.372	3.214	3.047	2.960
	0.025	6.200	4.765	4.153	3.804	3.576	3.415	3.293	3.199	3.123	3.060	2.963	2.862	2.756	2.644	2.524	2.461
	0.050	4.543	3.682	3.287	3.056	2.901	2.790	2.707	2.641	2.588	2.544	2.475	2.404	2.328	2.247	2.160	2.144
20	0.005	9.944	6.986	5.818	5.174	4.762	4.472	4.257	4.090	3.956	3.847	3.678	3.502	3.318	3.123	2.916	2.806
	0.010	8.096	5.849	4.938	4.431	4.103	3.871	3.699	3.564	3.457	3.368	3.231	3.088	2.938	2.778	2.608	2.517
	0.025	5.872	4.461	3.859	3.515	3.289	3.128	3.007	2.913	2.836	2.774	2.676	2.573	2.464	2.349	2.223	2.156
	0.050	4.351	3.493	3.098	2.866	2.711	2.599	2.514	2.447	2.393	2.348	2.278	2.203	2.124	2.039	1.946	1.896
30	0.005	9.180	6.355	5.239	4.623	4.228	3.949	3.742	3.580	3.450	3.344	3.179	3.006	2.823	2.628	2.415	2.300
	0.010	7.562	5.390	4.510	4.018	3.699	3.474	3.304	3.173	3.066	2.979	2.843	2.700	2.549	2.386	2.208	2.111
	0.025	5.568	4.182	3.589	3.250	3.026	2.867	2.746	2.651	2.575	2.511	2.412	2.307	2.195	2.074	1.940	1.866
	0.050	4.171	3.316	2.922	2.690	2.534	2.420	2.334	2.266	2.211	2.165	2.092	2.015	1.932	1.841	1.740	1.684
60	0.005	8.495	5.795	4.729	4.140	3.760	3.492	3.291	3.134	3.008	2.904	2.742	2.570	2.387	2.187	1.962	1.834
	0.010	7.077	4.977	4.126	3.649	3.339	3.119	2.953	2.823	2.718	2.632	2.496	2.352	2.198	2.028	1.836	1.726
	0.025	5.286	3.925	3.342	3.008	2.786	2.627	2.507	2.412	2.334	2.270	2.169	2.061	1.944	1.816	1.677	1.581
	0.050	4.001	3.150	2.758	2.525	2.368	2.254	2.166	2.097	2.040	1.993	1.917	1.836	1.748	1.649	1.534	1.467
120	0.005	8.179	5.539	4.497	3.921	3.548	3.285	3.087	2.933	2.808	2.705	2.544	2.373	2.188	1.984	1.747	1.606
	0.010	6.851	4.786	3.949	3.480	3.174	2.956	2.792	2.663	2.559	2.472	2.336	2.192	2.035	1.860	1.656	1.533
	0.025	5.152	3.805	3.227	2.894	2.674	2.515	2.395	2.299	2.222	2.157	2.055	1.945	1.825	1.690	1.530	1.433
	0.050	3.920	3.072	2.680	2.447	2.290	2.175	2.087	2.016	1.959	1.910	1.834	1.750	1.659	1.554	1.429	1.352

附表 4

估算遗传率(h^2)的正态分布

$q(\%)$	χ	a	$q(\%)$	χ	a	$q(\%)$	χ	a	$q(\%)$	χ	a
			0.32	2.727	3.030	0.64	2.489	2.813	0.96	2.342	2.679
0.01	3.719	3.960	0.33	2.716	3.021	0.65	2.484	2.808	0.97	2.338	2.676
0.02	3.540	3.790	0.34	2.706	3.012	0.66	2.478	2.803	0.98	2.334	2.672
0.03	3.432	3.687	0.35	2.697	3.003	0.67	2.473	2.798	0.99	2.330	2.669
0.04	3.353	3.613	0.36	2.687	2.994	0.68	2.468	2.793	1.00	2.326	2.665
0.05	3.291	3.554	0.37	2.678	2.986	0.69	2.462	2.789	1.01	2.323	2.662
0.06	3.239	3.507	0.38	2.669	2.978	0.70	2.457	2.784	1.02	2.319	2.658
0.07	3.195	3.464	0.39	2.661	2.969	0.71	2.452	2.779	1.03	2.315	2.655
0.08	3.156	3.429	0.40	2.652	2.962	0.72	2.447	2.775	1.04	2.312	2.652
0.09	3.121	3.397	0.41	2.644	2.954	0.73	2.442	2.770	1.05	2.308	2.649
0.10	3.090	3.367	0.42	2.636	2.947	0.74	2.437	2.766	1.06	2.304	2.645
0.11	3.062	3.341	0.43	2.628	2.939	0.75	2.432	2.761	1.07	2.301	2.642
0.12	3.036	3.317	0.44	2.620	2.932	0.76	2.428	2.757	1.08	2.297	2.639
0.13	3.012	3.294	0.45	2.612	2.925	0.77	2.423	2.753	1.09	2.294	2.636
0.14	2.989	3.273	0.46	2.605	2.918	0.78	2.418	2.748	1.10	2.290	2.633
0.15	2.968	3.253	0.47	2.597	2.911	0.79	2.414	2.744	1.11	2.287	2.630
0.16	2.948	3.234	0.48	2.590	2.905	0.80	2.409	2.740	1.12	2.283	2.627
0.17	2.929	3.217	0.49	2.583	2.898	0.81	2.404	2.736	1.13	2.280	2.624
0.18	2.911	3.201	0.50	2.576	2.892	0.82	2.400	2.732	1.14	2.277	2.621
0.19	2.894	3.185	0.51	2.569	2.886	0.83	2.395	2.728	1.15	2.273	2.618
0.20	2.878	3.170	0.52	2.562	2.880	0.84	2.391	2.724	1.16	2.270	2.615
0.21	2.863	3.156	0.53	2.556	2.873	0.85	2.387	2.720	1.17	2.267	2.612
0.22	2.848	3.142	0.54	2.549	2.868	0.86	2.382	2.716	1.18	2.264	2.609
0.23	2.834	3.129	0.55	2.543	2.862	0.87	2.378	2.712	1.19	2.260	2.606
0.24	2.820	3.117	0.56	2.536	2.856	0.88	2.374	2.708	1.20	2.257	2.603
0.25	2.807	3.104	0.57	2.530	2.850	0.89	2.370	2.704	1.21	2.254	2.600
0.26	2.794	3.093	0.58	2.524	2.845	0.90	2.366	2.701	1.22	2.251	2.597
0.27	2.782	3.081	0.59	2.518	2.839	0.91	2.361	2.697	1.23	2.248	2.594
0.28	2.770	3.070	0.60	2.512	2.834	0.92	2.357	2.693	1.24	2.244	2.591
0.29	2.759	3.060	0.61	2.506	2.829	0.93	2.353	2.690	1.25	2.241	2.589
0.30	2.748	3.050	0.62	2.501	2.823	0.94	2.349	2.686	1.26	2.238	2.586
0.31	2.737	3.040	0.63	2.495	2.818	0.95	2.346	2.683	1.27	2.235	2.583

$q(\%)$	χ	a	$q(\%)$	χ	a	$q(\%)$	χ	a	$q(\%)$	χ	a
1.28	2.232	2.580	1.60	2.144	2.502	1.92	2.071	2.436	4.4	1.706	2.116
1.29	2.229	2.578	1.61	2.142	2.499	1.93	2.068	2.434	4.5	1.695	2.106
1.30	2.226	2.575	1.62	2.139	2.497	1.94	2.066	2.432	4.6	1.685	2.097
1.31	2.223	2.572	1.63	2.137	2.495	1.95	2.064	2.430	4.7	1.675	2.088
1.32	2.220	2.570	1.64	2.135	2.493	1.96	2.062	2.428	4.8	1.665	2.080
1.33	2.217	2.567	1.65	2.132	2.491	1.97	2.060	2.426	4.9	1.655	2.071
1.34	2.214	2.564	1.66	2.130	2.489	1.98	2.058	2.425	5.0	1.645	2.063
1.35	2.211	2.562	1.67	2.127	2.486	1.99	2.056	2.423	5.1	1.635	2.054
1.36	2.209	2.559	1.68	2.125	2.484	2.0	2.054	2.421	5.2	1.626	2.046
1.37	2.206	2.557	1.69	2.122	2.482	2.1	2.034	2.403	5.3	1.616	2.038
1.38	2.203	2.554	1.70	2.120	2.480	2.2	2.014	2.386	5.4	1.607	2.030
1.39	2.200	2.552	1.71	2.118	2.478	2.3	1.995	2.369	5.5	1.598	2.023
1.40	2.197	2.549	1.72	2.115	2.476	2.4	1.977	2.353	5.6	1.589	2.015
1.41	2.194	2.547	1.73	2.113	2.474	2.5	1.960	2.338	5.7	1.580	2.007
1.42	2.192	2.544	1.74	2.111	2.472	2.6	1.943	2.323	5.8	1.572	2.000
1.43	2.189	2.542	1.75	2.108	2.470	2.7	1.927	2.309	5.9	1.563	1.993
1.44	2.186	2.539	1.76	2.106	2.467	2.8	1.911	2.295	6.0	1.555	1.985
1.45	2.183	2.537	1.77	2.104	2.465	2.9	1.896	2.281	6.1	1.546	1.978
1.46	2.181	2.534	1.78	2.101	2.463	3.0	1.881	2.268	6.2	1.538	1.971
1.47	2.178	2.532	1.79	2.099	2.461	3.1	1.866	2.255	6.3	1.530	1.964
1.48	2.175	2.529	1.80	2.097	2.459	3.2	1.852	2.243	6.4	1.522	1.957
1.49	2.173	2.527	1.81	2.095	2.457	3.3	1.838	2.231	6.5	1.514	1.951
1.50	2.170	2.525	1.82	2.092	2.455	3.4	1.825	2.219	6.6	1.506	1.944
1.51	2.167	2.522	1.83	2.090	2.453	3.5	1.812	2.208	6.7	1.499	1.937
1.52	2.165	2.520	1.84	2.088	2.451	3.6	1.799	2.197	6.8	1.491	1.931
1.53	2.162	2.518	1.85	2.086	2.449	3.7	1.787	2.186	6.9	1.483	1.924
1.54	2.160	2.515	1.86	2.084	2.447	3.8	1.744	2.175	7.0	1.476	1.918
1.55	2.157	2.513	1.87	2.081	2.445	3.9	1.762	2.165	7.1	1.468	1.912
1.56	2.155	2.511	1.88	2.079	2.444	4.0	1.751	2.154	7.2	1.461	1.906
1.57	2.152	2.508	1.89	2.077	2.442	4.1	1.739	2.144	7.3	1.454	1.899
1.58	2.149	2.506	1.90	2.075	2.440	4.2	1.728	2.135	7.4	1.447	1.893
1.59	2.147	2.504	1.91	2.073	2.438	4.3	1.717	2.125	7.5	1.440	1.887

q(%)	χ	a	q(%)	χ	a	q(%)	χ	a	q(%)	χ	a
7.6	1.433	1.881	11.2	1.216	1.701	14.8	1.045	1.561	18.4	0.900	1.446
7.7	1.426	1.876	11.3	1.211	1.696	14.9	1.041	1.558	18.5	0.896	1.443
7.8	1.419	1.870	11.4	1.206	1.692	15.0	1.036	1.554	18.6	0.893	1.440
7.9	1.412	1.864	11.5	1.200	1.688	15.1	1.032	1.551	18.7	0.889	1.437
8.0	1.405	1.858	11.6	1.195	1.684	15.2	1.028	1.548	18.8	0.885	1.434
8.1	1.398	1.853	11.7	1.190	1.679	15.3	1.024	1.544	18.9	0.882	1.431
8.2	1.392	1.847	11.8	1.185	1.675	15.4	1.019	1.541	19.0	0.878	1.428
8.3	1.385	1.842	11.9	1.180	1.671	15.5	1.015	1.537	19.1	0.874	1.425
8.4	1.379	1.836	12.0	1.175	1.667	15.6	1.011	1.534	19.2	0.871	1.422
8.5	1.372	1.831	12.1	1.170	1.663	15.7	1.007	1.531	19.3	0.867	1.420
8.6	1.366	1.825	12.2	1.165	1.659	15.8	1.003	1.527	19.4	0.863	1.417
8.7	1.359	1.820	12.3	1.160	1.655	15.9	0.999	1.524	19.5	0.860	1.414
8.8	1.353	1.815	12.4	1.155	1.651	16.0	0.994	1.521	19.6	0.856	1.411
8.9	1.347	1.810	12.5	1.150	1.647	16.1	0.990	1.517	19.7	0.852	1.408
9.0	1.341	1.804	12.6	1.146	1.643	16.2	0.986	0.514	19.8	0.849	1.405
9.1	1.335	1.799	12.7	1.141	1.639	16.3	0.982	1.511	19.9	0.845	1.403
9.2	1.329	1.794	12.8	1.136	1.635	16.4	0.978	1.508	20.0	0.842	1.400
9.3	1.323	1.789	12.9	1.131	1.631	16.5	0.974	1.504	20.1	0.838	1.397
9.4	1.317	1.784	13.0	1.126	1.627	16.6	0.970	1.501	20.2	0.834	1.394
9.5	1.311	1.779	13.1	1.122	1.623	16.7	0.966	1.498	20.3	0.831	1.391
9.6	1.305	1.774	13.2	1.117	1.620	16.8	0.962	1.495	20.4	0.827	1.389
9.7	1.299	1.769	13.3	1.112	1.616	16.9	0.958	1.492	20.5	0.824	1.386
9.8	1.293	1.765	13.4	1.108	1.612	17.0	0.954	1.489	20.6	0.820	1.383
9.9	1.287	1.760	13.5	1.103	1.608	17.1	0.950	1.485	20.7	0.817	1.381
10.0	1.282	1.755	13.6	1.098	1.605	17.2	0.946	1.482	20.8	0.813	1.378
10.1	1.276	1.750	13.7	1.094	1.601	17.3	0.942	1.479	20.9	0.810	1.375
10.2	1.270	1.746	13.8	1.089	1.597	17.4	0.938	1.476	21.0	0.806	1.372
10.3	1.265	1.741	13.9	1.085	1.593	17.5	0.935	1.473	22.0	0.772	1.346
10.4	1.259	1.736	14.0	1.080	1.590	17.6	0.931	1.470	23.0	0.739	1.320
10.5	1.254	1.732	14.1	1.076	1.586	17.7	0.927	1.467	24.0	0.706	1.295
10.6	1.248	1.727	14.2	1.071	1.583	17.8	0.923	1.464	25.0	0.674	1.271
10.7	1.243	1.723	14.3	1.067	1.579	17.9	0.919	1.461	26.0	0.643	1.248
10.8	1.237	1.718	14.4	1.063	1.575	18.0	0.915	1.458	27.0	0.613	1.225
10.9	1.232	1.714	14.5	1.058	1.572	18.1	0.912	1.455	28.0	0.583	1.202
11.0	1.227	1.709	14.6	1.054	1.568	18.2	0.908	1.452	29.0	0.553	1.180
11.1	1.221	1.705	14.7	1.049	1.565	18.3	0.904	1.449	30.0	0.524	1.159